Technologies for Utilizing Multi-source Solid Wastes as
Road Construction Materials to Achieve
Carbon Peaking and Carbon Neutrality Goals

双碳背景下
多源固废在道路工程中
资源化利用技术

郅晓　陈宇亮　肖源杰 ◎ 著

中南大學出版社
www.csupress.com.cn
·长 沙·

前言

Foreword

2020年，我国政府第一次正式提出2030年前碳达峰、2060年前碳中和的战略目标，而后在2021年政府工作报告和“十四五”规划中均提出确立2030年前碳达峰行动方案，力争2060年前实现碳中和。目前正是“碳中和”行动方案关键布局阶段，2021年11月，《“十四五”工业绿色发展规划》指出，我国仍处于工业化、城镇化深入发展的历史阶段……重点区域、重点行业污染问题没有得到根本解决，资源环境约束加剧，碳达峰、碳中和时间窗口偏紧，技术储备不足，推动工业绿色低碳转型任务艰巨。

当前我国道路垃圾、建筑垃圾、工业尾矿、冶炼矿渣等固体废弃物(以下简称“固废”)产生量巨大，资源有效利用率不高。在碳达峰、碳中和重大战略决策的背景下，固废循环再生作为提升资源利用效率、减少温室气体排放的重要路径，需进一步深入推进。由于我国对多源固废在道路工程资源化应用技术方面的研究起步较晚，尚未有大规模的示范应用。此外，多源固废在道路工程资源化利用后的路用性能和耐久性有待检验。

为此，中国建筑材料科学研究总院有限公司、湖南省交通科学研究院有限公司依托国家重点研发计划项目“长江中游典型城市群多源无机固废集约利用及示范(2019YFC1904700)”对道路垃圾、建筑垃圾、工业尾矿、冶炼矿渣等多源固废在道路工程中开展了大量的研究与应用，并结合工程示范撰写了本书。

本书共7章，分别是绪论、高掺量RAP厂拌热再生技术、水泥混凝土路面共振破碎原位再生利用技术、透水型水泥稳定建筑垃圾再生集料基层技术、钢渣沥青路面表面层应用技术、粉状固废在道路工程中资源化利用技术、尾矿在道路工程中资源化利用技术。第1章由郅晓撰写；第2章由陈宇亮、黄毅、肖源杰撰写；第3章由贺春宁、张迅撰写；第4章由郅晓、孟凡威、杨涛撰写；第5章由黄毅、肖源杰、曾辉撰写；第6章由贺春宁、张迅、任毅撰写；第7章由郅晓、孟凡威、杨黎撰写。本书由郅晓、陈宇亮提出总体框架并统稿。

感谢国家重点研发计划项目“长江中游典型城市群多源无机固废集约利用及示范(2019YFC1904700)”、2022年湖南省芙蓉计划——“湖南交科多源固废资源化利用领域创新团队”、2023年湖南省芙蓉计划——湖南省科技人才托举工程项目“小荷科技人才专项”、2024年度湖南省自然科学基金杰出青年基金项目——低碳耐久路基与多源无机固废资源化利用(2024JJ2073)对本书出版给予的支持！

本书是双碳背景下，系统阐述多源固废在道路工程中资源化利用技术的首次尝试，由于编著水平所限，书中难免存在不足之处，敬请读者批评指正，以便对本书做进一步的修改完善。

作者

2024年1月

目录

Contents

第1章 绪 论

随着城市化和工业化进程的不断加快，我国交通、建筑、钢铁、有色金属等行业各类固废产生量增速迅猛，对土壤、空气、地下水等造成了严重污染，深入推进固废资源化利用是建立健全绿色低碳循环经济体系的重要抓手。党的二十大报告指出“实施全面节约战略，推进各类资源节约集约利用，加快构建废弃物循环利用体系”，固废的处置和利用逐渐成为国家生态文明建设的重大部署。另外，我国提出了2030年实现碳达峰、2060年实现碳中和的战略目标，明确了减污降碳协同增效的全面绿色转型总抓手定位。固废行业虽然碳排放占比不高，但固废治理减污与降碳同步，协同增效效果显著，具有突出的碳减排效益。推动固废治理与“双碳”目标紧密结合，给道路工程行业带来了新的机遇。

本章从固废的产生和分类、资源化利用相关政策及用于道路工程的技术标准与规范等方面介绍了道路垃圾、建筑垃圾、冶炼矿渣和工业尾矿等多源固废的基本情况和资源化利用现状，为广大读者深入了解双碳背景下多源固废在道路工程中资源化利用技术奠定基础。

1.1 多源固废的产生和分类

固废来源广泛、组成复杂，分类方法较多。

根据生态环境部印发的《固体废物分类与代码目录》，固体废物可分为工业固体废物、生活垃圾、建筑垃圾、农业固体废物、其他固体废物等五大类。本书涉及的多源固废属于工业固体废物、建筑垃圾和其他固体废物范畴，主要为工业、建筑业和交通行业产生的道路垃圾、建筑垃圾、冶炼矿渣、工业尾矿等，在我国固废中占比较大。

道路垃圾是指道路建设养护过程中产生的废旧道路材料，主要包括废旧沥青混合料和废旧水泥混凝土。我国公路总里程稳居世界第一，并逐年增加。截至2023年底，我国公路通车里程已达544.1万km，其中高速公路18.4万km。如此庞大的公路网随之而来的是巨大的养护压力，据统计，仅道路大中修每年将产生废旧沥青混合料 3 亿 t、废旧水泥混凝土 3000 万 t。

建筑垃圾是我国城市单一品种排放数量最大、最集中的固废。截至 2022 年末，建筑垃圾堆存总量已达到 200 亿 t，全国建筑垃圾年产生量为 35 亿 t，同比 2020 年增长 16.7%，且近年来我国建筑垃圾产生量逐年递增，造成大量建筑垃圾堆存，占用大量土地资源，破坏土壤和水体环境，造成十分严重的环境污染。

根据《中国生态环境公报》的统计数据，2022 年我国工业固废产生量达 41.1 亿 t，综合利用量和处置量分别为 23.7 亿 t 和 8.9 亿 t。其中冶炼矿渣产生量超过 5 亿 t，工业尾矿排放量达到 13 亿 t。各行业工业固废产生情况如图 1-1 所示。

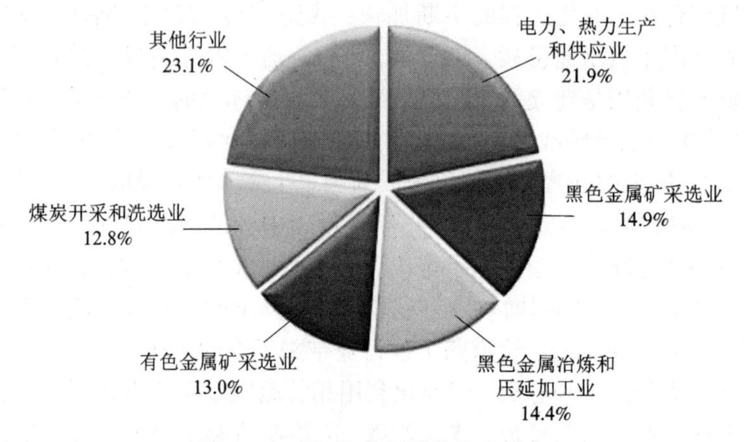

图 1-1　各工业行业固废产生情况

1.2　多源固废资源化利用相关政策

2005 年 4 月，第一次修订后的《中华人民共和国固体废物污染环境防治法》正式实施。“十一五”期间，国家政策主要鼓励对固废实行回收和利用、减少固废生产量；“十二五”期间，《国务院办公厅关于建立完整的先进的废旧商品回收体系的意见》出台，我国开始加强对固废进口的监管，同时深入推进大宗固废综合利用，加强共性关键技术研发及推广；“十三五”期间，《“无废城市”建设试点工作方案》《工业固体废物资源综合利用评价管理暂行办法》等政策出台，提出要全面整治历史遗留尾矿库，统筹推进大宗固废综合利用，鼓励专业化第三方机构从事固废资源化利用相关工作；“十四五”期间，固废处理相关国家政策进一步优化，支持力度进一步加大，全面禁止进口固废，继续加强大宗固废综合利用，大力开展“无废城市”建设，固废处理行业发展进入快车道。

2020年，我国政府第一次正式提出2030年前碳达峰、2060年前碳中和的战略目标，而后在2021年政府工作报告和“十四五”规划中均提出确立2030年前碳达峰行动方案，力争2060年前实现碳中和。目前正是“碳中和”行动方案关键布局阶段，2021年11月，《“十四五”工业绿色发展规划》指出，目前我国部分区域和行业的污染问题有待解决，资源和环境问题依然严峻，碳达峰、碳中和时间窗口偏紧，绿色低碳经济成为我国应对气候变化、实现碳达峰的发展方向。

如图1-2所示，“十四五”是实现“双碳”目标的关键期和窗口期，固废资源化是实现碳达峰碳中和目标的关键力量。早在2015年，发改委印发的《2015年循环经济推进计划》已经明确要求推进资源综合利用，重点开展尾矿、化工废渣等废物综合利用，做好大宗固废综合利用基地建设。近年来，随着绿色发展理念的不断深入，固废资源化的工作得到了高度重视。2018年6月，《中共中央 国务院关于全面加强生态环境保护 坚决打好污染防治攻坚战的意见》对开展“无废城市”建设试点等工作作出了重要部署，统筹推进工业固废“减量化、资源化、无害化”。2019年9月，中共中央、国务院印发《交通强国建设纲要》，要求促进资源节约循环利用，推广施工废料再生和综合利用，推进交通资源循环利用产业发展。2021年2月，《国务院关于加快建立健全绿色低碳循环发展经济体系的指导意见》明确要求建设资源综合利用基地，促进工业固废综合利用。2021年3月，国家发展改革委联合九部门印发《关于“十四五”大宗固废综合利用的指导意见》，明确提出到2025年大宗固废综合利用能力显著提升，利用规模不断扩大，新增大

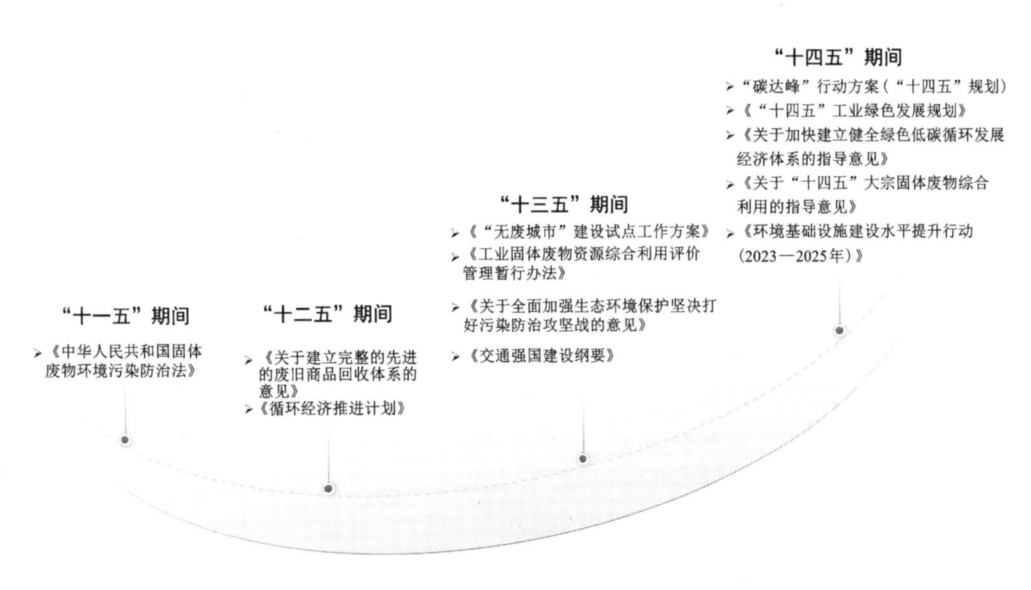

图1-2 我国固废处理行业政策演变

宗固废综合利用率达到60%，存量大宗固废有序减少。2023年8月，国家发展改革委等部门联合印发的《环境基础设施建设水平提升行动(2023—2025年)》提出加快构建集垃圾、固废、危险废物等处理处置设施和监测监管能力于一体的环境基础设施体系，推动提升环境基础设施建设水平，提升城乡人居环境，促进生态环境质量持续改善，推进美丽中国建设。

1.3 固废用于道路工程的技术标准与规范

国家政策的陆续出台，彰显了各级政府对环境保护和固废再生利用的信心和决心，对固废收集处置、资源化循环利用起到了良好的导向作用，相应的一系列固废资源再生利用标准与规范发布，可直接指导固废的收集、加工及产品应用各阶段，是固废规模化、高值化利用必不可少的一环。以下整理了道路垃圾、建筑垃圾、冶炼矿渣、工业尾矿等四种固废在道路工程应用的相关技术标准与规范的发布情况。

1.3.1 道路垃圾

道路垃圾来源单一、品质较高，有利于再生利用。道路垃圾主要有两类，一类是沥青路面大、中修产生的沥青混合料回收料(RAP)，一类是水泥混凝土路面产生的废旧混凝土，这两类固废均主要再用于道路工程中，目前已经有了比较完备的再生路面技术系列标准。

其中，废旧沥青混凝土的再生利用价值高，应用时间久。早在1991年，当时的建设部就发布了一部行业标准《热拌再生沥青混合料路面施工及验收规程》(CJJ 43—1991)。经过数十年的技术积累与发展，现行的沥青路面再生技术标准覆盖日渐广泛。一方面，标准级别更加完善，在国家标准《再生沥青混凝土》(GB/T 25033—2010)的领导下，陆续发布了包括《公路沥青路面再生技术规范》(JTG/T 5521—2019)及《城镇道路沥青路面再生利用技术规程》(CJJ/T 43—2014)在内的公路和城镇道路系列的行业标准。另一方面，技术覆盖更为广泛，从对于沥青混凝土路面常见的厂拌热再生技术、到就地热再生、就地冷再生、厂拌冷再生以及就地温再生技术，都有相关标准发布。但如何提升沥青混合料回收料(RAP)再生利用层位和利用率，仍旧是目前研究的重点。

水泥混凝土路面的发展实际更早，但是由于回收难度大、价值低，所以一直以来重视程度较低。随着环保政策的缩紧及以美国“共振碎石化技术”为代表的水泥混凝土路面就地利用技术的成功引入，公路行业开始逐渐重视旧水泥混凝土路面就地再生技术，并在2014年颁布了交通运输部行业规范《公路水泥混凝土路面再生利用技术细则》(JTG/T F31—2014)。此后的几年里，随着大量早年建设的水泥混凝土路面公路进入大修期，旧水泥混凝土路面再生利用需求逐渐增大，上海等地也陆续发布了相关地方标准。但随着技术水平的提高，原来的部分技术对旧水泥混凝土路面的再生利用显得低效且不彻底。即使是其中较为先进的共振碎石化技术，部分标准内容受美国设备的影响依旧较深，逐渐匹配不上国产设备的更迭速度，无法达到因地制宜的目的。

1.3.2 建筑垃圾

随着《中华人民共和国固体废物环境污染防治法》的正式实施及“十一五”期间国家政策对固废回收和利用的鼓励，建筑垃圾作为体量最大的固废种类，其处理及应用逐渐被行业重视。2012 年，现行国家标准《工程施工废弃物再生利用技术规范》(GB/T 50743—2012)颁布，但该标准只适用于建设工程施工过程中废弃物的管理、处理和再生利用。实际上，住建部在2009 年就颁布了一项强制性行业标准《建筑垃圾处理技术规范》(CJJ 134—2009)，用来指导建筑垃圾的收集、运输、转运、利用、回填、填埋的规划、设计和管理。2019 年修订后，改为了推荐性行业标准《建筑垃圾处理技术标准》(CJJ/T 134—2019)。随后，2020 年我国政府第一次正式提出碳达峰、碳中和的战略目标，行业从业者积极响应，包括《建筑垃圾再生细骨料回填材料应用技术规程》(T/CECS 1214—2022)、《建筑垃圾分类收集技术规程》(T/CECS 1267—2023)等标准在内的多个团体标准发布。这些标准有意识地针对分类收集、处置、回填、监测等环节进行指导，使得建筑垃圾的研究的重点回归到其资源化应用上来。

经过多年的应用，建筑垃圾资源化利用中最为成熟的技术仍是制备再生骨料，以此形成了多个行业标准。如《再生骨料透水混凝土应用技术规程》(CJJ/T 253—2016)、《道路用建筑垃圾再生骨料无机混合料》(JC/T 2281—2014)、《公路工程利用建筑垃圾技术规范》(JTG/T 2321—2021)。可以看到，道路工程已经成为建筑垃圾资源化利用的首要应用场景。

总体来说，建筑垃圾已经形成了“产生—分类—收集—运输—处置—应用—评价”全链条标准化管理的雏形，但我国建筑垃圾整体利用水平仍比较低，大部分难处理建筑垃圾得不到资源化利用，已利用部分大多附加值较低，尚未形成能够可持续运转的市场机制，这也是目前需要解决的问题。

1.3.3 冶炼矿渣

冶炼矿渣为冶金工业生产过程中产生的各种固废，实际上，由于钢铁冶炼在冶炼行业拥有绝对的占比，目前冶炼矿渣排放量最大的仍是以钢渣和高炉矿渣为代表的钢铁冶炼的副产品。而钢铁行业作为国家的支柱产业，即使是其副产品，也极受关注，这可以在相关国家标准的数量上得到体现。

其中，高炉矿渣因其性能稳定、处理方法相对简单、技术极为成熟，早在1978年就发布了国家标准《用于水泥中的粒化高炉矿渣》(GB 203—1978)。经过多次修订，现行有效的国家标准为《用于水泥、砂浆和混凝土中的粒化高炉矿渣粉》(GB/T 18046—2017)。

钢渣与高炉矿渣、粉煤灰均是我国工业化进程中同一阶段排放的大宗工业废渣，但到目前为止钢渣的利用率却远低于矿渣和粉煤灰。而实际上，但早期与高炉矿渣一样，被使用在水泥的生产当中，为此，早在1992年就发布了一项国家标准《钢渣矿渣水泥》(GB 13590—1992)，该标准中规定钢渣的掺入量不小于30%。但钢渣用在水泥当中存在易磨性差及成分中游离CaO和游离MgO含量较高的问题，故最新修订版标准《钢渣矿渣硅酸盐水泥》(GB/T 13590—2022)中钢渣的掺量降至了10%~30%。得益于粉磨工艺的进步，以及采用热焖工艺对游离CaO的消解，钢渣仍能广泛地应用在水泥混凝土当中。但最新发布的国家强制性标准《通用硅酸盐水泥》(GB 175—2023)中，使用了多年的钢渣未被列入主要混合材料，因其全文强制性要求，钢渣将不能作为混合材料用于通用硅酸盐水泥的生产，这将对钢渣的利用产生巨大影响。事实上，在这之前就有很多的从业者将目光转向了道路工程行业。随着应用技术的成熟，陆续发布了多项国家标准，如《耐磨沥青路面用钢渣》(GB/T 24765—2009)、《透水沥青路面用钢渣》(GB/T 24766—2009)、《钢渣道路水泥》(GB/T 25029—2010)、《道路用钢渣》(GB/T 25824—2010)等，旨在引导道路工程从业者进一步推广钢渣的应用，利用道路工程庞大的材料需求量消纳钢渣。钢渣在道路工程中的应用，也仍是目前行业的研究重点。

1.3.4 工业尾矿

我国尾矿产生量较大，其处理一直是疑难问题，现行技术的消纳量有限，仍存在巨大的缺口，许多矿山企业的尾矿库都已告急。与此同时，“十三五”时期提出要全面整治历史遗留尾矿库，政策的缩紧促使相关从业人员不得不重视尾矿的无害化、资源化利用。以国家标准《铁尾矿砂》(GB/T 31288—2014)、《铁尾矿砂混凝土应用技术规范》(GB 51032—2014)等为指引，相关部门陆续发布了《路面砖用铁尾矿》(YB/T 4775—2019)、《铁尾矿用于公路基层施工技术规范》(DB 13/T 2512—2017)、《铁尾矿路面基层应用技术规范》(T/CISA 100—2021)等大量指导尾矿利用的行业标准、地方标准以及团体标准。

但在尾矿类型方面，铁尾矿由于还受到钢铁行业的关注，并且利用难度较低，故其资源化利用标准配备最为齐全，除国家标准之外，还有大量的行业标准、地方标准和团体标准作为补充。此外，磷尾矿的利用也较受重视，拥有《磷尾矿处理处置技术规范》(GB/T 38104—2019)等相关国家标准和行业标准作为指导。

在应用场景方面，除了应用在水泥、混凝土中外，尾矿在道路工程，尤其是道路基层中的应用也颇受重视，如《磷矿尾矿砂道路基（垫）层施工及质量验收规范》（CJJ/T 208—2014）。

与此同时，铜、铅、锌、锡、金、银、钨、钼等有色金属尾矿的利用需求也开始被从业者关注，并发布了多项团体标准，如《铅锌、铁尾矿微粉在混凝土中应用技术规程》（T/CECS 732—2020）、《用于水泥和混凝土中的铜尾矿粉》（T/CECS 10100—2020）、《用于水泥和混凝土中的钼尾矿微粉》（T/CECS 10225—2022）等，提供了多种尾矿在水泥、混凝土中的应用指导。但有色金属尾矿在道路工程中的应用技术仍有待广大科研和工程技术人员开发、完善，为建立完整的尾矿资源化利用标准体系提供基础。

1.4　本章小结

本章从多源固废的产生和分类、资源化利用相关政策及用于道路工程的技术标准与规范等方面介绍了道路垃圾、建筑垃圾、冶炼矿渣和工业尾矿等多源固废的基本情况和资源化利用现状，主要涵盖以下几点：

①近年来我国固废产生量巨大，道路垃圾年产生量超过3亿t，建筑垃圾年产生量约35亿t，冶炼矿渣年产生量超5亿t，工业尾矿年排放量达13亿t，亟需能够规模化处置利用各类固废的技术落地。

②从国家政策的发布情况来看，自“十一五”开始，我国对固废资源化利用的支持力度与日俱增。结合“十四五“以来各行业对”双碳“工作的重视程度，以及道路工程巨大的固废消纳能力，双碳背景下多源固废在道路工程中的资源化利用将是未来的重要发展方向。

③从标准的发布情况来看，道路垃圾、建筑垃圾、冶炼矿渣、工业尾矿等多源固废在道路工程中的应用正在不断的推广和完善，但仍存在利用率低、处治成本高、变异性大、附加值低、路用性能和环境影响存疑等问题，需要对多源固废利用技术进一步开发和优化。

第2章 高掺量RAP厂拌热再生技术

2.1 技术背景

沥青路面设计寿命为10~15年，在交通荷载及自然因素的综合作用下，实际使用年限仅为8年，在长期使用后需进行大面积维修，并产生以万吨计量的沥青混合料回收料(reclaimed asphalt pavement，RAP)。目前废旧沥青混合料的利用方式主要有就地热再生、厂拌热再生、就地冷再生、厂拌冷再生及全深式冷再生。其中就地热再生、就地冷再生、全深式冷再生根据旧路段混合料的级配等指标，重新设计级配，加入新料或再生剂等进行就地原位再利用；厂拌热再生和厂拌冷再生，在旧料使用之前对其进行破碎筛分，分档后用于道路建设。

目前道路垃圾资源化企业技术非常薄弱，降层错位利用的情况较多，且旧料在沥青混合料中掺量一般不超过30%，处置过程中依然会产生很多不能被利用的细骨料。实际生产中，拌和站RAP中的旧沥青来源复杂，有的掺杂了改性沥青和基质沥青，且比例不明，而有的只含改性沥青。目前市面上的再生剂种类繁多，但大部分只能再生基质沥青，尚不能恢复改性沥青的性能。此外，旧料性能不稳定，波动性大，且随着掺入旧料比例的提高，对混合料的性能影响更大，混合料性能离散性较大，对再生剂的要求也更高。

为了大量消纳道路垃圾，实现高掺量利用，提高道路垃圾的利用率。拟采用厂拌热再生的方法，将道路垃圾高掺量(45%及以上)用于新建或改扩建路面结构中，并开展相关研究。

2.2 国内外研究现状

近年来我国公路建设已从新建阶段慢慢转为全面养护阶段，目前我国每年有超过20万km公路需进行大中修养护，年产RAP近2亿t，RAP作为一种可再生资源，其资源化再生利用不仅可以解决其大量堆放给环境带来的污染问题，还可以减少对天然矿山的开采。调研发现目前国内RAP的掺量一般低于30%，远低于发达国家50%以上的水平。

再生混合料中RAP掺量受到多因素影响，包括RAP的性能、再生剂类型和掺量、级配设计、拌和楼生产工艺及现场施工技术。在高掺量RAP厂拌热再生技术方面，国内外学者进行了大量研究，Chen等发现随着RAP掺量的增加，混合料的高温性能不断提高。当掺量较低(30%)时，对低温性能影响不大，但随着RAP掺量的继续增加，混合料低温性能降低显著。Al-Qadi等在研究中发现，混合料中RAP掺量大于25%对再生混合料的性能是不利的，这主要是由于混合料的刚度增加，并伴随混合料疲劳破坏。因此，许多国家和机构对混合料中RAP掺量有严格要求，一般不超过40%。最新研究表明，如果对RAP进行精细化处理，包括适当的破碎、筛选和配合比设计等手段，即使RAP百分百再生利用，再生混合料也可以取得良好的性能。

此外，RAP再生效果的好坏与再生剂密不可分，但目前市面上大部分再生剂仅针对基质沥青，而无法对改性沥青进行再生，这也是导致无法提高RAP掺量的主要原因。

2.3　再生剂再生效果研究

根据道路垃圾高掺量应用的试验方案，先对RAP中的沥青及粗、细骨料的性能指标进行检测。RAP中沥青含量的检测结果如表2-1所示。

表2-1　沥青含量检测结果

试验次数	1	2	平均值
RAP的沥青含量/%	4.33	4.26	4.30

由图2-1可知，RAP颗粒级配不良，主要体现在粗骨料占比稍小，0.075 mm以下的粉料稍偏多。级配曲线表明：矿料公称最大粒径为19.00 mm，19.00 mm以上的颗粒为总矿料的1.4%。道路RAP可来自于路面上面层、中面层、下面层，道路各层级用材料性能及组成材料不一，上面层材料整体质量较好，多采用玄武岩、辉绿岩等非酸性骨料，沥青常用改性沥青；而中、下面层的骨料和沥青要求相对较低，不同路段的材料有较大差别。

研究老化后沥青的性能也是再生利用研究的基础。下面分别对RAP中沥青的三大指标及旋转黏度进行试验检测和结果分析(表2-2)。

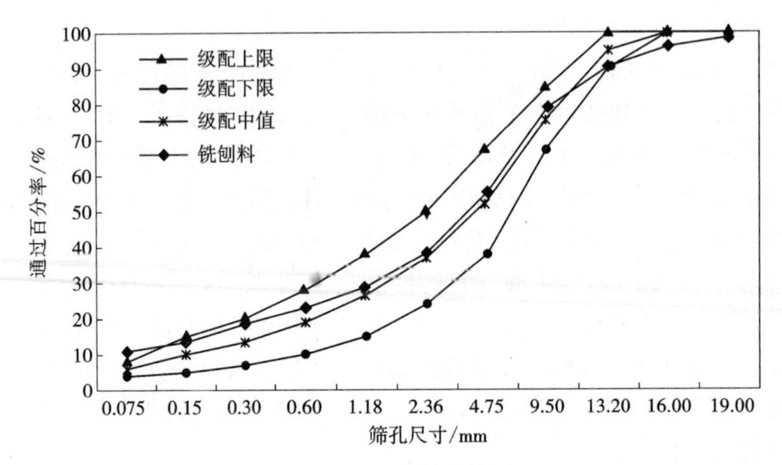

图 2-1 RAP 筛分结果

表 2-2 RAP 中沥青的三大指标及旋转黏度试验结果

项目	测试结果
25 ℃针入度/0.1 mm	18
软化点/℃	67.5
15 ℃延度/cm	6
135 ℃旋转黏度/Pa · s	2.000

实际生产过程中，拌和站 RAP 中的旧沥青来源复杂，如掺杂了改性沥青和基质沥青，且比例不明；有的仅掺杂了改性沥青，造成旧料不稳定、波动性大，且随着掺入旧料比例的提高，对混合料的性能影响更大，对再生剂的要求也更高。

目前市面上再生剂种类繁多，但大部分再生剂只能再生基质沥青，不能恢复改性沥青，个别产品以提升路用性能为目的进行了研发，添加了改性剂，可用于改善旧改性沥青，但因旧料不稳定和波动性大，难以检测出稳定的数据。

基于上述原因，选取了市面上具备不同特色且性能较优异的再生剂 1、2、3、4、5 五种再生剂进行了系列比选试验。试验采用的比选指标为针入度(0.1 mm)、软化点(℃)、延度(cm)、弹性恢复(%)、旋转黏度(Pa · s)，如表 2-3 所示。

表2-3　不同种类再生剂对旧沥青性能恢复试验结果

材料	针入度/0.1 mm	软化点/℃	15 ℃延度/cm	弹性恢复/%	旋转黏度/Pa·s
回收旧沥青	18	67.5	6	49	2.000
再生沥青(再生剂1)	42	55.5	30	43	0.862
再生沥青(再生剂2)	23	81.5	8	56	4.512
再生沥青(再生剂3)	56	52.5	38	38	0.750
再生沥青(再生剂4)	46	57.5	16	45	0.925
再生沥青(再生剂5)	31	59.5	10	45	1.112

根据再生剂对旧沥青的改善效果，并结合综合经济成本优选出了用于再生改性沥青混合料的1和2这两种试剂，仔细分析再生剂2可知，再生剂2其实是一种混合料改性剂。在对两种规格的RAP(0~16 mm、16~30 mm)进行矿料级配、沥青含量、沥青性能和骨料性能检测后，对RAP掺量为50%的再生沥青混合料AC-20进行配合比设计，后续经混合料性能验证后确定最终类型和掺量。

2.4　高掺量RAP再生沥青混合料配合比设计及路用性能研究

选用两种规格的RAP(粗RAP、细RAP)进行再生沥青混合料配合比设计，配合比设计结果如表2-4和图2-2所示。

表2-4　再生沥青混合料AC-20矿料比例　　单位：%

混合料类型	9.5~19 mm集料	4.75~9.5 mm集料	0~4.75 mm集料	粗RAP	细RAP
再生沥青混合料AC-20	28	10	12	38	12

选取油石比4.3%为基准，分别对4.3%±1.0%、4.3±0.5%和4.3%五个油石比的混合料进行马歇尔击实试验，测试得到不同油石比条件下混合料体积指标，如表2-5所示。

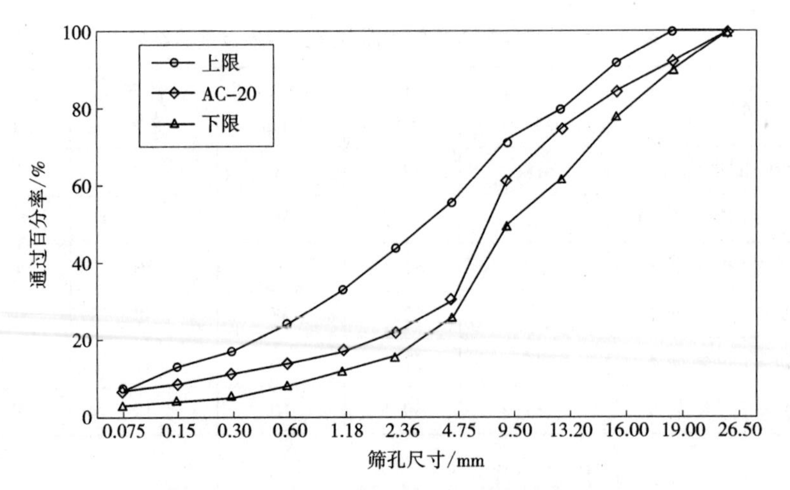

图 2-2 再生沥青混合料 AC-20 的级配曲线

表 2-5 不同油石比再生沥青混合料 AC-20 的体积指标

性能指标	油石比/%				
	3.3	3.8	4.3	4.8	5.3
毛体积相对密度	2.415	2.444	2.458	2.470	2.472
空隙率 *VV*/%	7.4	5.6	4.4	3.3	1.5
矿料间隙率 *VMA*/%	12.8	11.6	13.0	13.4	12.1
饱和度 *VFA*/%	41.2	55.6	66.1	75.4	81.3
稳定度/kN	22.03	21.49	19.73	19.29	18.45
流值/mm	3.64	3.70	3.11	3.10	3.94

根据3.3%、3.8%、4.3%、4.8%和5.3%五个沥青用量的体积指标，绘制体积指标与油石比的关系曲线图(图 2-3)。

通过图表插值法可得到目标空隙率为 4.0%时，对应的油石比 OCA_1 为 4.52%。

根据图 2-4，各项指标符合技术要求的油石比下限 $OAC_{min}=4.25\%$，油石比上限 $OAC_{max}=4.78\%$，则 $OAC_2=(OAC_{min}+OAC_{max})/2=4.52\%$。因此取 OCA_1 和 OAC_2 的中值 4.5%为最佳油石比。

分析切割机切开的马歇尔试件断面，发现混合料内部存在较多的空隙，其原因主要为 RAP 的级配存在较大变异性。因此，调整各档集料的比例，进一步优化再生沥青混合料的合成级配(表 2-6，图 2-5)。

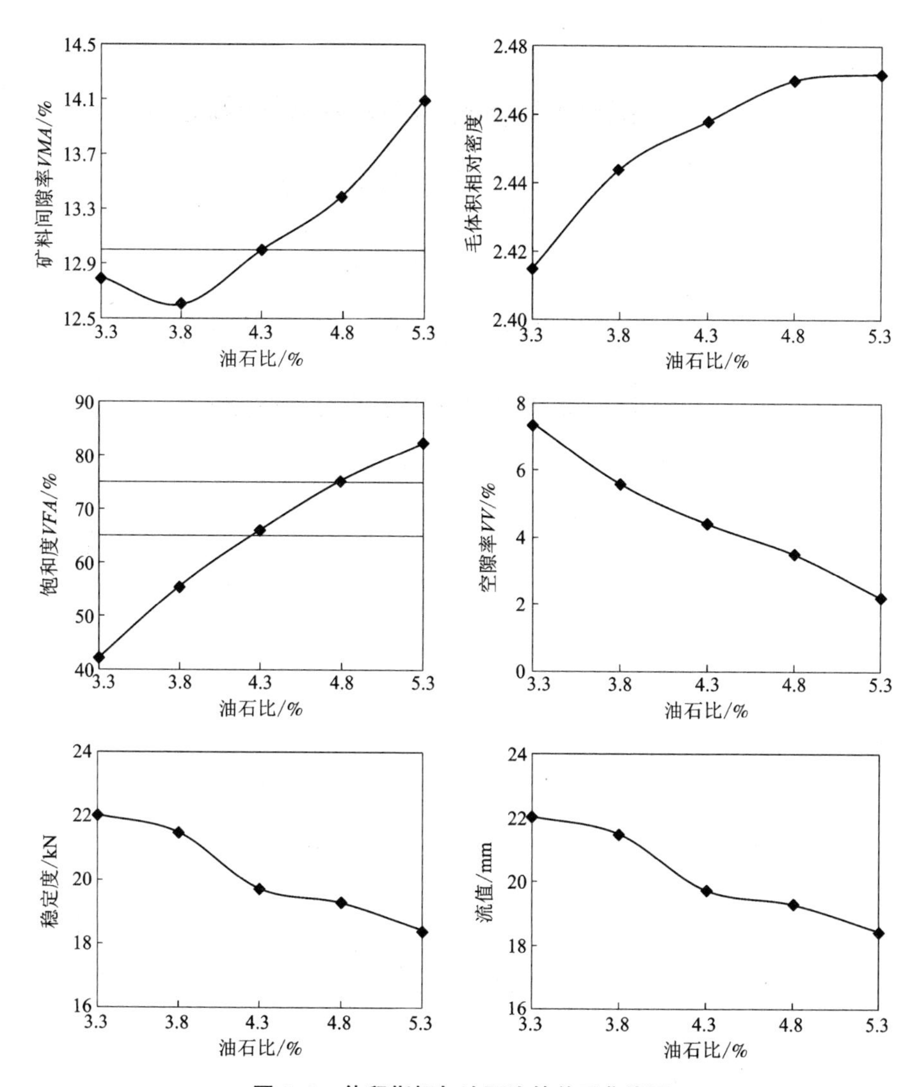

图 2-3　体积指标与油石比的关系曲线图

表 2-6　再生沥青混合料 AC-20 矿料比例 1　　单位：%

级配编号	9. 5~19 mm 集料	4. 75~9. 5 mm 集料	0~4. 75 mm 集料	粗 RAP	细 RAP
#1	28	10	12	38	12
#2	20	14	16	32	18
#3	30	0	20	28	22
#4	22	8	20	32	18

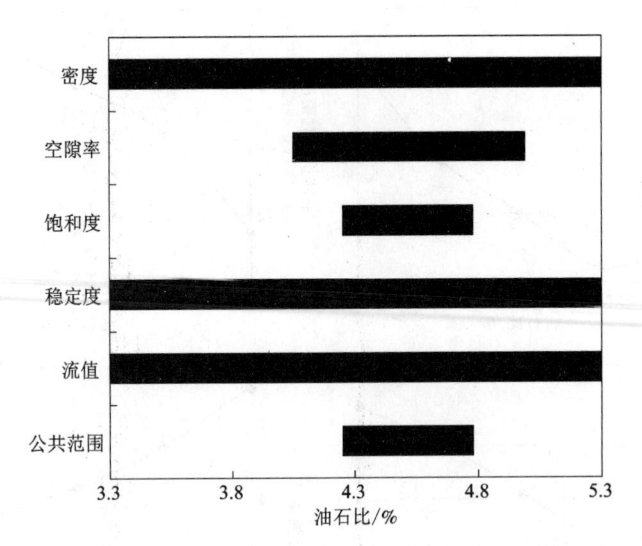

图 2-4　体积指标与 OAC_{min} 和 OAC_{max} 关系图

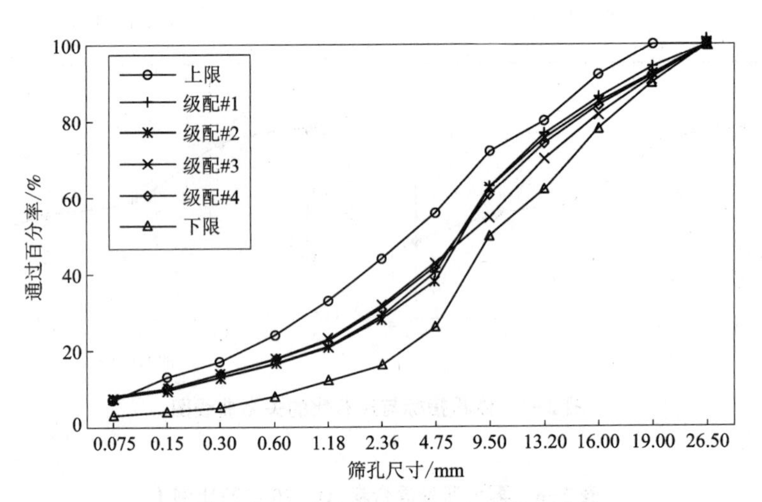

图 2-5　再生沥青混合料 AC-20 的级配曲线

经过四次调整，再生沥青混合料形成了如图 2-6 所示的骨架密实结构。为保证高掺量再生沥青混合料性能的一致性，图 2-7 给出了从现场 RAP 堆取样的示意图，分别从料堆顶面、底面及三分点高度处取样。由于 RAP 长期堆积，表面会产生硬壳，取样前将 RAP 堆表面 200 mm 左右硬壳去除，在同一料堆深度的四等分位置分别取 4 份质量相同样品，混合后作为这一层的 RAP。

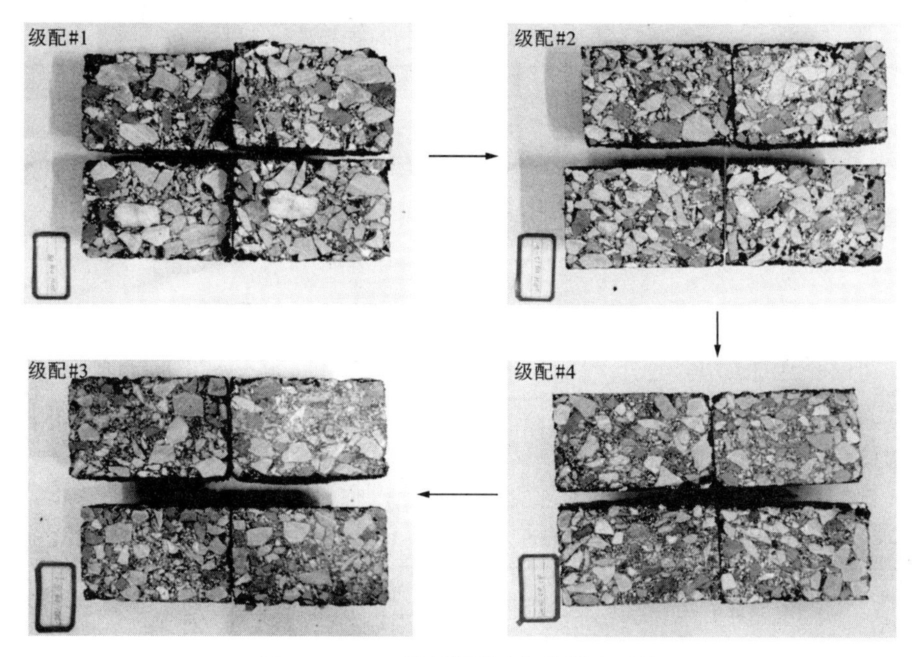

图 2-6　RAP 厂拌热再生级配的变异性

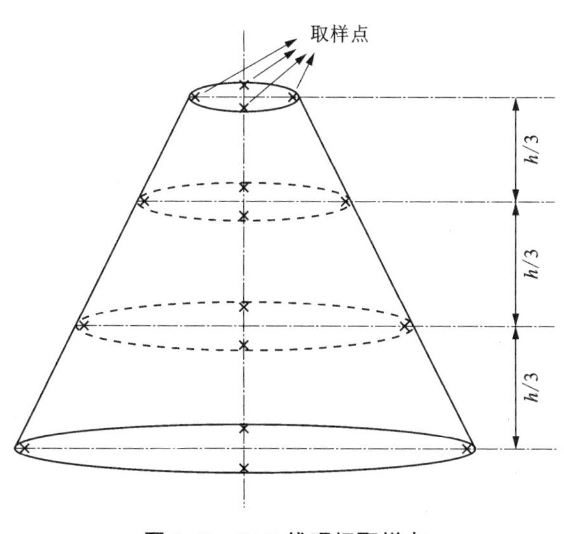

图 2-7　RAP 堆现场取样点

采用车辙试验[按照《公路工程沥青及沥青混合料试验规程》(JTG E20—2011)中 T 0719—2011 方法]评价混合料的高温性能，车辙试验条件为试验温度为(60±1)℃，轮压为(0.7±0.05)MPa。再生沥青混合料 AC-20 车辙试验结果如表 2-7 所示。

表 2-7　再生沥青混合料 AC-20 车辙试验结果

再生剂种类	动稳定度/(次·mm^{-1})
8%再生剂 1	10158.0±1261.3
8%再生剂 2	8859.0±2616.7
4%再生剂 2+4%高黏改性剂	9151.7±2431.3

分别采用浸水马歇尔试验[按照《公路工程沥青及沥青混合料试验规程》(JTG E20—2011)中 T 0709—2011 方法]和冻融劈裂试验[按照《公路工程沥青及沥青混合料试验规程》(JTG E20—2011)中 T 0729—2000 方法]评价再生沥青混合料的水稳定性。再生沥青混合料 AC-20 的冻融劈裂试验结果如表 2-8 所示。

表 2-8　再生沥青混合料 AC-20 冻融劈裂试验结果

再生剂种类	劈裂强度/MPa		劈裂强度比 *TSR*/%
	非条件	条件	
8%再生剂 1	1.107±0.006	0.985±0.002	89.0
8%再生剂 2	1.685±0.060	1.508±0.006	89.5
4%再生剂 2+4%高黏改性剂	1.772±0.127	1.619±0.068	91.3

冻融条件下，添加 8%再生剂 2 的再生沥青混合料的劈裂强度由 1.107 MPa 降低至 0.985 MPa，再生沥青混合料 AC-20 的劈裂强度比 *TSR* 为 89.0%。添加 4%再生剂 2 和 4%高黏改性剂再生沥青混合料 AC-20 的劈裂强度有所提高，对应的 *TSR* 为 91.3%，满足规范中不小于 80%的要求。

相比于高温和水稳定性，采用低温弯曲试验(T0715—2011)评价再生沥青混合料的低温性能，试验温度为-10 ℃，加载速率为 50 mm/min。

低温弯曲试验结果表明添加 4%再生剂 2 和 4%高黏改性剂的双改性方案，新沥青采用 SBS 改性沥青，再生沥青混合料 AC-20 的破坏应变均大于 2500 με，满足规范要求。

2.5 数值模拟

2.5.1 基于离散元的数值模拟研究

目前，针对沥青混合料低温开裂行为的数值模拟研究，研究者们主要采取有限元法(finite element method, FEM)或离散元法(discrete element method, DEM),其中,仅有少量研究考虑了 RAP 掺量与改性条件的影响。Elseifi 等建立了考虑 RAP 含量与外加剂影响的三维有限元模型,并模拟了半圆弯曲试验中材料损伤的传播过程;栾英成等则基于离散元理论建立了考虑老化沥青砂浆与再生沥青砂浆的精细化数值仿真模型,开展了再生沥青混合料断裂性能和关键失效机理分析。然而,两种方法均存在一定的不足:FEM 模拟裂纹扩展时需要对网格进行重新划分,计算结果也具有严重的网格依赖性;而 DEM 依赖的微观力学参数难以获取,通常需要通过复杂的标定过程确定。

但是目前已有的试验得出的结论并不能从机理层面论证方法的正确性,需要从细观机理层面对再生沥青混合料最优配合比和 RAP 最大掺量的优化设计理论进行理论验证;从细观机理层面验证"双改性"理念;并进一步研究再生沥青混合料在外荷载作用下内部微裂纹的发育和累积规律,从而获得再生沥青混合料的细观非线性损伤机理。

颗粒离散元采用圆盘或球形颗粒模拟散粒组合体的宏、细观力学行为,对颗粒的动力学方程及颗粒之间的接触进行合理描述,以此来对颗粒间的相互作用和颗粒体系的运动规律进行研究。颗粒流离散元软件 PFC 正是在此基础之上,利用显示有限差分法,通过内部边界条件的设定和初始应力状态在颗粒间反复迭代计算,使模拟不断与实际情况相贴近。

本研究建立二维高掺量 RAP 再生沥青混合料离散元试件,研究其在各类室内试验加载条件下的细观力学特性。对再生沥青混合料的二维离散元建模遵循以下基本假设:①再生沥青混合料试样受力符合平面应变假设;②再生沥青混合料内部直径小于 1.18 mm 的细集料均等效成直径 1 mm 的球形颗粒,不考虑其内部更细化的粉尘;③试验仅考虑低温条件(不超过 10 ℃),忽略沥青砂浆的黏度,并且内部骨料外基本上都被沥青胶浆包裹,因此,细观接触模型全部考虑设置为线性平行黏结模型。

本研究运用颗粒流离散元软件 PFC5.0 构建二维随机骨料模型。为了提高计算效率,将粒径小于 1.18 mm 的细集料砂浆统一采用直径 1 mm 的球形单元模拟,具体模型建立过程如下:①在目标模型尺寸区域内生成规则排列的直径 1 mm 的 ball。②利用自编 Fish 函数,根据式(2-1)~式(2-4)并按照 13.16%的矿料间隙率 *VMA* 生成随机的 5~10 边的多边形骨料模板(利用 PFC 中的墙体单元 wall 包围而成)。其中为了保证生成的多边形骨料粒径与设计级配一致,通过粒径缩减系数 c 对骨料模板半径进行调整,并采用内置的随机数生成函数对半径和倾角进行随机选取,以此控制多边形各顶点的位置,从而体现粗骨料外部形状的不规则性。③将多边形区域所覆盖的 ball 实体划分为集料单元,并根据不同颗粒粒径及骨料的新旧进行分组,骨料组名代表颗粒粒径及骨料的新旧,其余在骨料模板范围之外的部分统一被分组为沥青砂浆。④随机在旧骨料外围选取区域将此处的沥青砂浆分组为旧沥青砂浆。⑤通过图表插值法得到空隙率为 4.0%时对应的油石比为 4.52%，且为最优油石比，所以将沥青混合料内部的孔隙率设定为 4.0%，通过随机删除沥青砂浆颗粒分组中的 ball 来实现。

$$r_a = r_{min} + (r_{max} - r_{min})\lambda \tag{2-1}$$

$$r_b = (1.25 + 0.25\lambda) r_a \tag{2-2}$$

$$x_{ik} = X_i + r_a \cos\left\{\frac{2\pi}{n}[l + (\gamma - 0.5)]\right\} \tag{2-3}$$

$$y_{ik} = Y_i + r_b \sin\left\{\frac{2\pi}{n}[l + (\delta - 0.5)]\right\} \tag{2-4}$$

式中：i 为圆形颗粒级配下骨料编号；n 为随机生成的多边形边数，取值为[5, 10]；l 为多边形的顶点编号，取值为[1, n]；X_i、Y_i 分别为随机选取的骨料 i 的圆心坐标；r_{max}、r_{min} 分别为颗粒级配同一档中的上限、下限半径；λ、γ、δ 取值为[0.0, 1.0]；但由于仅在二维层面考虑颗粒级配，需要将二维截面、简化的以球形直径定义的级配和真实级配相互联系，所以定义了一个修正系数，通过修正系数来对不规则集料形状及级配筛分机进行综合修正。由于集料修正系数很难采用确切的理论进行分析，综合前人的研究成果，确定了本研究的级配修正系数为 0.5。此外，DEM 中采用随机种子 Random seed 来控制随机数生成器对随机数的生成，当随机种子被指定为一相同值时，在多次随机运算过程中会生成相同的模型，保证了模型的重复性。图 2-8 中的随机种子设定为 1000055，命令为"set random 1000055"。通过导出按上述方法建立的随机骨料模型中的 ball 的坐标与分组，可将该模型运用于自主开发的近场动力学模拟程序。

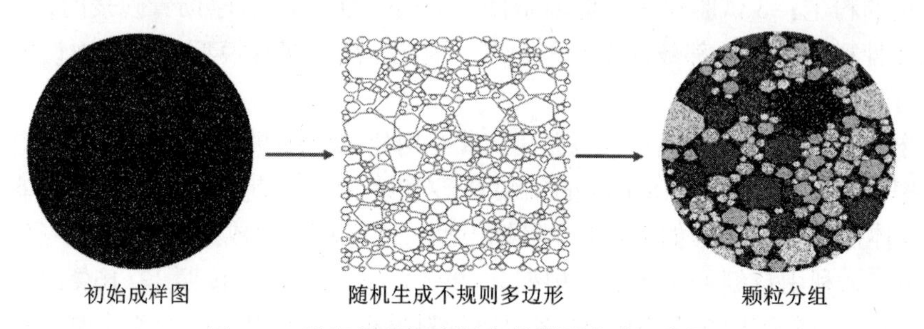

图 2-8　随机骨料沥青混合料模型生成示意图

离散元中是通过线性平行黏结模型将相邻的离散颗粒黏结在一起，进而使离散的数值模型与现实的连续体在外力荷载下的宏观力学形态相匹配。根据建模内容需要设置粗骨料单元内部、粗骨料和粗骨料之间、粗骨料-沥青砂浆界面及沥青砂浆之间的四大类接触模型。通过对旧沥青-旧骨料、旧沥青-新沥青界面之间的接触进行一定的参数折减，从而对RAP进行等效模拟，并且根据假设⑤中实际情况下骨料外部基本被沥青包裹，所以对骨料与骨料之间的接触也定义为线性平行黏结模型，但对其附加0.5的削减系数，来模拟骨料之间沥青含量较低的情况。接触模型的分组情况如图2-9所示。本研究中假定沥青砂浆的抗剪强度是抗拉强度的两倍。沥青砂浆与骨料接触界面之间的力学参数可以通过纳米压痕的试验结果进行确定，界面处的力学参数大致为砂浆基体的0.6~0.8倍，在本研究中沥青砂浆及其与骨料的接触界面均用线性平行黏结模型，通过抗拉强度和黏结强度来表征破坏强度，且模型中并不存在实体界面，采用虚拟的接触进行模拟，即界面处的颗粒仍为砂浆，所以为了对界面处的薄弱区进行等效模拟，采用将此处接触的黏结强度设为沥青砂浆的60%，而界面接触的有效模量保持不变。此外，由于旧沥青与旧骨料的材料性能存在一定的减弱，主要体现在接触黏结参数的变化，为此对不同骨料与新旧沥青界面处进行不同的参数设置来体现旧沥青与RAP性能的改变，RAP的内部参数固定不变，而旧沥青与RAP接触界面参数的大小与掺加剂的掺加方案有关。

参考已有研究，粗骨料的弹性模量一般取值55.5 GPa，拟定集料的模型参数如下：弹性模量为55 GPa，法向切向刚度比为2.5；RAP参数为53 GPa，法向切向刚度比不变。至此生成了包含粗骨料、沥青砂浆、界面接触和孔隙的多相非均匀质材料。之后通过大量试算来对试验的应力-应变曲线结果进行拟合，最终得到了三种不同外加剂工况下的细观参数。

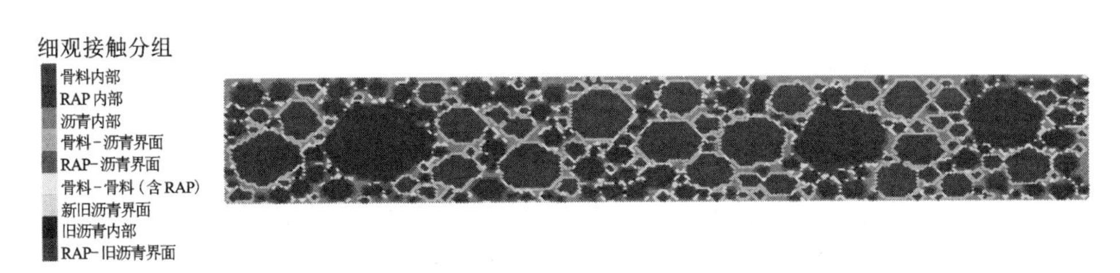

图2-9　再生沥青混合料内部接触分组

建立尺寸为高35 mm、宽30 mm、长250 mm的小梁试件。在随机骨料生成完毕之后，对小梁内部各接触模型进行分组和赋值，并通过伺服原理，对小梁进行内部围压模拟，围压设置为1×10^2 MPa。随后在梁下端跨距为200 mm处设置支撑墙体，加载墙体在梁上方中心处。每个步骤都要求不平衡力大小的平均值与接触力大小的总和的平均值之比小于1×10^{-5}，以确保整体模型达到平衡状态，最终的离散元模型如图2-10所示。

通过控制上部加载墙体向下速度大小为50 mm/min，并且固定下部墙体来模

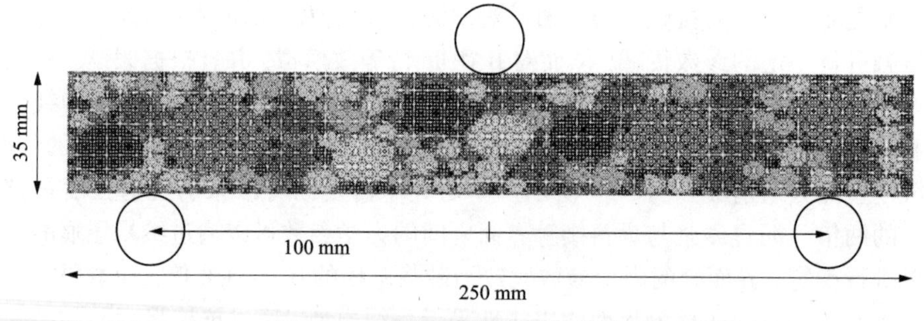

图 2-10　再生沥青混合料小梁模型

拟真实试验的加载过程；通过检测和统计上加载墙体的总接触力来获取加载力；通过编写 Fish 函数检测上加载墙体的竖向位移，并计算应力及应变，绘制应力-应变曲线，最终标定结果如图 2-11 所示。

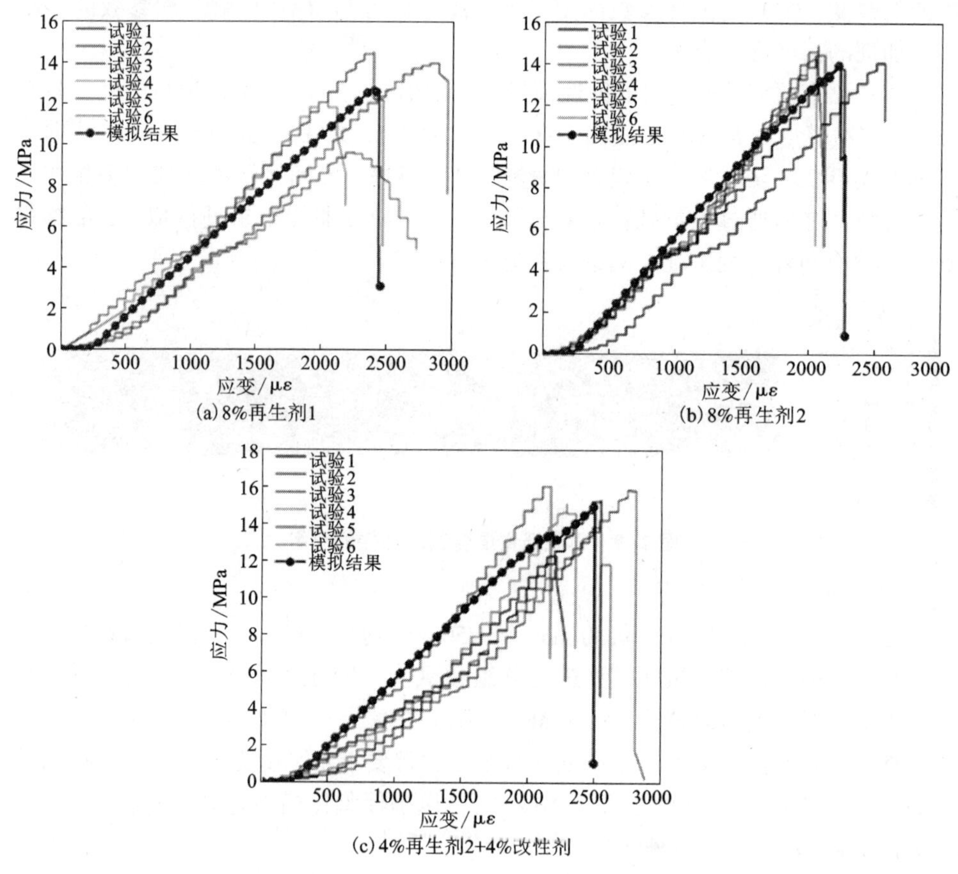

图 2-11　应力-应变曲线标定结果

最终通过对不同外加剂种类和含量：8%再生剂1、8%再生剂2、4%再生剂2+4%改性剂这三种不同工况进行参数标定，标定参数结果见表2-9~表2-11。图2-12为小梁内部接触抗拉强度和黏结强度的分布情况。

表2-9　8%再生剂1工况沥青混合料细观接触参数

接触种类	新沥青砂浆	旧沥青砂浆	新沥青-新骨料界面	新沥青-旧骨料界面	旧沥青-旧骨料界面	新沥青-旧沥青界面
Emod/GPa	A	1.5A	A	A	1.5A	1.25A
kratio	3	2.9	3	3	2.9	2.95
Pb_ten	B	3B	0.6B	0.5B	1.8B	0.5B
Pb_coh/MPa	2B	2B	1.2B	B	1.2B	B
fric	0.6	0.5	0.6	0.5	0.5	0.55

注：A=1.7；B=19。下同。

表2-10　8%再生剂2工况沥青混合料细观接触参数

接触种类	新沥青砂浆	旧沥青砂浆	新沥青-新骨料界面	新沥青-旧骨料界面	旧沥青-旧骨料界面	新沥青-旧沥青界面
Emod/GPa	A	2A	A	2A	3A	2A
kratio	3	2.9	3	3	2.9	2.95
Pb_ten	B	2.5B	0.6B	0.6B	1.5B	0.6B
Pb_coh/MPa	2B	2B	1.2B	1.2B	1.2B	1.2B
fric	0.6	0.5	0.6	0.5	0.5	0.55

表2-11　4%再生剂2+4%改性剂工况沥青混合料细观接触参数

接触种类	新沥青砂浆	旧沥青砂浆	新沥青-新骨料界面	新沥青-旧骨料界面	旧沥青-旧骨料界面	新沥青-旧沥青界面
Emod/GPa	A	1.5A	0.95A	1.8A	2A	1.8A
kratio	3	2.9	3	3	2.9	2.95
Pb_ten	B	2.7B	0.85B	0.8B	1.2B	0.75B
Pb_coh/MPa	2B	2B	1.7B	1.6B	1.6B	1.5B
fric	0.6	0.5	0.6	0.5	0.5	0.55

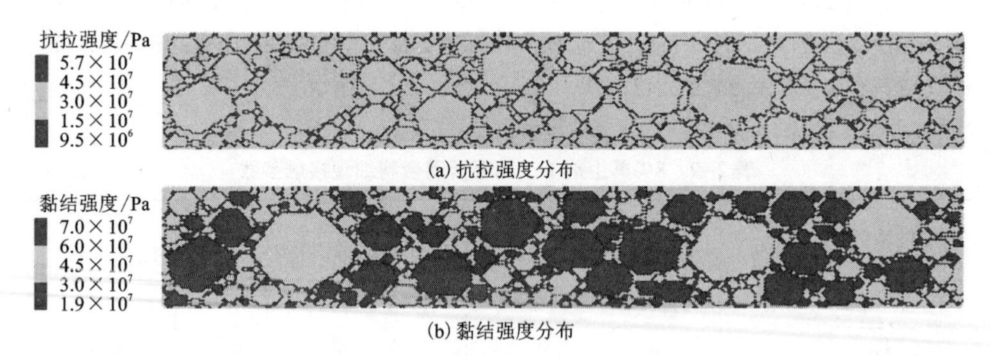

(a) 抗拉强度分布

(b) 黏结强度分布

图 2-12　抗拉强度与黏结强度分布图

各工况加载过程中的裂纹扩展及力链分布图如图 2-13 所示，可以看出在加载初期试件完整，整体呈现出上部受压下部受拉的受力状态，顶部加载点和下部支撑点为主要受压区域，与室内试验中小梁三点弯曲试验的受力分布情况一致。当底部裂纹萌生后，试件内部的受力状态发生了较大变化，可以看出试件内部受拉区域逐渐延裂纹从试件底部向上移动，裂纹延伸的尖端是受拉最显著的区域，且调查在此加载条件下产生的裂纹类型均为张拉裂纹，表明拉力是导致裂纹萌生和扩展的主要驱动因素。试件完全破坏后，无法继续承担更多的外界荷载，宏观表现为试件从跨中断裂，主裂纹贯穿到顶部，试件的有效承载面减小，加载点及

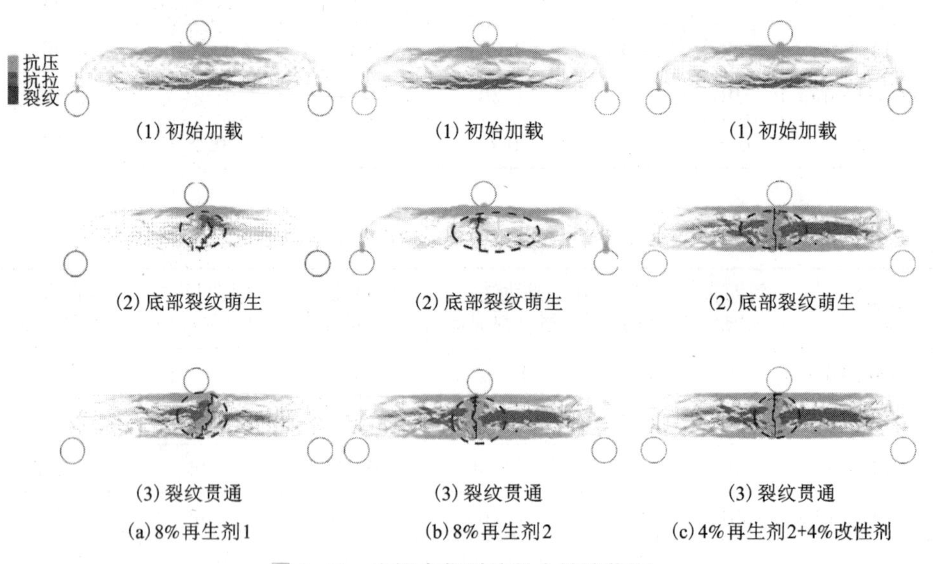

(a) 8%再生剂1　　(b) 8%再生剂2　　(c) 4%再生剂2+4%改性剂

图 2-13　小梁内部裂纹及力链演化图

支撑点不再承受更大的压力，内部受压区域分布在裂纹周围及试件顶部和底部，内部受拉区域则沿着梁中心线向两侧扩散，此时认为达到了极限荷载，试件出现断裂破坏。对比各工况裂纹和内部力链演化过程可知，三种工况下的裂纹萌生过程均是从底部逐渐延升至顶部，但裂纹分布和发展情况有所差异，具体差异需要通过研究裂纹出现位置及其产生的原因来进一步分析。

图 2-14 展示了三种不同工况下完全断裂后裂纹的出现位置：在单独加入 8%再生剂 1 的工况下，裂纹绝大部分均在骨料与沥青的界面之间出现，裂纹整体呈现绕开骨料及 RAP 的发育情况，并不会沿着跨中垂直向上延伸，而是产生了较大的倾角；在 8%再生剂 2 工况下，裂纹的位置发生了明显变化，起初在梁底仍发生界面破坏，但到达梁上部时在 RAP 处发生了骨料贯通破坏，呈现了近似垂直的裂纹路径；继续对比 4%再生剂 2+4%改性剂工况，发现在梁中部的骨料出现了角部破坏，后续破坏和 8%再生剂 2 工况类似。通过裂纹出现位置的对比，可以明确不同掺加剂的使用对沥青混合料的抗拉性能和抗裂性能有较大的影响。

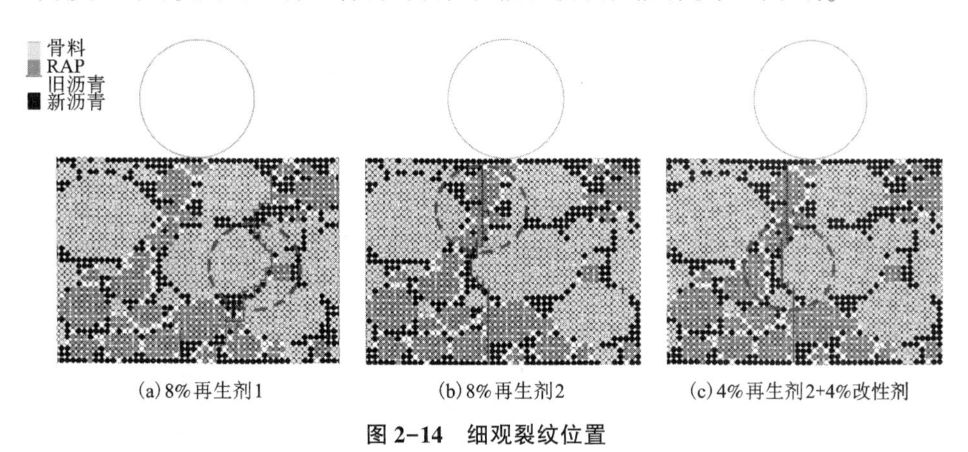

(a) 8%再生剂1　　(b) 8%再生剂2　　(c) 4%再生剂2+4%改性剂

图 2-14　细观裂纹位置

三种工况在最终断裂后的裂纹总数分别为：8%再生剂 1 工况，52 条；8%再生剂 2 工况，49 条；4%再生剂 2+4%改性剂工况，40 条，从裂纹总数上来看，4%再生剂 2+4%改性剂工况在同时使用两种掺加剂的条件下，明显减少了裂纹总数。为了探究不同掺加剂对再生沥青混合料内部各组分的具体影响，提取了各不同组分之间的接触失效情况，并定义损伤变量 D_v，计算公式为：

$$D_v = \frac{N_f}{N} \times 100\% \tag{2-5}$$

式中：N_f 为各组断裂接触个数；N 为所有断裂接触总数。

图 2-15 展示了三种不同外加剂条件下离散元虚拟再生沥青混合料试件在三点弯曲试验过程中各组分损伤变量的演化规律。由图可见在仅添加 8%再生剂的

工况下，沥青-骨料界面的破坏占主导地位，而集料的破坏很少，新骨料的破坏数为0，宏观上表现为峰值强度较低，但由于裂纹总数多且主裂纹延斜角向上延伸总长度较大，所以能抵抗较大的变形。观察RAP表面的旧沥青-RAP界面的破坏数量，8%再生剂2工况下有了明显的增加，而新老沥青之间的界面破坏减少，说明此类再生剂对老沥青的再生性能更强，降低了老沥青与RAP之间的黏结作用，并增强了新旧沥青之间的融合，改善了二者之间的变形协调能力。由于新沥青-旧沥青界面的黏结性能提升，裂纹转向RAP内部发展，这也是8%再生剂2工况下集料内部的破坏占比达到了36.7%[32.6%(RAP)+14.1%(骨料)]，而界面的破坏则下降了近50%的原因。

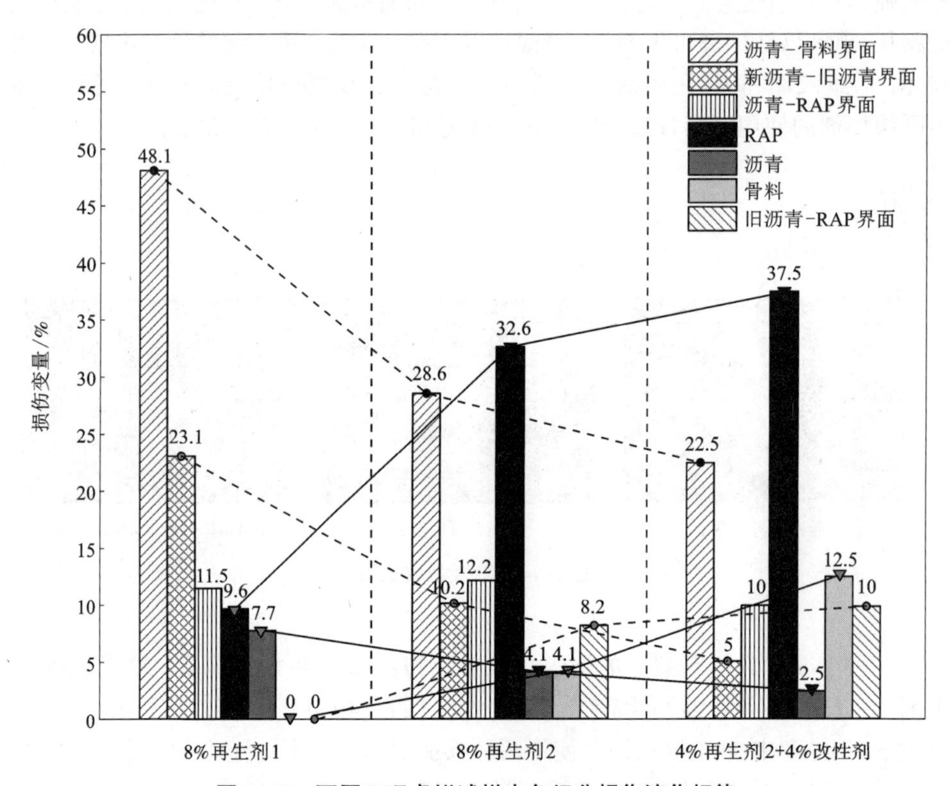

图2-15　不同工况虚拟试样中各组分损伤演化规律

在减少4%再生剂2的基础上再加入4%改性剂，混合料内沥青与骨料的黏结性能出现进一步提升，界面破坏数量进一步减少，集料内部的破坏随之增加，其中有新骨料参与了对强度的贡献，此时集料的破坏占比也达到了50%，说明同比例使用再生剂和改性剂条件下能最大限度地提升沥青混合料内部沥青和骨料之间的黏结性能，提高骨料对强度的贡献，宏观上也表现出此类工况峰值应力最大。

综合三种工况，发现沥青内部的破坏一直处于较低的水平，掺加剂对沥青内部的性能改变不大。再生剂主要针对新老沥青之间的融合作用，RAP 大部分表面由旧沥青包裹，所以沥青和 RAP 之间的性能主要取决于沥青和旧沥青之间的吸附和变形协调性。在参数定义环节，除添加改性剂的工况条件，沥青和新骨料之间的界面黏结参数一直保持不变，在这样的条件下，再生剂 2 仍使沥青-骨料界面的损伤减少了 40%，说明其很好地改善了沥青混合料内部的受力情况，使新旧骨料的受力变得更加均匀，进一步说明了再生剂 2 的再生能力明显高于再生剂 1。在减少了一半的再生剂 2 含量的条件下加入等量改性剂，界面的损伤进一步下降，说明改性剂的添加会使沥青和骨料之间的黏结作用进一步增加。

2.5.2　内部细观接触应变能演化分析

宏观弯曲应变能密度 dW/dV 是综合反应材料应力 σ 与应变 ε 变化关系的参数。其从能量的角度解释了沥青混合料破坏的过程，即外力对沥青混合料做功，其中一部分应变能被混合料储存，另一部分能量提供了裂纹产生、发展所需的能量。试验中获得了再生沥青混合料小梁的宏观应变能密度，为了揭示再生沥青混合料内部各组接触的细观应变能对宏观应变能的贡献及不同工况条件下细观接触应变能密度的变化情况，提取了数值模拟 4%再生剂 2+4%改性剂再生沥青混合料应变能密度随应变变化曲线，如图 2-16 所示，并展示了沥青混合料加载过程中细观接触应变能分布图。离散元通过统计模型中的所有接触间应力在 $0-\varepsilon_0$ 应变区间上的积分获取黏结应变能，其中 ε_0 为试件破坏条件下最大应变，其应变能计算公式为：

$$E_k = \int_0^{\varepsilon_0} \sigma(\varepsilon)\,d\varepsilon \tag{2-6}$$

可以看出数值模拟得到的总接触应变能密度为 35.85 kPa，与试验得到的 (35.9±5.4) kPa 误差仅为 0.14%。在断裂点前沥青混合料小梁中沥青和接触界面吸收绝大部分外界能量，且由上到下呈现出梯形扩散分布，说明在三点弯曲加载过程中，小梁内部能承受外界力及变形的区域存在边界性；在裂纹累积到一定程度后，小梁基本延跨中断开，此时跨中沥青混合料内部颗粒间的黏结因不能够承受更大的变形而发生断裂，总接触应变能迅速降低，随着裂纹的延伸向外释放能量。随着整体试件变形的增加，试件内的接触黏结并不会完全丧失功能，未断裂的接触能进一步承受一定的变形量。从小梁内黏结应变能的分布可以看出沥青由于变形能力相较于骨料更好，其储存了绝大部分外界能量，而骨料内部由于不易变形，存储的应变能很少，当小梁断裂时，梁两侧未发生断裂的沥青由于外力逐渐减小，其产生的弹性变形逐渐恢复，释放了一部分能量。而裂纹附近的沥青仍然承受较大的拉应力，内部仍有较大的应变能，此时能量较小，分布区域进一步缩减呈三角扩散分布。

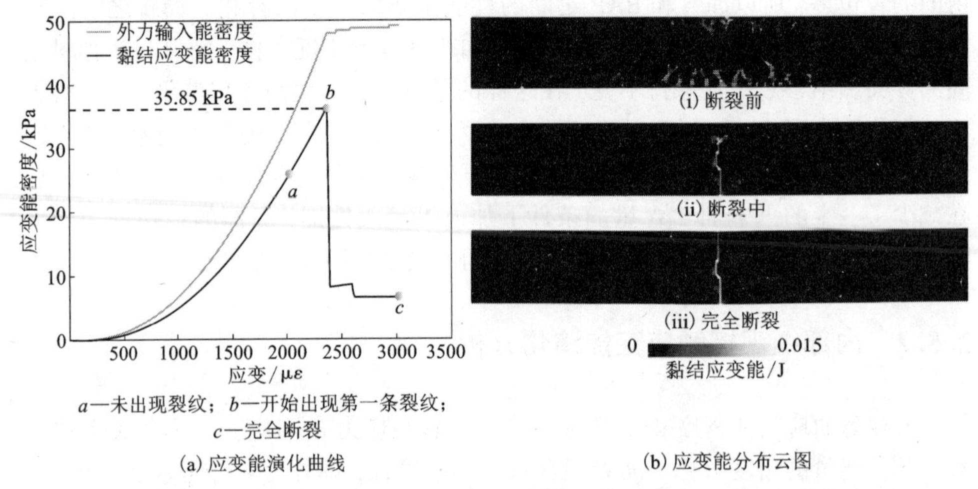

(a) 应变能演化曲线　　(b) 应变能分布云图

图 2-16　4%再生剂 2+4%改性剂工况细观接触应变能演化曲线及分布图

由于小梁内部应变能演变及分布与裂纹出现的位置及过程有很大的相关性，所以在断裂前的应变能分布相差不大。三种工况下小梁内部的黏结应变能的变化和分布情况类似，此处不一一列出。图 2-17 对比了 8%再生剂 1 及 8%再生剂 2 两类工况的应变能分布及演化图，可以看到再生剂 1 与再生剂 2 的裂纹发育路径有明显差异，不同于再生剂 2 及图 2-16 中添加改性剂工况中裂纹基本沿着跨中向上延伸，主裂纹起初在底部萌生后，由于再生剂 1 工况下再生沥青混合料内部界面处的黏结性能差，裂纹会优先选择绕开骨料，沿着骨料-沥青界面发育，在裂纹发育到 A 处时，裂纹与上部骨料表面近似呈垂直状态，此处出现应力集中现象，综合表现为此处的接触黏结应变能出现极值点，此时裂纹较难继续向上延升，而由于仍在加载，加载板附近的沥青接触黏结应变能增加，且此时底部更加薄弱的沥青-RAP 界面发生破坏，底部出现次裂纹，即为完全断裂阶段的 B 处所示。结合完全断裂时期的细观接触应变能分布情况可见，接触应变能在裂纹出现后的衰变与裂纹的位置关联性很大，再生剂 1 工况下的应变能分布明显向左侧偏转，而再生剂 2 及改性剂工况下近似呈对称分布。

通过提取各工况下不同接触类型的峰值点接触应变能和完全断裂后稳定点接触应变能，并计算二者的差值，定义此能量为有效应变能 $\overline{E}_k$，即为裂纹萌生所耗散的能量。图 2-18 展示了各工况下不同接触类型有效应变能大小（图 2-18 中括号外的数据）和各接触类型有效应变能占所有接触类型应变能总和的百分比情况（图 2-18 中括号内的数据）。可以看出，界面黏结处的接触存储的应变能均占主

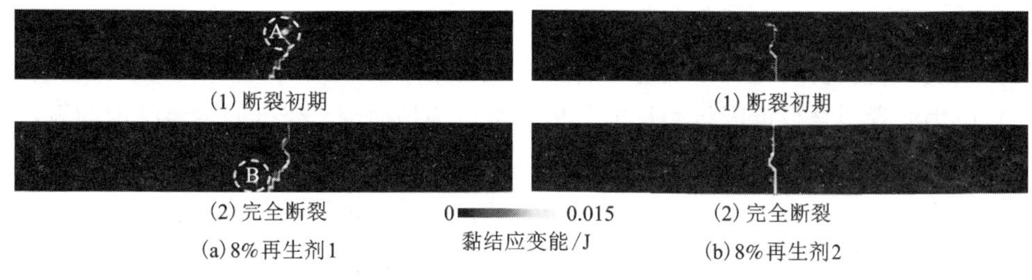

图 2-17 不同再生剂工况细观接触应变能分布对比图

导地位(占比>60%)。应变能主要关注数值的大小，对比旧沥青-RAP 界面的 $\overline{E}_k$ 大小，可见 8%再生剂 1、8%再生剂 2、4%再生剂 2+4%改性剂工况呈现递减的趋势，而沥青-旧沥青界面则为递增趋势，即在同时使用 4%再生剂和 4%改性剂工况下，削弱了旧沥青和 RAP 之间的黏附性，而使沥青与旧沥青之间的变形协调性变得更好，对沥青和旧沥青之间的融合效果提升最大，同时提高了其强度和变形能力，即综合体现在能量转化方面。相应地，由于内部沥青和旧沥青性能的改善，沥青和骨料之间的性能也随之增强，8%再生剂 2 和 4%再生剂 2+2%改性剂工况分别相较于 8%再生剂 1 工况提升了 12.5%和 30.4%。同时由于 8%再生剂 2 和 4%再生剂 2+2%改性剂工况均有较大程度的骨料和 RAP 破碎情况，所以其接触应变能相较于 8%再生剂 1 工况也有一定程度的提升。值得注意的是，使用 8%再生剂 2 再生剂工况下沥青-RAP 界面的应变能低于 8%再生剂 1 工况，即其在改善新旧沥青混溶的情况下会降低沥青-RAP 界面的性能，其原因是旧沥青在与新沥青融合的过程中削弱了沥青-RAP 表面接触的黏结强度，而在添加了改性剂后沥青-RAP 界面的性能得到了提升，且比 8%再生剂 1 工况下增加了 1%，说明改性剂对沥青和骨料之间的黏结作用起主要作用，对沥青内部的黏结也有较大的提升。

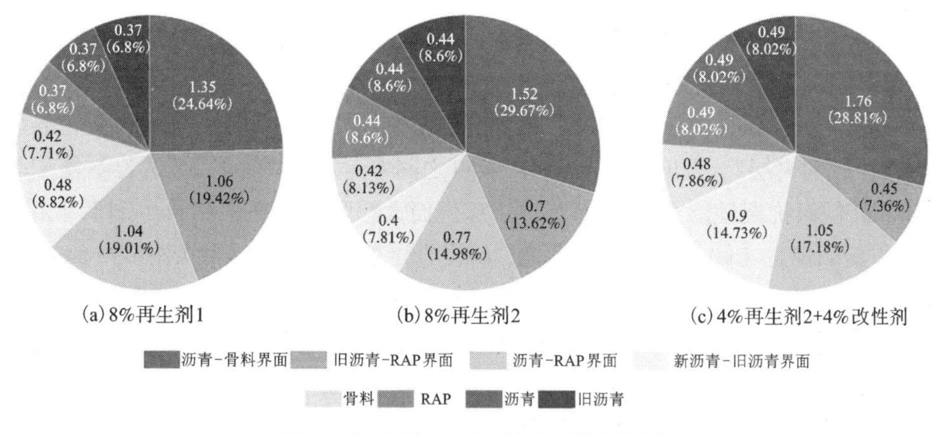

图 2-18 不同工况有效应变能占比图

通过构建高 RAP 掺量再生沥青混合料的精细化离散元数值模型，从颗粒破碎和细观断裂损伤演化的角度并结合室内低温小梁三点弯曲试验对不同外加剂条件下再生沥青混合料低温抗裂性能开展了数值模拟研究，获得的主要结论如下：

①低温条件下再生沥青混合料小梁在加载过程中的力链分布演化类似，分析可知内部拉力是沥青混合料内部裂纹萌生和扩展的主要驱动因素，裂纹在扩展过程中端部会有拉应力集中现象出现。

②加载过程中各工况下，裂纹均由底部开始向上延伸，不同外加剂条件下，裂纹数量、裂纹长度及其具体位置有较大差异：8%再生剂 1 工况下裂纹主要在骨料与沥青界面之间出现，导致主裂缝方向变化较大，并未沿着跨中垂直向上延展，裂纹数量最多；8%再生剂 2 工况下，RAP 内部会产生较多断裂，裂纹大致沿着跨中向上；4%再生剂 2+4%改性剂工况下裂纹数量最少，且裂纹沿跨中垂直向上发展，骨料内部也出现断裂。综合裂纹数量、裂纹长度及裂纹位置来看，4%再生剂 2+4%改性剂对低温条件下再生沥青混合料的低温抗裂性能增长最好。

③通过内部损伤变量结果可以明确，再生剂对沥青内部的影响较小，而主要对新旧沥青之间及沥青和骨料之间界面的强度和变形能力产生较大的影响。其中再生剂 2 对新旧沥青之间的接触界面的融合作用最为显著，主要改善了二者之间的变形协调能力，且因为其改善了再生沥青混合料内部受力，沥青-骨料界面的性能同时也得到了增强。比较 8%再生剂 2 和 4%再生剂 2+4%改性剂工况可得，改性剂的添加能进一步提升混合料内沥青与骨料的黏结性能，并提高骨料对抗弯拉强度的贡献。

④通过提取总细观接触应变能密度，再次验证了数值模型的准确性，并且从细观接触层面对再生沥青混合料内部的应变能进行了精细划分，获得了不同外加剂对再生沥青混合料内部各组分应力及应变的综合影响，沥青和界面之间的接触存储的应变能最多(占比>60%)，不同种类的再生剂主要影响的是旧沥青-RAP 界面的应变能贡献，增强了新旧沥青之间的融合作用，而改性剂针对的则是沥青-骨料之间及沥青内部的应变能响应。

综上所述：新沥青-旧沥青界面之间的黏结作用相比沥青内部弱，会在界面处形成“软弱夹层”，且旧沥青与 RAP 骨料之间本就存在“软弱面”，若不使用外加剂，其低温抗裂性能会因这些“软弱”部位而大幅降低。在使用再生剂后，主要提高了新旧沥青之间的力与变形性能，即提升了新旧沥青之间混溶能力，综合体现在裂纹数量减少、界面损伤率减小即接触应变能增加等方面，其中再生剂 2 的再生能力明显高于再生剂 1。而改性剂主要针对沥青内部及沥青-骨料界面的黏结性能，将再生剂 2 与改性剂 1∶1 混合使用对再生沥青混合料的性能提升最好。但未研究不同配合比条件对再生沥青混合料性能的影响，后续可对再生剂与改性剂的不同比例混合使用做进一步试验和数值模拟工作，进而寻求最优的再生沥青混合料外加剂掺量。

2.5.3　基于近场动力学的数值模拟

近场动力学是由 Silling 于 2000 年首次提出的一种非局部的、基于连续体的无网格方法，通过研究物体中质点与其影响范围内的所有质点相互作用来分析物体运动。将一个连续的物质体（如颗粒材料）离散为多个物质点，并对每个物质点赋予特定体积和质量。每个物质点通过“键”与受到其影响的“族”内的其他物质点相互作用。族的范围由参数“近场范围”定义，超出该范围的物质点与此物质点间相互作用为零，物质点 x 的族内的所有物质点称为 x 的邻域物质点。对于未受损伤破坏的完整材料，每个物质点都和它的邻域物质点间存在键的作用。

近场动力学模拟中采取了与离散元模拟相同的随机骨料模型，但与离散元模拟中采取的球形黏结颗粒不同，近场动力学模拟中对再生沥青混合料模型进行了体素化离散，将模型离散为若干个边长为 dx 的正方形物质点，每个物质点具有特定的体积与质量，物质点间以键的形式相互作用。本研究采取速度边界条件实现荷载的施加，在与试验规范相符位置附加了圆形加载板区域并以同样的方式进行了体素化离散，通过短程接触力模型与再生沥青混合料模型发生相互作用。近场动力学模拟中采取的模型参数与再生沥青混合料体素化离散模型分别如表 2-12 与图 2-19 所示。

表 2-12　近场动力学主要模拟参数

模拟参数	数值
加载板密度 ρ/(kg·m^{-3})	8000
加载板杨氏模量 E_{platen}/GPa	200
加载速率 v/(mm·min^{-1})	50
时间步长 dt/s	1×10^{-8}
物质点半径 dx/mm	1.0
近场影响范围 δ/mm	3.015dx
临界接触范围 d_{pi}/mm	1.0dx
接触刚度 c_r/GPa	5.0 casphalt(沥青刚度)

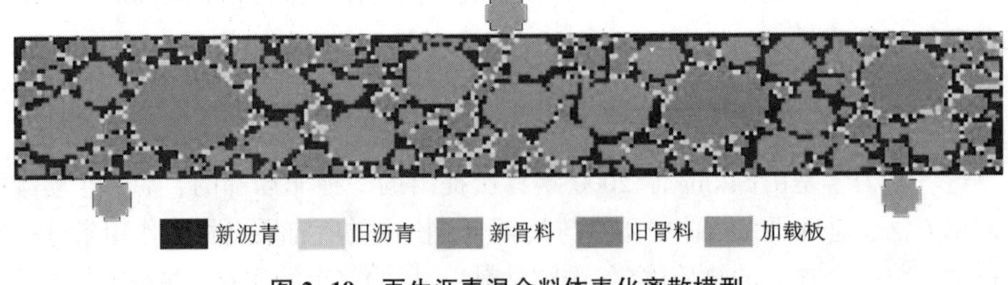

图 2-19　再生沥青混合料体素化离散模型

由于再生沥青混合料可被视为由存在新骨料、旧骨料、新沥青、旧沥青组成的多相材料，各种材料内部与不同材料之间键的作用各不相同，根据键两端连接的物质点材料可将模型内部的键分为三类：作用于沥青内部的沥青键、作用于骨料内部的骨料键与用于表征沥青与骨料之间黏结作用的界面键，三种类型的近场键分布如图 2-20 所示。由于沥青混合料三点弯曲试验中骨料之间几乎不会发生接触，不同骨料间的相互作用不明显，因此不同骨料间不存在键的作用。

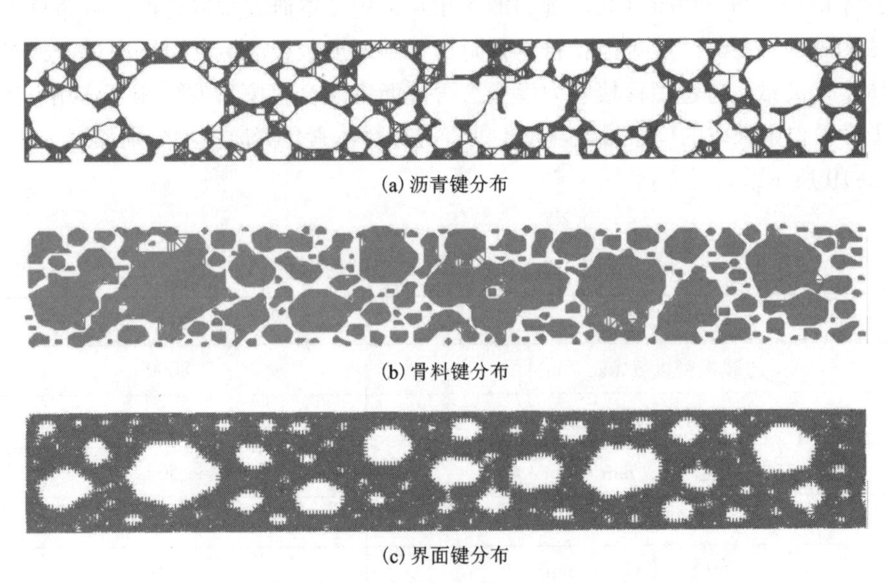

(a) 沥青键分布

(b) 骨料键分布

(c) 界面键分布

图 2-20　模型内部各类型近场键分布

为了区别新旧沥青、新旧骨料的差异，进一步将物质点之间的键细分为新沥青-新沥青、新沥青-旧沥青、旧沥青-旧沥青、新骨料-新骨料、旧骨料-旧骨料、新沥青-新骨料、新沥青-旧骨料、旧沥青-新骨料、旧沥青-旧骨料 9 种。再生沥青混合料模型中各类键的初始数量与占比如图 2-21 所示。

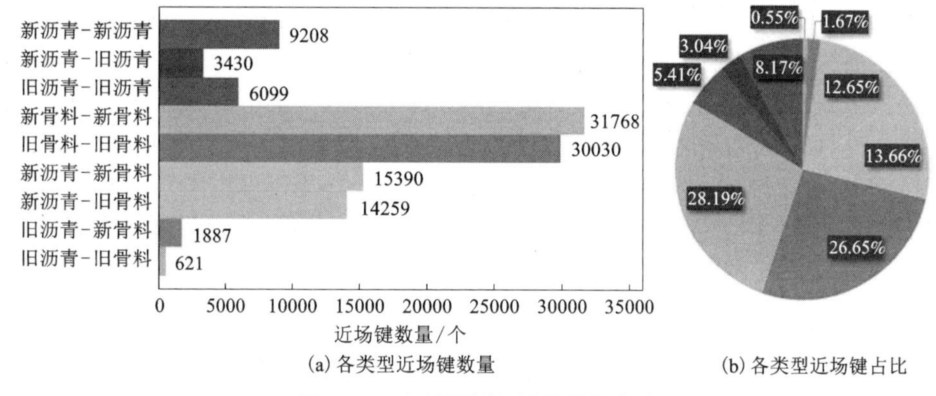

图 2-21　各类型近场键数量及占比

由于本研究仅考虑再生沥青混合料的低温性能，该状态下沥青可视为理想弹塑性材料，受拉时物质点间相互作用力随伸长率变化而线性增长，受压时存在明显的塑性变形阶段，骨料则可视为微弹性脆性材料。而三点弯曲试验中沥青混合料的破坏形式主要为受拉破坏，几乎不会发生受压破坏，为了进一步简化计算，可将再生沥青混合料中各组分均视为微弹性脆性材料，材料的本构模型如图 2-22 所示。

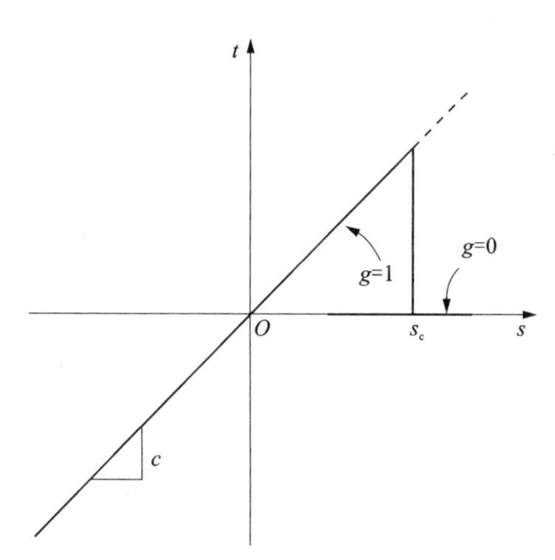

图 2-22　再生沥青混合料本构模型

可见在再生沥青混合料的近场动力学模拟中所需的材料参数主要为回弹模量 E、泊松比 ν 与断裂能 G_c，由于键基近场动力学理论的限制，材料泊松比 ν 被固定为 1/3。此外，由于旧沥青与旧骨料的材料性能存在一定的减弱，主要体现在断裂能与刚度的降低，为此，引入介于0~1的衰减系数κ并直接与材料的断裂能G_c及表征材料刚度的微模量c相乘，体现旧沥青与旧骨料材料性能的衰减，其大小与掺加剂的掺加方案有关。

为了确定再生沥青混合料模型在不同掺加剂掺加方案下各组分的材料参数，需要通过对比数值模拟与室内试验所得应力-应变曲线对不同工况下的材料参数进行标定。本研究主要选取了再生剂与改性剂两类作用机理不同的沥青掺加剂，其中，再生剂选用了再生剂1与再生剂2两类进行对比研究，采用的具体工况为8%再生剂1、8%再生剂2、4%再生剂2+4%改性剂。表2-13展示了不同工况材料参数的标定结果，将不同工况下的模拟结果与开展的6组试验结果绘制于同一坐标系中，如图2-23所示，可见，依据标定的材料参数开展的再生沥青混合料小梁弯曲试验近场动力学模拟结果与室内试验结果相符。

表2-13　基于室内试验结果标定的材料参数

工况		8%再生剂1			8%再生剂2			4%再生剂2+4%改性剂		
材料		沥青	界面	骨料	沥青	界面	骨料	沥青	界面	骨料
参数	衰减系数κ	0.7			0.8			0.75		
	回弹模量E/GPa	1	20	36.6	1	20	36.6	1	30	36.6
	断裂能G_c/(J·m^{-2})	1500	160	75	1500	160	75	1500	200	75

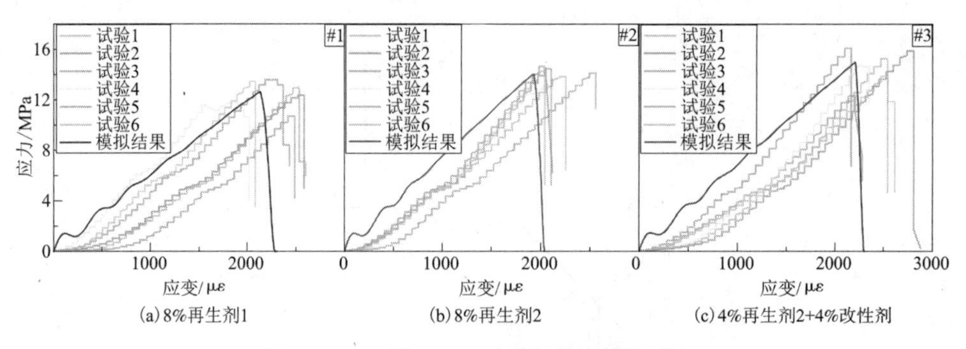

(a) 8%再生剂1　(b) 8%再生剂2　(c) 4%再生剂2+4%改性剂

图2-23　不同工况下试验与模拟结果对比

对比三种工况下的应力-应变曲线，可见，分别掺加同等含量再生剂1与再生剂2时，掺加再生剂2的再生沥青混合料弯拉强度明显上升，但同时破坏应变大幅降低，试件的脆性增加；随着改性剂的掺加，在“双改性”的作用下，再生沥青混合料的弯拉强度进一步提升，同时，破坏应变也出现了一定的增长。劲度模量S是表征沥青混合料低温抗裂性能的重要参数，定义为一定时间t和温度T条

件下弯拉强度 σ 与破坏应变 ε 之比，能够综合评判弯拉强度与破坏应变，劲度模量 S 越小沥青混合料的低温抗裂性能更优，按式(2-7)计算：

$$S_{(T,\ t)}=\left(\frac{\sigma}{\varepsilon}\right)_{(T,\ t)} \tag{2-7}$$

计算可得三种工况下的劲度模量分别为 5929. 94 MPa、7254. 41 MPa、6774. 44 MPa。综合对比考虑再生沥青混合料的弯拉强度与劲度模量两项参数可得：8%再生剂 1 工况下的低温抗裂性能最优，但弯拉强度严重不足；再生剂 2 虽然大幅提升了再生沥青混合料的弯拉强度，但同时也降低了试件的低温抗裂性能。因此，采取 4%再生剂 2+4%改性剂的“双改性”方案能够有效弥补再生剂 2 低温抗裂性能不足的缺陷，实现弯拉强度与低温抗裂性能间的平衡。

为了进一步验证基于近场动力学理论模拟再生沥青混合料低温小梁弯曲试验的合理性并探究再生沥青混合料内部裂纹萌生与发展微细观机理，首先，绘制了掺加 4%再生剂 2+4%改性剂工况下的应力-应变曲线，如图 2-24 所示。提取了临近损伤发生前、局部损伤、裂纹生成与完全损伤 4 个关键节点处的损伤云图与应力云图，其中，应力云图中物质点应力取物质点的 von Mises 应力，按下式计算：

$$\sigma_e=\sqrt{[(\sigma_x+\sigma_y)^2-3(\sigma_x\sigma_y-\tau_{xy}^2)]} \tag{2-8}$$

式中：σ_e 为 von Mises 应力；σ_x，σ_y 分别为 x，y 方向上的正应力；τ_{xy} 为切应力。

将关键节点处的损伤云图与应力云图分别绘制于图 2-25(a)、(b)、(c)、(d)中，其中，局部损伤节点代表混合料部分物质点发生损伤但未出现宏观裂纹的阶段，裂纹生成节点时混合料出现宏观裂纹，此时应力-应变曲线达到峰值。

损伤发生前试件内部应力主要分布在加载板周边区域与试件底部跨中位置，其中，加载板周边区域主要为压应力，试件底部跨中位置主要为拉应力，时间内布应力主要分布于沥青与骨料界面处与骨料内部，沥青内部的应力较小。随着荷载进一步施加，试件底部沥青界面处与骨料内部的部分近场键发生断裂，少量物质点出现损伤，损伤处的物质点应力由邻近的物质点分担。随着近场键断裂数量的上升，物质点损伤进一步累积，试件底部跨中位置物质点损伤达到 0. 5 时，可认为该物质点一侧的近场键几乎已全部断裂，混合料内部产生宏观裂纹，裂纹周边损伤较大物质点应力迅速消散，降低至接近 0 MPa，同时，在裂纹尖端处的骨料内部呈现出明显的应力集中现象，应力向裂纹尖端区域转移，裂纹尖端处物质点应力激增，当混合料应力-应变曲线达到峰值时，裂纹尖端处的物质点应力达到 45. 05 MPa。最后，随着裂纹逐渐向上发展并最终贯穿整个试件，再生沥青混合料失效，内部应力几乎全部消失。

为了对比不同掺加剂对再生沥青混合料性能的影响，提取了三种工况下裂纹生成时的损伤云图与应力云图，如图 2-26 所示。可见，三种工况下试件顶部受

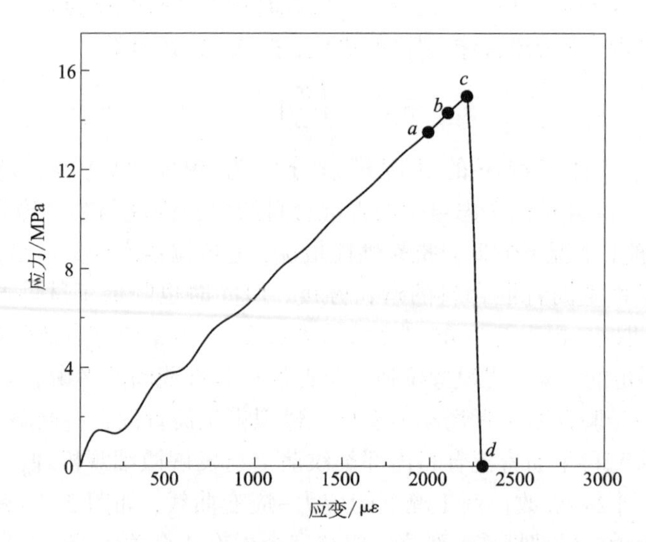

图 2-24　4%再生剂 2+4%改性剂工况荷载-位移曲线与关键节点位置

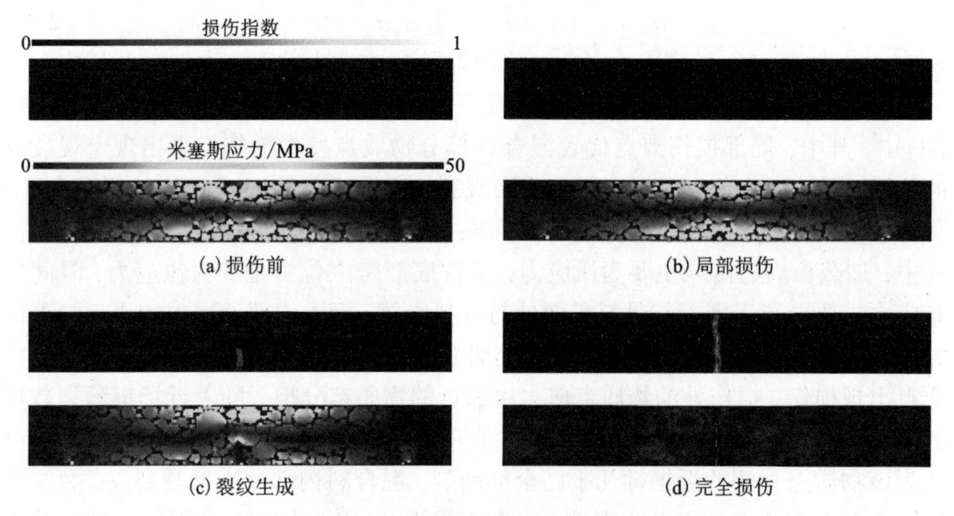

(a) 损伤前　(b) 局部损伤　(c) 裂纹生成　(d) 完全损伤

图 2-25　再生沥青混合料断裂过程损伤云图与应力云图

压区域几乎没有差别，试件底部的损伤云图与应力云图则显示出了一定差异：宏观裂纹产生时，相比于使用了再生剂 2 的两种工况，8%再生剂 1 工况下试件底部裂纹以外的区域仍保留了较大的应力，而裂纹尖端处的应力较低，因此，8%再生剂 1 工况下，试件内部应力分布更加均匀，试件内部的拉应力由试件底部大量物质点共同承担，使裂纹尖端处的应力增长速度减缓。因此，8%再生剂 1 工况下试件的劲度模量最小，低温抗裂性能优异，但与此同时，宏观裂纹产生后，裂纹尖端处可承受物质点应力明显低于另外两种工况，导致 8%再生剂 1 工况下弯拉强度远低于另外两种工况。

另外，单再生剂改性的两工况下试件的损伤云图十分相似，除了一条明显的主体裂缝外，在试件底部偏左位置的沥青-骨料界面处出现了部分物质点损伤形成微裂缝，如图 2-26(a)、(b)中白色圆圈标注区域，在应力云图中对应位置的物质点应力也相应降低。但在 4%再生剂 2+4%改性剂的“双改性”工况中，再生沥青混合料内部并未出现微裂纹，可见，由于改性剂的投入，沥青与骨料间的黏结效果提升，能够承担更大的应力而不发生损伤，即改性剂显著提升了沥青整体黏结效果。此外，三种工况下的应力集中现象发生的位置也存在一定的差异，8%再生剂 1 与 8%再生剂 2 工况下裂纹出现后，应力主要集中于裂纹尖端区域内骨料与沥青的界面处，而 4%再生剂 2+4%改性剂工况下裂纹尖端应力集中则发生在骨料内部，进一步说明了改性剂对沥青与骨料间界面处的黏结效果具有显著提升。

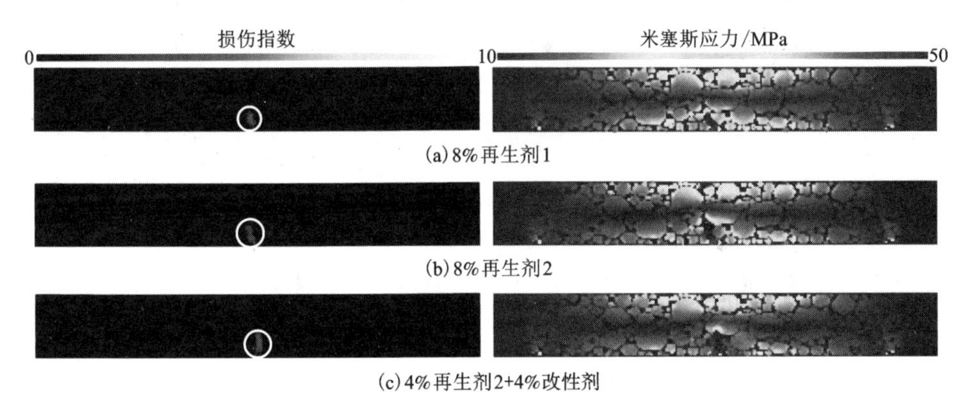

(a) 8%再生剂1

(b) 8%再生剂2

(c) 4%再生剂2+4%改性剂

图 2-26 不同工况下再生沥青混合料裂纹生成时损伤云图与应力云图

为了进一步探究再生沥青混合料裂纹萌生与扩展的微细观机理和掺加剂提升再生沥青混合料性能的作用机理，汇总了三种工况下再生沥青混合料的断裂模式于图 2-27 中。可见，掺加 8%再生剂 1 的再生沥青混合料中，裂纹首先由混合料下部沥青与骨料的界面处萌生，随后的扩展过程呈现出绕开骨料的趋势，主要于沥青与骨料的界面处发生断裂，沿界面与少量旧骨料内部发生断裂；掺加 8%再生剂 2 的再生沥青混合料中，裂纹萌生的位置与 8%再生剂 1 相似，但随着旧沥青性能的提升，裂纹难以沿旧沥青与骨料的界面处发生断裂，导致旧骨料内部发生的断裂增加，部分旧骨料被直接贯穿；掺加 4%再生剂 2+4%改性剂的再生沥青混合料中，尽管再生剂掺量减少，但随着改性剂的加入，沥青整体的黏结效果出现显著提升，裂纹由混合料下部旧沥青内部萌生，随后沿骨料内部向上延伸，直至贯穿整个再生沥青混合料，裂纹的扩展过程中几乎没有发生弯折且新骨料内部也出现了明显的断裂。

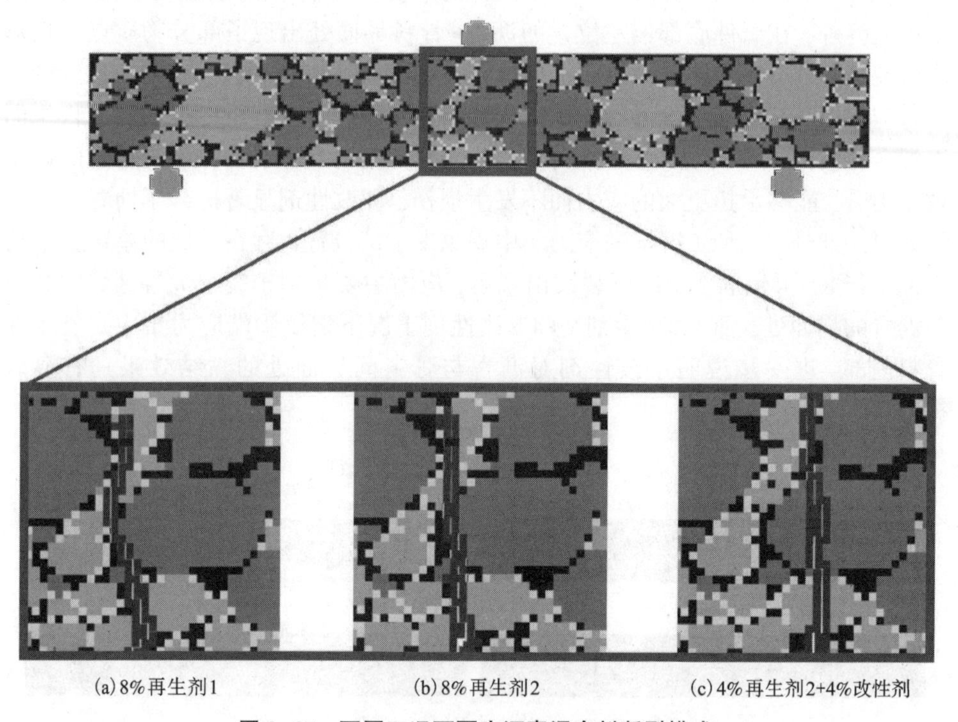

图 2-27　不同工况下再生沥青混合料断裂模式

为了进一步量化分析再生沥青混合料中裂纹萌生与扩展的过程与不同掺加剂对裂纹发展过程的影响，统计了模拟中发生断裂的近场键类型与数量。图 2-28 展示了三种工况下各类型近场键断裂占比，可见，沥青内部的键几乎不发生断裂，断键主要集中于沥青-骨料界面处与骨料内部。

图 2-29 则通过柱状图更直观地展现了三种工况下各类型近场键断裂占比的变化。为了更加清晰地体现不同掺加剂的作用机理，柱状图对不同类型的近场键进行了归类，将新沥青-新骨料、新沥青-旧骨料归纳为新沥青界面键，同理，将旧沥青-新骨料、旧沥青-旧骨料归纳为旧沥青界面键，将新沥青-新沥青、新沥青-旧沥青、旧沥青-旧沥青统称为沥青内部键。

对图 2-29 中再生沥青混合料断键占比的变化趋势进行分析可得：首先，三种工况下旧骨料内部与沥青内部断键占比较小，尽管 8%再生剂 2 与 4%再生剂

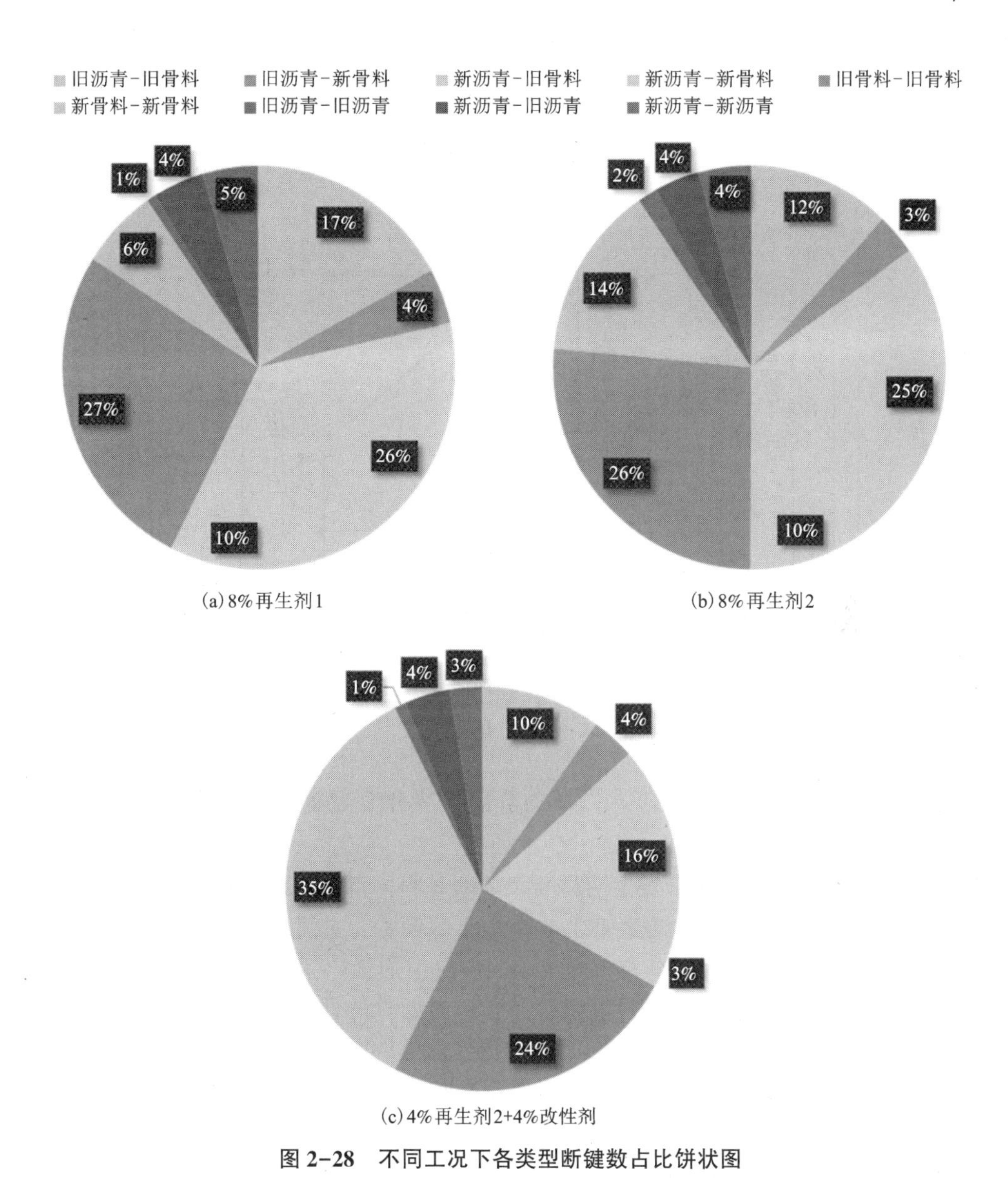

(a) 8% 再生剂 1

(b) 8% 再生剂 2

(c) 4% 再生剂 2+4% 改性剂

图 2-28 不同工况下各类型断键数占比饼状图

2+4% 改性剂两种工况下旧骨料内部与沥青内部断键占比均下降了 2% 左右，但这种变化主要由裂纹位置改变引起而非掺加剂作用直接导致，可认为再生剂与改性剂两种掺加剂对骨料内部与沥青内部的作用均不明显。随着再生剂从再生剂 1 更换为效果更优的再生剂 2，旧沥青界面处的断裂明显下降，新沥青界面处虽然也有一定的下降但幅度很小，由于旧沥青性能恢复，旧沥青界面处的黏结强度上

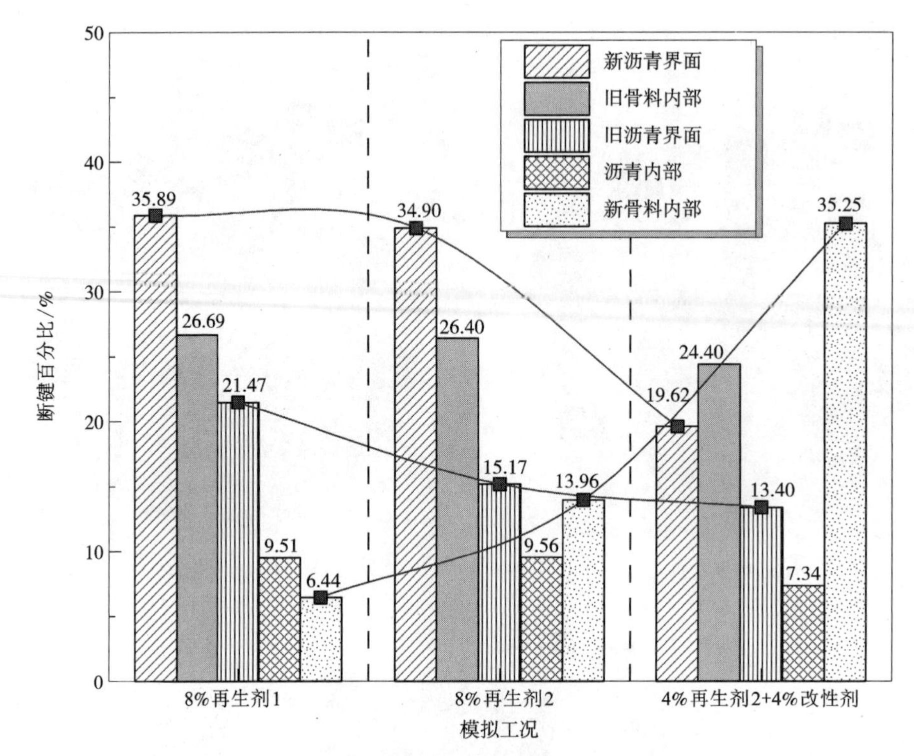

图 2-29　再生沥青混合料断键占比及变化趋势柱状图

升，断裂进而转向原本并未发生明显断裂的新骨料内部，导致新骨料内部键的断裂增长了一倍以上，可见，再生剂主要作用于旧沥青，尤其显著提升了旧沥青与骨料间的黏结作用。对比 8%再生剂 2 与 4%再生剂 2+4%改性剂内部的断键占比，可见随着改性剂的投入，再生沥青混合料内沥青的性能出现整体提升，新沥青界面的断键占比出现了大幅下降，旧沥青界面处的断键占比也出现了下降，但由于再生剂含量的降低，相较于前两种工况更换再生剂时下降幅度减小。而随着沥青与骨料界面处断键的减少，裂纹向新骨料内部进一步发展，新骨料内部的断键占比激增，与图 2-29 4%再生剂 2+4%改性剂工况下裂纹贯穿骨料内部的断裂模式相符，可见改性剂针对沥青整体发挥作用，尤其是显著提升了沥青与骨料之间的黏结效果，但针对旧沥青的性能，再生剂 2 效果优于改性剂。

2.6　高掺量 RAP 再生沥青路面工艺技术

高掺量 RAP 再生沥青路面施工工艺如图 2-30 所示。

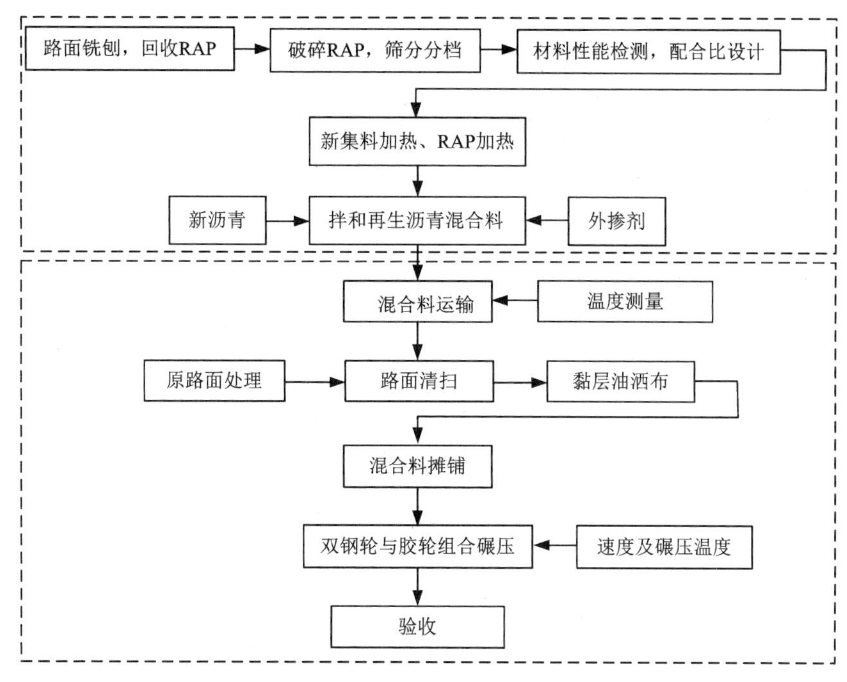

图2-30　高掺量RAP再生沥青路面施工工艺流程图

2.6.1　拌和楼试拌

对送样的热料仓骨料进行筛分，此外，按照《公路工程沥青及沥青混合料试验规程》(JTG E20—2011)中T 0722所述试验方法分别对两种规格的RAP进行沥青含量测试，并对经抽提后的集料进行筛分试验，试验结果如表2-14所示。粗RAP和细RAP的油石比分别是4.3%和4.8%。

表2-14　热料仓骨料筛分试验及RAP抽提筛分试验结果

筛孔尺寸/mm	17~20 mm集料	11~17 mm集料	6~11 mm集料	3~6 mm集料	0~3 mm集料	矿粉	粗RAP/(16~30 mm)	细RAP/(0~16 mm)
26.5	100.0	100.0	100.0	100.0	100.0	100.0	100.0	100.0
19.0	34.9	100.0	100.0	100.0	100.0	100.0	91.7	100.0
16.0	8.5	99.6	100.0	100.0	100.0	100.0	83.3	100.0
13.2	1.4	75.5	100.0	100.0	100.0	100.0	74.5	98.9
9.5	1.5	4.8	90.1	100.0	100.0	100.0	66.2	84.6
4.75	0.8	1.4	0.8	81.6	98.0	100.0	43.4	41.4

续表2-14

筛孔尺寸/mm	17~20 mm 集料	11~17 mm 集料	6~11 mm 集料	3~6 mm 集料	0~3 mm 集料	矿粉	粗 RAP/(16~30 mm)	细 RAP/(0~16 mm)
1.36	0.8	1.4	0.3	1.5	78.2	100.0	28.3	26.0
1.18	0.8	1.4	0.3	1.5	47.8	100.0	20.7	19.3
0.6	0.8	1.4	0.3	1.5	29.7	100.0	15.8	15.5
0.3	0.8	1.4	0.3	1.5	17.5	99.3	11.4	11.2
0.15	0.8	1.4	0.3	1.5	8.1	89.6	8.6	8.1
0.075	0.1	0.3	0.2	0.3	2.8	75.3	6.7	6.2

高掺量 RAP 再生沥青混合料 AC-20 的各档料比例为 17~20 mm 集料：11~17 mm 集料：6~11 mm 集料：3~6 mm 集料：0~3 mm 集料：粗 RAP：细 RAP：矿粉=8：20：5：5：10：36：14：2，油石比为 1.3%，再生剂 2、再生剂 1 和高黏改性剂的掺量均为 RAP 中旧沥青的 4%，如表 2-15 和图 2-31 所示。

表 2-15　合成级配

级配类型	油石比/%	通过筛孔(方孔筛，mm)的百分率/%											
		26.5	19.0	16.0	13.2	9.5	4.75	1.36	1.18	0.6	0.3	0.15	0.075
AC-20	4.3	100.0	91.8	86.6	78.9	62.0	40.5	24.1	17.4	13.2	9.8	7.3	5.1

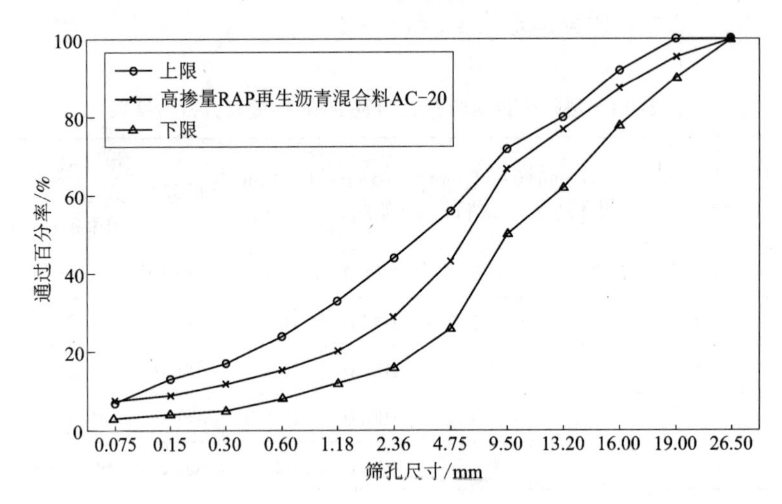

图 2-31　合成级配图

2.6.2　试验段施工过程

在拌和楼试拌成功的基础上，进行了高掺量 RAP 再生沥青混合料 AC-20 试验段的施工，对拌和、运输、摊铺、碾压各阶段进行了观测。

拌和过程中，方案一和方案二中使用的再生剂 2、再生剂 1、高黏改性剂均采用直投的方式。其中，拌和顺序分别如图 2-32 和图 2-33 所示。方案一和方案二拌和时间较常规沥青混合料延长 10~15 s。

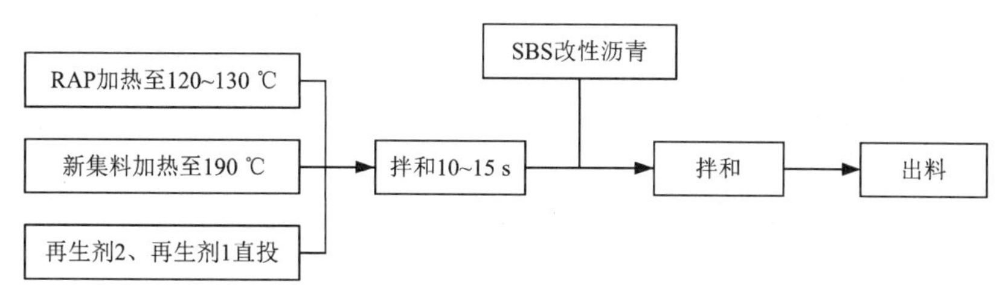

图 2-32　方案一拌和工序

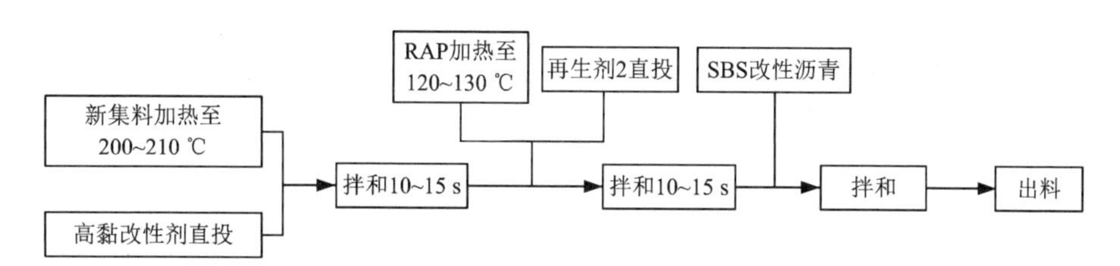

图 2-33　方案二拌和工序

拌和楼采用安迈间歇式拌和楼，拌和楼的生产由计算机全程自动控制，并配有自动打印装置，生产结束后进行逐盘打印，从所拌和沥青混合料情况看较为均匀，无花白料现象。拌和温度宜符合图 2-32 和图 2-33 的要求，再生沥青混合料出料温度为 145~160 ℃。

按常规要求运输到现场，准备摊铺，摊铺段落内，黏层表面干燥、无浮灰，符合摊铺条件。现场摊铺采用两台摊铺机进行梯队作业。现场测定摊铺机摊铺平均速度为 1.5 m/min，料车供需基本可以做到连续摊铺。从摊铺现场情况来看，铺面整体均匀性较好。在施工现场检测了几组摊铺温度，摊铺温度范围为 135~155 ℃。

碾压过程中，初压双钢轮压路机碾压平均速度为 1.3 km/h 左右，初压温度控制在 135~145 ℃，平均碾压遍数为 4 遍；复压胶轮压路机平均速度为 5.7 km/h，复压温度控制在 120~125 ℃，平均碾压遍数为 7 遍；终压双钢轮压路机碾压平均速度为 1.5 km/h 左右，终压温度控制在 100~115 ℃。在试验段施工现场随机抽检了几组碾压温度，从检测结果来看，碾压阶段初压、复压、终压温度控制满足要求。

2.6.3 试验检测

试验路铺筑完成后第二天对路面进行取芯检测。芯样完整密实，与下面层层间黏结良好。

对从施工现场取样的高掺量 RAP 再生沥青混合料测定沥青含量。试验结果表明，沥青含量和现场沥青用量一致，对燃烧后的再生沥青混合料进行筛分，筛分结果和合成级配基本相同。

从施工现场取拌和好的高掺量 RAP 再生沥青混合料，击实成型马歇尔试件，进行浸水马歇尔试验，方案一和方案二的马歇尔试件残留稳定度分别是 91.4%和 94.0%，均满足不低于 85%的规范要求。

2.7 经济社会环境效益

2.7.1 经济效益

利用高掺量 RAP 厂拌热再生沥青面层施工技术，将 RAP 资源化应用于道路面层中，不仅可以避免废旧材料占用土地和污染环境，减少对天然资源如优质石料、沥青的需求，还能降低工程成本，减少碳排放，并能助力资源利用产业发展，有利于打造“无废城市”，对社会生态环境起到了积极保护作用，具有较好的社会环境效益和经济效益。

根据湖南省交通运输厅交通建设造价管理站发布的湖南省交通建设工程材料参考价及公路工程材料价格指数，结合拌和站的调研结果，测算经济效益的各项材料价格。对高掺量 RAP 再生沥青 AC-20 的材料成本进行测算，结果如图 2-34 所示，与不掺旧料的 SBS 改性沥青 AC-20 相比，当掺加 50%RAP，每吨混合料材料单价可由 332.5 元降低至 210.1 元，节约材料费用达 36.8%。

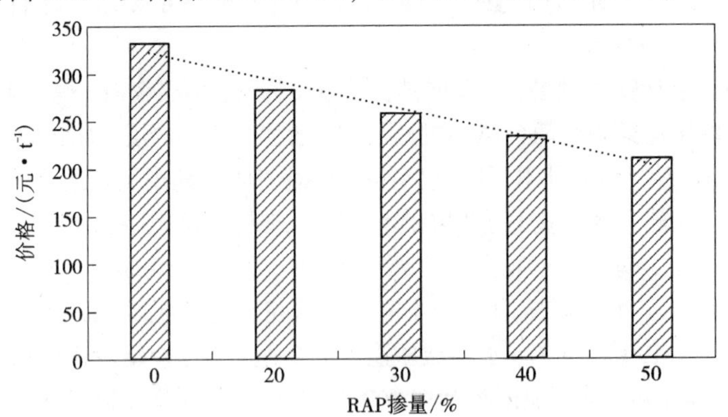

图 2-34 不同 RAP 掺量再生沥青混合料成本对比图

2.7.2 社会环境效益

高掺量RAP厂拌热再生沥青面层施工过程包括混合料生产、运输、摊铺、碾压等施工环节，在各个施工过程中，改性沥青混合料和高掺量RAP再生沥青混合料所排放的CO_2如表2-16和图2-35所示。可以发现，相比于改性沥青混合料，高掺量RAP再生沥青混合料在全过程中CO_2的减排率为32.8%，其中最主要的减排环节为原材料生产环节和混合料拌和环节。

表2-16　1000 m^3沥青混合料生命周期全过程CO_2减排

施工工艺	不同阶段CO_2排放量				
	原材料生产	拌和	运输	铺筑	全过程
改性沥青混合料/t	188.30	66.9	3.5	4.7	263.4
高掺量RAP再生沥青混合料/t	111.04	57.7	3.5	4.7	176.9
减排百分比/%	41.0	13.8	0	0	32.8

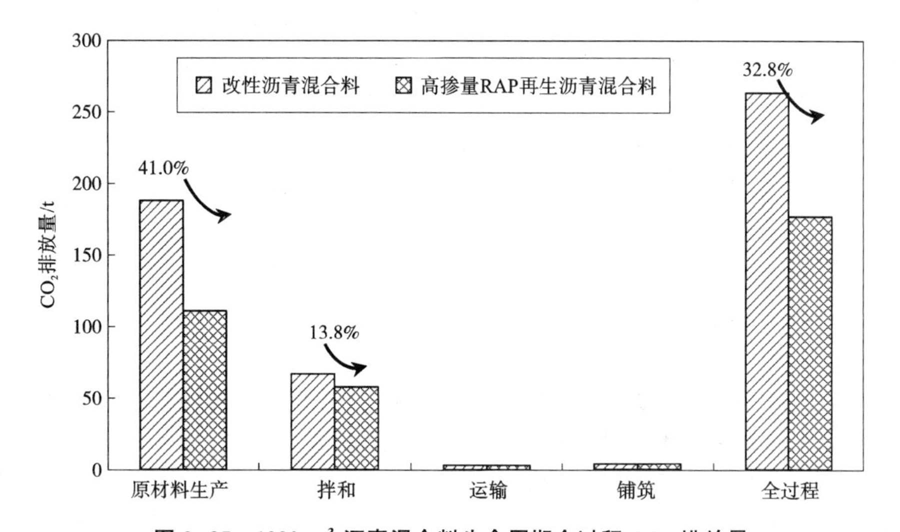

图2-35　1000 m^3沥青混合料生命周期全过程CO_2排放量

添加不同RAP掺量时，再生沥青混合料建设过程碳排放如图2-36所示，测算结果表明RAP掺量每增加10%，碳排放降低约6.6%。

我国高等级道路上面层和中面层多采用改性沥青混合料，高掺量RAP厂拌热再生沥青面层施工技术适用于各等级公路及市政道路沥青路面各面层。研究和

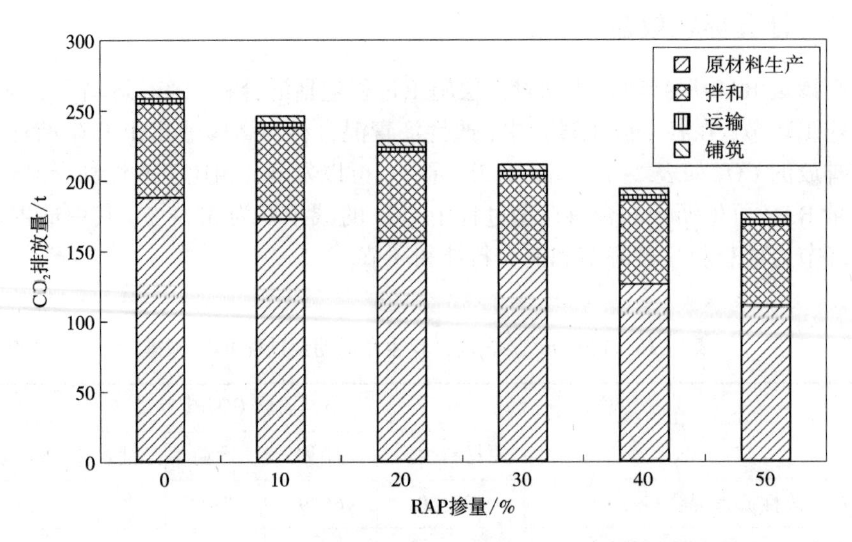

图 2-36 1000 m^3 沥青混合料建设过程碳排放随 RAP 掺量的变化

应用表明，该技术可实现高掺量 RAP 厂拌热再生沥青混合料应用于路面中面层，RAP 掺入比例可达 50%，且再生沥青混合料路用性能与新拌制的改性沥青混合料相当。相比于传统新拌 SBS 改性沥青混合料，本技术可以减少对优质石料、沥青的需求，避免废旧材料占用土地和污染环境，而且可降低材料成本 36.8%，减少碳排放 32.8%，综合效益显著，对于我国道路沥青层的再生利用具有重要意义，应大力推广应用。

2.8 本章小结

针对 RAP 掺量达 50%的高掺量 RAP 再生沥青混合料的低温抗裂性能，开展了不同掺加剂方案下的小梁弯曲试验与相应的数值模拟研究，探究了不同掺加剂条件下高掺量 RAP 再生沥青混合料低温开裂行为的宏、细观力学特性，并建立起了混合料宏观断裂行为与细观力学机理的关联机制，进而验证了再生剂+改性剂“双改性”的合理性与优越性，并通过示范工程优化施工工艺，提出高掺量 RAP 再生沥青混合料理论分析、混合料设计、现场施工成套技术体系。本章主要研究结论如下：

①通过最大弯曲应变和弯曲应变能密度等宏观力学参数对比了不同掺加剂条件下高掺量 RAP 再生沥青混合料的低温抗裂性能，在“双改性”的条件下，即同时添加兼具温拌功能的轻质组分再生剂和高黏度聚合物改性剂，再生沥青混合料

的低温性能得到了较大的提升，再生沥青混合料弯曲应变能密度分别提高了17.9%和 16.8%，有效弥补了高掺量 RAP 再生沥青混合料低温抗裂性能不足的缺陷。

②基于近场动力学理论建立了与试验相同颗粒级配的二维多相随机骨料模型并开展了小梁弯曲试验模拟，模拟结果能够与试验结果保持一致，证明了近场动力学模拟再生沥青混合料低温开裂行为的可行性。

③为改善高掺量 RAP 再生沥青混合料的路用性能，尤其是低温性能，本技术通过添加再生剂和改性剂，对老化沥青和再生沥青混合料进行双重改性，确定了改性剂掺量选取范围为再生沥青混合料的 0.01%~0.3%，并提出以低温性能指标(破坏应变≥2500 με)确定改性剂掺量，保证了路用性能。

④为解决高掺量(≥50%)RAP 再生沥青混合料生产时 RAP 预热温度高，常规再生设备难以满足要求，且易造成沥青二次老化和黏筒堵塞等问题，本技术中，新集料预热温度提升到 200~210 ℃，添加兼具温拌与再生功能的再生剂，可降低 RAP 的预热温度到 120~130 ℃，同时保证了再生沥青混合料的裹覆性与和易性。采用 LCA 分析方法测算得到高掺量 RAP 厂拌热再生路面建设期 CO_2 排放量降低了 32.8%。

第3章 水泥混凝土路面共振破碎原位再生利用技术

3.1 技术背景

旧水泥混凝土路面原位再生技术通常有发裂法和碎石化法两种。碎石化法通常包括共振破碎法和多锤头破碎法两类。

对于发裂法，主要存在的缺点如下：一是对旧水泥板下各层的扰动和破坏比较严重，不仅会破坏路面承载能力，还可能积水，加速路面病害的产生。二是对旧水泥板破碎不彻底，后续依旧会出现反射裂缝。

相比于发裂法，多锤头破碎法破碎得更为彻底，故认为其能有效防止反射裂缝。但由于其本质是通过高幅低频的多个锤头对路面造成冲击破坏，依旧可能对下层造成扰动和破坏，并且破碎产生的裂缝多为竖向，受行车荷载作用易产生车辙。

共振破碎法则需要考虑破碎路面的固有频率，以同频谐振为基本原理，利用能够产生高频低幅振动的共振破碎设备通过共振锤头将与路面固有频率协同的振动能量传递到水泥混凝土路面面板内，形成共振后，达到对水泥混凝土路面面板破碎的目的，能够有效减少反射裂缝的产生。共振破碎后形成的共振结构层，上部碎块粒径稍小，类似于级配碎石，下部碎块粒径稍大，且形成30°~60°的斜向裂缝，碎块相互嵌锁形成“拱效应”。因而，共振破碎层整体上仍具有较高的结构承载力。

目前，国内较少采用发裂法进行旧水泥混凝土路面的原位再生，使用得最多的是多锤头破碎法和共振破碎法。从理论效果上来看，共振破碎法要明显优于多锤头破碎法。但从实际实施上来看，共振破碎设备仍有提升空间，大部分设备并不能满足“共振”的需求，且不能很好地适应各类水泥混凝土路面情况，存在效率低、效果不一、设备维护成本高的问题。而多锤头破碎技术成熟，设备相对简单，易损部件维修更换成本低，效率更高，故仍有较多使用。

3.2　国内外研究现状

相关资料显示，美国人Raymond A. Gurries早在1980年就分别申请了共振破碎台架和共振破碎机的发明专利，这也是后面RMI公司梁式共振设备的雏形。1984年成立的美国RMI共振机械公司，是一家专门从事水泥混凝土路面共振破碎设备开发的企业。作为在水泥混凝土路面共振破碎领域具有垄断地位的企业，其共振破碎机产品已经非常成熟，共振破碎机的最新型号为RB-700。大量的项目分析表明，采用沥青加铺层的碎石化道路的平均使用寿命为22年，比拆除和更换混凝土的费用少60%，耗时约为1/5。共振破碎技术的发展实际上还与水泥混凝土路面加铺沥青层技术发展息息相关，因为将水泥混凝土路面打裂或破碎能够减少沥青加铺层反射裂缝的产生这一理念在20世纪末得到了美国交通部门的普遍认可。综合上述原因，21世纪以来，共振破碎技术开始飞速发展，最开始是在美国多个州进行了推广应用，目前已经在许多国家进行了工程应用。例如：2004年白俄罗斯的M6公路碎石化工程、2005年智利碎石化工程、2006年乌克兰M-02公路碎石化改建工程、2007年索契国际机场碎石化工程、2008年东欧百万平方米碎石化工程。

直到2004年，RMI公司在中国公路科技创新高层论坛上首次介绍共振破碎技术之后，RMI公司的共振破碎技术及装备才开始在我国的道路改造工程中进行应用。2005—2006年，采用RMI公司的共振破碎设备在上海市的沪青平公路、金山大道(亭卫公路)等处进行了共振破碎施工，从承载力、排水、对基层的影响、噪声等多个层面进行评价，共振破碎技术均展现了它的优势。之后浙江、福建、上海等地区数十条国、省道改造项目中都有RMI公司共振破碎机的身影。

随着应用项目的增多，RMI公司设备的优缺点逐渐明确，同时也为了摆脱RMI公司的垄断局面，我国自2004年引进共振破碎技术以来，国内众多企业和高校也展开了对共振破碎技术及装备的研究。根据相关成果，国内的研究大致可分为两类：一是针对共振破碎的基本原理进行的理论研究，包括水泥混凝土路面面板固有频率研究、模拟共振破碎设备工作的仿真研究等，形成了许多重要理论成果，也向我们揭示了RMI公司设备在我国应用的局限性，以及我国道路对共振设备的真正需求等。2014年颁布的《公路水泥混凝土路面再生利用技术细则》(JTG/T F31—2014)也标志着我国对共振破碎技术研究的完善。二是针对共振破碎设备的开发进行研究。共振破碎设备的开发虽然五花八门，但本质上来讲还是以RMI公司的共振破碎机为基础进行研究改进，其振动系统采用的是偏心式激振器，作业原理是通过液压马达驱动偏心块高速旋转产生偏心力，传递给共振梁并经调幅、调频后，形成高频率的激振力，带动锤头产生高频低幅的振动。其中的一大难点是其对共振梁的要求极高，这也是 RMI 公司形成垄断的关键点之一。2010 年中铁科工集团有限公司和中铁工程机械研究设计院研制生产的具有自主知识产权的 GZL600 型号的全浮动共振破碎机，也采用偏心式激振器，由液压马达提供动力，驱动偏心块高速旋转产生偏心激振力，在激振力的作用下带动锤头进行上下振动，不同的是将共振梁进行了改进，降低了对材料的要求。该设备在四川、上海、海南等地进行了破碎应用，效果良好。在国内其他企业中，山东公路机械厂自主研发了 PSZ600 型共振梁式路面共振破碎机，并在 2011 年通过初步道路破碎施工试验，路面破碎效果良好。

随着国内对共振技术的研究逐渐体系化，共振破碎机的研究也逐渐本土化。理论方面，对国内旧水泥混凝土路面面板的固有频率进行了深入研究，并分析了共振频率、振幅、速度等对共振效果的影响机制，总结了不同路面状况适合的共振参数。此外对碎石化尺寸的分析、反射裂缝的控制也进行了广泛的研究。同时大量的应用工程的实施，也为共振破碎"白改黑"项目的追踪和检测提供了案例支持，从工程中的经验总结并反馈到共振设备的改进与完善，特别是在以偏心式激振器为核心的国产化设备基础上，形成了较为成熟的箱式多轴偏心轮共振系统，并且对车架、液压系统、配重机构等进行了诸多改进。

共振破碎技术由美国发明并开展应用，故采用的共振破碎设备是针对美国路面的实际情况开发的，但中美两国路面结构相比存在差异，照搬美国的技术和装备显然无法满足国内水泥混凝土路面的共振需求。以 RMI 公司的 RB-700 为例，其所谓的高频低幅指的是共振频率 44 Hz，振幅 12~20 mm，该参数并不能很好地适应国内水泥混凝土路面状况。虽然从 2010 年开始实现了共振破碎机的国产化，但由于共振技术的垄断性和当时国内技术的局限性，国产设备的主要工作参数仍旧以美制设备为参照。但是美国道路情况与国内存在一定差异，最显著的影响是国内水泥混凝土路面面板的固有频率不一样，对共振频率的需求也不一样。

故我国水泥混凝土路面共振破碎对共振设备参数的要求如何满足，以及国产共振设备采用何种工作参数组合的破碎效果最佳这两个问题仍有待进一步研究，这也是旧水泥混凝土路面共振破碎再生利用技术推广应用必须思考的问题。

3.3 旧水泥混凝土路面原位再生利用技术对比

表 3-1 列出了常见的 6 种旧水泥混凝土路面原位再生利用技术基本情况。对表 3-1 所列技术进行对比分析可发现，共振破碎法目前是其中最优的选择，具有路况要求低、对旧板下各层扰动小、能够彻底根除反射裂缝、无须重建水稳基层等诸多优点。另外 5 种技术当中，水泥路面直接沥青罩面和微裂法本质都是水泥面板直接加铺的技术，路况要求高，且反射裂缝的产生是必然。板式打裂和冲

击压裂无法彻底防治反射裂缝，还会损伤基层和路基。多锤头破碎防治反射裂缝的效果较好，但是通常需要重新铺筑水稳层。

表 3-1　旧水泥混凝土路面原位再生利用技术

常见技术	技术特点	加铺层设计	适用范围	反射裂缝及路基强度
共振破碎	①利用高频共振的原理，仅使水泥板块从上到下贯裂，破碎均匀，释放应力 ②对下结构层影响小，原道路结构层残余强度利用充分 ③噪声低，震动小，不扰民 ④表层碎石横向排水到盲沟，改善结构内部排水	①直接加铺沥青面层，形成连续变形的弹性层，大大降低路面加铺厚度 ②无须水稳基层，改建综合成本低 ③刚性面层变为类柔性基层，优化了路面结构，延长道路寿命	①不影响路下管线和周边建筑，适用于各等级的公路、城市道路 ②适用于连续配筋、双层混凝土板、钢纤维等各种强度的水泥混凝土板块 ③无法封闭交通的道路，可边施工边开放交通	彻底根除反射裂缝；最大限度维持了原有道路基础结构稳定性，最大限度利用了原有水泥面板的剩余强度
多锤头破碎	①利用高落差高振幅的原理，用重锤夯落的方式破碎混凝土 ②板块破碎不充分，不均匀，下部块径大，上部混凝土皮要用 Z 型压路机压散 ③冲击强烈，下部基层破损，混凝土面下陷，强度损失大，形成新的不稳定	①破碎层上需重建水稳基层，加铺层厚度加大，路面抬高较多 ②重筑水稳层，改建综合成本相对提高 ③加铺水稳为半刚性基层，路面结构变形不连续	①冲击强烈，扰民，不适于城市道路 ②不适于临近有建筑物的公路和存在地下管线的公路 ③不适合路面高程有限制的道路 ④无法破碎大于 25 cm 和高强度混凝土板	原有水稳基层遭到破坏，必须重新铺筑路面基层；重新铺筑水稳基层会使加铺结构产生新的反射裂缝问题
板式打裂	①利用大激振力夯击打裂 ②只能打裂，混凝土板依然是整块，易产生反射裂缝 ③冲击力大，对基层损伤严重	①只能用于路面结构的底基层，加铺层厚度大 ②两层水稳养生，施工周期长	①适用于板块较好的情况；不适于城市道路 ②不适于临近有建筑物的公路和存在地下管线的公路	不能彻底解决反射裂缝问题；原有路面结构强度损失大
冲击压裂	①利用偏心轮大力冲击打裂，破裂极不均匀，易产生反射裂缝 ②冲击强烈，基层、路基强度损伤极大	①施工周期相对长 ②一般用于改建路面结构的底基层或路基，加铺层厚度大	①不适于城市道路 ②不适于临近有建筑物的公路和存在地下管线的公路	无法解决反射裂缝问题；原有路面和路基受损严重，路基塌陷

续表3-1

常见技术	技术特点	加铺层设计	适用范围	反射裂缝及路基强度
水泥路面直接沥青罩面	①核心是对旧板的处置：需要注浆稳固、铺设防裂贴、玻纤格栅、应力吸收层等防裂措施，施工复杂难度大，质量不易把控 ②坏板仍需破除后重新浇筑，成本高，周期长	①需要采取专门的防裂措施，方能直接加铺沥青面层 ②旧板处置周期长，路面结构破损维修难	①适用于中轻交通的城市道路 ②适应板块和路基状态较好的情况 ③水泥养生，封路时间长，交通组织困难，居民生活影响大	防反措施只能延长反射裂缝产生的时间，不能彻底解决反射裂缝问题
微裂法	①通过单锤夯击，将水泥路面打裂释放应力 ②核心是板底灌浆要到位，以消除脱空	①本质还是水泥面板直接加铺的技术 ②注浆稳定后直接加铺沥青面层	①适用于板块相对较好、破损不严重的道路，以保证注浆质量 ②不适合过集镇和有管线的道路	水泥面板只是破裂，依然存在大块混凝土，会产生翘板反应，不能根除反射裂缝

3.4 共振破碎原位再生利用技术

3.4.1 共振条件

水泥混凝土板属于连续系统，拥有无数个自由度，因此需求解弹性地基上的薄板振动方程，将水泥混凝土板视为弹性薄板，符合薄板的假设条件。弹性地基为 Winkler 地基模型，地基反应模量为 k，矩形板长为 a，宽为 b，厚度为 h，密度为 ρ，抗压回弹模量为 E_c，泊松比为 μ，示意图如图 3-1 所示。

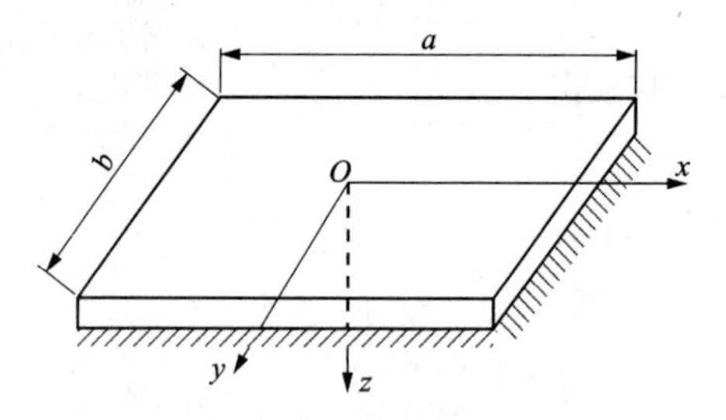

图 3-1　k 地基上的水泥混凝土板

k 地基上的板做受迫振动的运动微分控制方程为：

$$D\nabla^4 w+c\frac{\partial w}{\partial t}+\rho h\frac{\partial^2 w}{\partial t^2}+kw=p\sin\theta t \tag{3-1}$$

式中：D 为板的抗弯刚度，$D=\frac{E_c h^3}{12(1-\mu^2)}$；$w$ 为板的竖直方向位移，$w=w(x, y, t)$；∇^2 为拉普拉斯算子，$\nabla^2=\frac{\partial^2}{\partial x^2}+\frac{\partial^2}{\partial y^2}$，因此

$$\nabla^4=\frac{\partial^4}{\partial x^4}+\frac{2\partial^4}{\partial x^2\partial y^2}+\frac{\partial^4}{\partial y^4} \tag{3-2}$$

由于固有频率(特征值)的求解建立在无须考虑阻尼的自由振动基础之上，故 k 地基上的板做自由振动的无阻尼运动微分控制方程为：

$$D\nabla^4 w+kw+\rho h\frac{\partial^2 w}{\partial t^2}=0 \tag{3-3}$$

以弹性薄板假定为模式的刚性路面板固有频率的求解，归根到底就是求解满足边界条件和约束条件的微分控制方程，即式(3-3)。通常将扰度函数展开为三角级数或多项式。

采用通用有限元软件计算路面板的固有频率。路面板采用弹性薄板单元，地基用弹簧来模拟，即采用 Winkler 地基模型。

根据我国水泥混凝土路面的实际状况，分析参数选取如下：矩形板的边长 $a\times b$ 分别为 5.0 m×4.0 m 和 4.0 m×3.2 m，厚度 h 分别为 0.2 m、0.25 m 和 0.3 m；弹性模量为 $E=30$ GPa；泊松比 $\mu=0.17$；密度 $\rho=2400\ \mathrm{kg/m^3}$；地基刚度 k 分别取 20 MPa/m、40 MPa/m、60 MPa/m、80 MPa/m 和 100 MPa/m；边界条件考虑四边简支和四边自由两种。各条件下路面板的固有频率如表 3-2 所示。

表 3-2　路面板的固有频率

$a\times b$ /(m×m)	k /(MPa·m^{-1})	四边自由/Hz			四边简支/Hz		
		$h=0.2$ m	$h=0.25$ m	$h=0.3$ m	$h=0.2$ m	$h=0.25$ m	$h=0.3$ m
5.0×4.0	20	33.76	30.27	27.67	46.55	50.80	56.60
	40	47.54	42.70	39.67	56.76	58.52	62.51
	60	58.03	52.18	47.77	64.40	65.34	67.90
	80	66.83	60.13	55.08	73.03	71.51	72.90
	100	74.55	67.10	61.50	79.93	77.17	77.57

续表3-2

$a \times b$ /(m×m)	k /(MPa·m^{-1})	四边自由/Hz			四边简支/Hz		
		h=0.2 m	h=0.25 m	h=0.3 m	h=0.2 m	h=0.25 m	h=0.3 m
4.0×3.2	20	34.18	30.63	27.98	61.37	71.27	82.48
	40	48.18	43.23	39.53	69.44	76.97	86.64
	60	58.84	52.86	48.36	76.66	82.27	90.61
	80	67.77	60.94	55.78	83.26	87.25	94.41
	100	75.60	68.02	62.31	89.38	91.96	98.07

由表3-2可知，我国水泥混凝土路面面板的固有频率范围为30~100 Hz。据相关研究，要达到共振效果，共振频率为0.7~1.3倍水泥混凝土路面面板固有频率，即下限频率为21~39 Hz，上限频率为70~130 Hz。故若要满足国内绝大部分道路的要求，共振破碎机工作频率范围应为40~70 Hz，如图3-2所示。

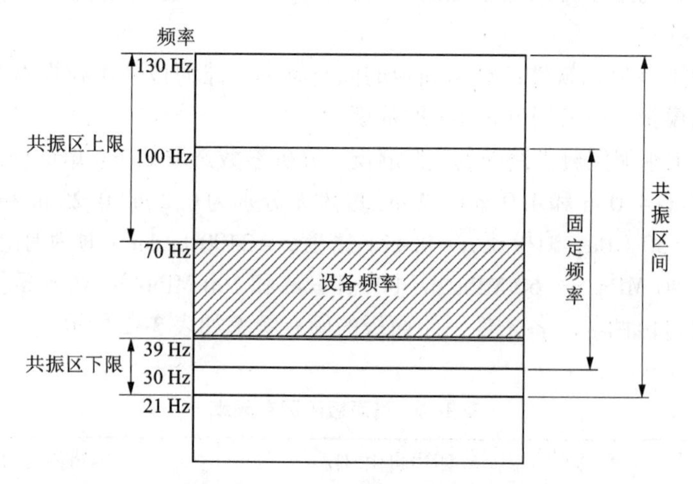

图3-2 国内水泥混凝土路面对共振设备频率的要求

为区别于一般的共振破碎设备，能满足上述工作频率要求的共振破碎机可称为高频共振破碎机，相应的共振破碎技术即为高频共振破碎技术。高频共振破碎机具有较高的极限工作频率和较广的工作频率范围，通常最高工作频率为60~80 Hz，并且最低工作频率为30~40 Hz，能够满足国内绝大部分水泥混凝土路面面板的破碎需求。

3.4.2　防止反射裂缝产生的机理

高频共振破碎技术的最大优势是水泥混凝土路面面板共振破碎后可作为结构层，直接在上面加铺沥青层，其中最关键的是如何最大限度减少反射裂缝的产生。

1. 反射裂缝成因

下层水泥混凝土板的异向位移是造成沥青面层反射裂缝产生的根本原因，导致异向位移的原因主要有两个：

①环境温度。水泥混凝土路面面板接缝、裂缝两侧因胀缩效应形成的异向位移趋势使得沥青面层在此处产生应力集中，尤其是在气温骤降时，对沥青面层的许可张拉应力提出了较为严格的考验。

②行车荷载。水泥混凝土路面面板接缝、裂缝两侧受行车荷载作用时，除了因水泥混凝土路面面板水平方向异向位移产生的张拉应力外，还可能形成较大的竖向异向位移趋势，形成较高的剪应力集中，对沥青面层强度提出了更为严格的考验。

2. 共振破碎防止反射裂缝产生的机理

共振破碎技术通过较高程度的破碎消除了较大的应力集中，有效解决了沥青面层反射裂缝的产生。

(1)温度型反射裂缝的消除

原有水泥混凝土路面共振破碎后，下层水泥混凝土板嵌锁层裂缝间距小于 25 cm，水泥混凝土的热膨胀系数为 10^{-5}/℃，按水泥混凝土路面层路面冬夏温差 40 ℃计算，25 cm 水泥混凝土路面面板的胀收缩量为 0.1 mm，而通常膨胀量远小于已有裂缝宽度，下层水泥混凝土板可在两侧裂缝范围内完成自由膨胀。而收缩量即使全部传递给沥青面层，也不足以使得水泥混凝土面层开裂，并且沥青面层与下层水泥混凝土板嵌锁层间存在一层碎石层，相对松散的结构使其能作为缓冲层吸收多余的胀缩应变能，并且有利于温湿度的改善，避免温缩、干缩的产生。

(2)荷载型反射裂缝的消除

当汽车荷载驶经接缝时，按时间顺序可分解为三个过程。一是汽车荷载驶入接缝前，接缝两侧产生较大位移差，形成剪切应力传递到沥青面层。二是汽车荷载驶入接缝正上方，此时接缝两处荷载相对平衡，产生的剪切应力较小。三是汽车荷载驶离接缝，此时与第一个过程情况相似，但方向相反。故而在整个过程中，沥青面层连续受到两次方向相反的剪切应力作用，长此以往，必然形成反射裂缝。当基层有脱空情况时，水泥混凝土断裂板的翘动会加剧面层裂缝的形成。

根据美国国家沥青路面协会(NAPA)编制的指南《使用沥青混凝土加铺层修

复刚性公路路面的指南和方法》及美国沥青学会(AI)发布的标准《用于公路和市政道路修复的沥青加铺层》(MS-17)的建议。破碎层最佳破碎粒径范围为3~20 cm。在最佳破碎粒径范围内，寻求破碎化程度与结构承载力的最佳平衡，是保证共振破碎效果的重中之重。水泥混凝土板整体性越高，结构性能越高，形成反射裂缝的可能性越大；水泥混凝土板碎化程度越高，结构性能越低，形成反射裂缝的可能性越小。根据以往工程案例，当顶面模量大于350 MPa时，足以抵抗超重交通的荷载作用下产生的弯拉应力和剪切应力，不会出现沥青面层反射裂缝。

如水泥混凝土路面板未被振裂，作为基层的水泥混凝土板在荷载作用下发生断裂后，容易因断板的转动或翘起，造成沥青面层开裂。因此可在共振破碎后根据回弹模量检测结果抽样取芯检查水泥混凝土板振裂情况，通常在共振破碎后的取芯样本中可发现，水泥混凝土路面面板形成间距20 cm左右的贯穿裂缝，水泥混凝土路面面板在荷载作用下不会产生转动或翘起而形成反射裂缝。

3.4.3 设备现状与优化

1. 问题分析

对于任何设备来讲，性能和质量都是影响其使用的关键因素。就共振破碎设备而言，频率和振幅是评价其性能的核心参数，易损部件使用寿命则是决定其质量的关键指标。

(1)共振频率

根据前述研究，我国水泥混凝土路面面板的固有频率范围为30~100 Hz。根据学者分析，相应的共振区域的频率为0.7~1.3倍水泥板固有频率，即下限频率为21~39 Hz，上限频率为70~130 Hz。故若要实现共振，要求共振破碎机须达到此频率范围。共振频率需求及国外设备现状见表3-3。

表3-3 共振频率需求及国外设备现状

	水泥混凝土路面面板固有频率	共振区	美国设备
上限频率/Hz	30	21~39	40
下限频率/Hz	100	70~130	48

国外共振破碎的研究以美国为主，并且基本被RMI公司所垄断(市场占有率75%以上)。RMI公司的RB-700共振破碎机采用44 Hz作为标准共振频率，主要从设备本身的安全性考虑，若超出设备额定的频率范围，将会给设备造成很大的疲劳损伤，降低锤头和共振梁的使用寿命，甚至会在第一时间破坏锤头或共振梁。当水泥混凝土路面面板固有频率超过70 Hz，共振区频率的下限值为0.7×

70=49(Hz)，接近共振破碎机锤头频率的最大上限值，而水泥混凝土路面面板固有频率为 70 Hz 时，对应的地基反应模量为 65~75 MPa/m。故地基反应模量超过 65~75 MPa/m 时，难以实现共振。此时锤头振动频率可能达不到水泥板的共振频率，而水泥混凝土路面面板需达到一定的破碎效果，需要靠增加激振力等手段来弥补，若地基反应模量太大，板的振动已远非共振的概念及范畴。从国内以往部分共振破碎工程反馈的信息来看，当板底很硬，即地基反应模量过大时，会出现破不碎的状况，这也是为什么振动频率需要更高、范围需要更广的根本原因。

(2)振幅

较高的振幅虽然能够提高激振力，提高破碎能力，但可能使得破坏形式由共振破碎转变为冲击破碎。水泥混凝土面板较薄时容易对基层造成扰动，使基层产生破坏。水泥混凝土路面面板较厚、强度较高时容易出现破碎不动的情况。并且振幅的提高通常会牺牲一定的频率，多锤头技术之所以被逐渐淘汰就是因为其低频高幅的冲击虽然也能对水泥混凝土路面面板进行破坏，但通常会对基层造成破坏。因此根据行业规范《公路水泥混凝土路面再生利用技术细则》(JTG/T F31—2014)建议，振幅通常为 10~20 mm。为实现真正的共振，并满足激振力的需求，振幅控制在此范围内的同时应尽可能地降低，通过高频低幅的技术手段实现水泥混凝土路面面板的共振破碎。

(3)使用寿命

共振破碎技术高频率、高冲击力的实施方式，决定了其工作时各个部件存在巨大的损耗，传振杆、振动头等主要易损部件的寿命更是直接决定了共振破碎的实施效率和使用成本。美制设备采用的共振梁，使用寿命通常在(20~40)万 m^2，并且由于该装备不对外出售，RMI 公司处于垄断地位，每更换一根共振梁的报价为 100 万元。国产设备经过不断的努力，实现了设备国产化，能够逐步摆脱国外的垄断。由于核心部件工作形式的不同，以目前较为先进的竖向三轴共振箱结构为例，其传振杆、振动头的成本较低，使用寿命也较短，传振杆(2~3)万 m^2 一换，振动头 2000 m^2 一换，维护成本虽不高，但严重影响了工作效率。

2. 设备优化

基于上述问题，湖南省交通科学研究院有限公司联合山东兴路重工科技有限公司完成的中国公路建设行业协会《水泥混凝土路面原位共振破碎再生利用施工工法》[GGG(湘)B2—2023]中提到对设备进行了优化，优化后的设备工作系统示意图如图 3-3 所示，整车效果图如图 3-4 所示，整车实物图如图 3-5 所示，设备参数如表 3-4 所示。

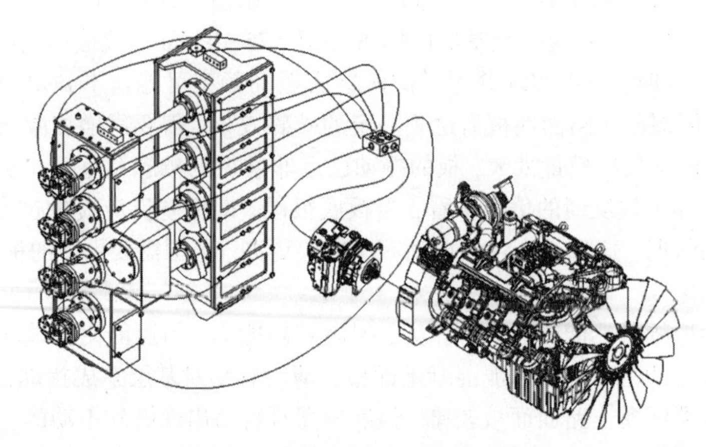

图 3-3　改进后设备工作系统示意图

图 3-4　改进后设备整车效果图

图 3-5　改进后设备整车组装完成图

表 3-4　改进后的设备参数

参数	数值
额定功率/kW	566
工作频率/Hz	40~70
工作振幅/ mm	10~20
最大破碎厚度	单层水泥板全厚度
工作效率/($m^2 \cdot d^{-1}$)	1500~3000
振动头升降行程/mm	600
整车尺寸/(mm×mm×mm)	8000×2800×3100
整车质量/t	30
排放标准	《非道路移动机械用柴油机排气污染物排放限值及测量方法(中国第三、四阶段)》(GB 20891—2014)

该设备的优化及创新主要分为以下几个方面。

①提高共振频率及范围。共振破碎设备工作频率范围为 40～70 Hz，基本处于我国水泥混凝土路面面板固有频率对应的共振区内，这是实现真正意义上的共振的基础。相对美国 RMI 设备更高的共振频率及范围基本能够适应国内各种水泥混凝土路面面板的需求，如图 3-2 所示。

为提高共振频率，将美制设备的共振梁改为共振箱，将现已有三轴共振箱（图 3-6）改进为四轴共振箱（图 3-7）。由一大两小三对偏心轮改进为四对小尺寸偏心轮，提高了工作稳定性。

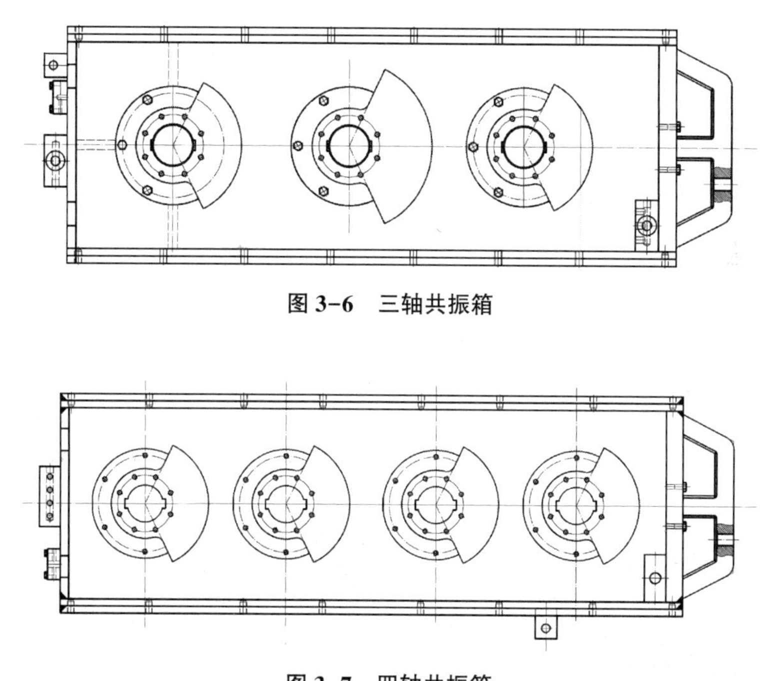

图 3-6　三轴共振箱

图 3-7　四轴共振箱

②振幅 10～20 mm 可调，最低可至 10 mm，相对于国内外其他设备振幅更低。四轴系统采用的偏心轮均为小尺寸，工作时更加稳定、振幅更小，并且有三种不同质量的共振箱，可通过更换共振箱调节共振频率。

③优化结构，提高使用寿命。对车架及升降系统进行了改进，减轻了振动箱侧配重，平衡了共振车两侧的质量差，荷载分布更加科学，对零部件使用寿命和实际施工效果均有提升。

④可编程控制，实时调节工作参数。可实时控制共振频率、行进速度、振动头升降。频率可稳定达到 70 Hz。

3.5 示范工程

表 3-5 列出了水泥混凝土路面原位共振破碎再生利用技术的应用工程，其中 2021 年在衡枣高速公路大修工程中应用了 95.33 万 m^2，2022 年分别在怀化市 G209 线会同段大修工程、洪江区 S334 线路面大修工程、洪江市 S249 省道路面大修工程、溆浦县 G241 大修工程、洪江区 S249 大修工程中累计应用 24.38 万 m^2。施工现场图如图 3-8 及图 3-9 所示。根据现场检测结果，回弹模量、破碎层厚度、钻芯情况等检测指标均符合设计文件要求，目前路况运营状况良好。

表 3-5　应用工程汇总表

时间	应用工程	公路类型	工程量/万 m^2
2021 年	衡枣高速公路大修工程第一合同段、第二合同段	高速公路	95.33
2022 年	怀化市 G209 线会同段大修工程	国道	2.5
2022 年	洪江区 S334 线路面大修工程	省道	0.78
2022 年	洪江市 S249 省道路面大修工程	省道	10.2
2022 年	溆浦县 G241 大修、洪江区 S249 大修工程	国省道	10.9
合计			119.71

图 3-8　衡枣高速公路大修工程共振破碎施工

图 3-9　怀化市国、省道大修工程共振破碎施工

经测算，应用于高速公路大修工程时“共振破碎路面结构”方案相较于“连续配筋复合式路面结构”方案每平方米可节约造价 95.52 元。应用于国、省道大修工程时，“共振破碎+沥青路面”方案相较于“多锤头+沥青路面”方案每平方米可

节约造价 22 元。示范工程累计节约造价 9642 万元，经济效益显著。

此外，应用于衡枣高速公路大修工程时，相较于“连续配筋复合式路面结构”方案，示范工程共振破碎再生利用技术全过程碳排放减少 8.48 万 t，综合减排效率为 62.86%。应用于怀化市国、省道大修工程时，相对于常见的“多锤头+沥青路面”方案，示范工程共振破碎再生利用技术全过程碳排放减少 0.85 万 t，综合减排效率为 47.53%，社会环境效益显著。

综上，水泥混凝土路面原位共振破碎再生利用施工技术成熟、经济社会效益显著，工艺简单，方便实施推广。

3.5.1　经济效益分析

1. 高速公路

以衡枣高速公路大修工程为例，选用湖南省内另一种常用的高速公路大修改造方案“连续配筋复合式路面结构”做经济性对比分析，路面改造方案为：旧混凝土板换板压浆灌缝综合处治后自下往上加铺 3 cm AC-10(F)+18 cm 连续配筋混凝土(C35)+1 cm 改性沥青同步碎石防水防裂黏结层+6 cm 改性沥青 AC-20C+4 cm 改性沥青 SMA-13。两种方案的单价对比表如表 3-6 所示。

表 3-6　“连续配筋复合式路面结构”方案与“共振破碎路面结构”方案单价对比表

序号	连续配筋复合式路面结构		共振破碎路面结构	
	项目	单价/(元·m^{-2})	项目	单价/(元·m^{-2})
1	4 cm SMA-13	74.98	4 cm SMA-13	74.98
2	黏层	3	黏层	3
3	6 cm 改性沥青 AC-20C	67.85	6 cm 改性沥青 AC-20C	67.85
4	1 cm 防水防裂黏结层	18.86	黏层	3
5	18 cm 连续配筋混凝土(C35)	187.13	10 cmATB-25	85
6	—	—	同步碎石封层	21
7	3 cm AC-10(F)	46.47	大剂量透层	5.94
8	黏层	3	共振破碎	45
9	总计	401.29	总计	305.77

注：表内单价取自衡枣高速公路大修工程施工图设计批复单价。

由表 3-6 可知，“共振破碎路面结构”方案相较于“连续配筋复合式路面结构”

方案每平方米可节约造价 95.52 元。以衡枣高速公路大修工程为例，“共振破碎路面结构”方案的实施，相较于“连续配筋复合式路面结构”方案约节省 9106 万元。可见，“共振破碎路面结构”方案直接经济效益显著。

2. 国省道

应用工程采用“共振破碎+沥青路面”方案，与常见的“多锤头+沥青路面”方案对比如表 3-7 所示。

表 3-7　常用方案对比表

项目	共振破碎+沥青路面	造价/(元·m^{-2})	多锤头+沥青路面	造价/(元·m^{-2})
加铺层	5 cm 细粒式改性沥青混凝土(AC-13C)	58	4 cm 细粒式改性沥青混凝土(AC-13C)	50
	黏层	3	黏层	3
	10 cm 厚沥青混凝土(ATB-25)	95	5 cm 厚粗粒式沥青混凝土(AC-20C)	57
	乳化沥青石屑封层	5	乳化沥青石屑封层	5
	—	—	透层	6
	—	—	30 cm 水泥稳定碎石(分两层摊铺压实)	81
原路面	透层	6	乳化沥青石屑封层	5
	共振破碎	28	多锤头破碎	10
增加标高	15 cm	—	39 cm	—
合计		195	合计	217

由表 3-7 可知，“共振破碎+沥青路面”方案相较于“多锤头+沥青路面”方案每平方米可节约造价 22 元。2022 年在怀化市国省道大修工程的实施过程中，“共振破碎+沥青路面”方案相较于常见的“多锤头+沥青路面”方案共计节省 536 万元。可见，“共振破碎路面结构”方案直接经济效益显著。

3.5.2　社会环境效益分析

根据查询资料及计算，不同结构层类型碳排放数据(含原材料生产、拌和、运输、铺筑等全过程)如表 3-8 所示。

表 3-8　不同结构层碳排放系数参考值

序号	结构层类型	碳排放系数
1	SMA-13	400 kg CO_2/m^3
2	AC-13C	350 kg CO_2/m^3
3	AC-20C	260 kg CO_2/m^3
4	AC-10F	380 kg CO_2/m^3
5	ATB-25	190 kg CO_2/m^3
6	C35 混凝土	370 kg CO_2/m^3
7	连续配筋混凝土(C35)	540 kg CO_2/m^3
8	乳化沥青(60%固含量)	160 kg CO_2/t
9	同步碎石封层	210 kg $CO_2/1000\ m^2$
10	水泥稳定碎石基层	140 kg CO_2/m^3
11	多锤头破碎层	0.06 t $CO_2/1000\ m^2$
12	共振破碎层	1.1 t $CO_2/1000\ m^2$

1. 高速公路

应用于高速公路时，以衡枣高速公路为例，采用“连续配筋复合式路面结构”方案与“共振破碎路面结构”方案的碳排放对比如表 3-9 所示。

表 3-9　“连续配筋复合式路面结构”方案与“共振破碎路面结构”方案碳排放对比

序号	连续配筋复合式路面结构		共振破碎路面结构	
	项目	碳排放/(t $CO_2 \cdot 1000\ m^{-2}$)	项目	碳排放/(t $CO_2 \cdot 1000\ m^{-2}$)
1	4 cmSMA-13	16	4 cmSMA-13	16
2	黏层	0.16	黏层	0.16
3	6 cm 改性沥青 AC-20C	15.6	6 cm 改性沥青 AC-20C	15.6
4	1 cm 防水防裂黏结层	1	黏层	0.16
5	18 cm 连续配筋混凝土(C35)	97.2	10 cmATB-25	19

续表3-9

序号	连续配筋复合式路面结构		共振破碎路面结构	
	项目	碳排放 /(t CO_2·1000 m^{-2})	项目	碳排放 /(t CO_2·1000 m^{-2})
6	—	—	同步碎石封层	0.21
7	3 cmAC-10(F)	11.4	大剂量透层	0.32
8	黏层	0.16	共振破碎	1.1
9	总计	141.52	总计	52.55

由表3-9可知，衡枣高速公路大修工程，采用“共振破碎路面结构”方案相对于“连续配筋复合式路面结构”方案每提质改造1000 m^2 旧水泥混凝土路面可减少碳排放约88.97 t，降碳幅度62.86%，衡枣高速公路大修工程总计应用95.33万 m^2，累计减少碳排放约8.48万 t，社会环境效益显著。

2. 国省道

应用于国省道时，以怀化市国省道大修工程为例，采用“共振破碎+沥青路面”方案，与常见的“多锤头+沥青路面”方案碳排放对比如表3-10所示。

表3-10 “共振破碎+沥青路面”方案与“多锤头+沥青路面”方案碳排放对比

	共振破碎+沥青路面	碳排放 /(t CO_2 · 1000 m^{-2})	多锤头+沥青路面	碳排放 /(t CO_2 · 1000 m^{-2})
加铺层	5 cm AC-13C	17.5	4 cm AC-13C	17
	黏层	0.16	黏层	0.16
	10 cm ATB-25	19	5 cm AC-20C	13
	乳化沥青石屑封层	0.4	乳化沥青石屑封层	0.4
	—	—	透层	0.32
	—	—	30 cm 水泥稳定碎石(分两层摊铺压实)	42
原路面(25 cm)	透层	0.32	乳化沥青石屑封层	0.4
	共振破碎	1.1	多锤头破碎	0.06
合计		38.48	合计	73.34

由表3-10可知，应用于怀化市国省道大修工程时，采用“共振破碎+沥青路面”方案，相对于常见的“多锤头+沥青路面”方案每提质改造1000 m^2 旧水泥混凝土路面可减少碳排放约34.86 t，降碳幅度47.53%，怀化市国省道大修工程总计应用24.38万 m^2，累计减少碳排放约0.85万t，社会环境效益显著。

3.6　本章小结

本章从水泥混凝土路面面板的固有频率研究出发，分析了共振破碎所需的共振条件，并深入分析了共振破碎防止沥青加铺层产生反射裂缝的机理；并以设备的优化为核心，重点分析了国内先进设备的改进思路和要点；同时就共振破碎技术在高速公路、国省干线中的应用示范进行了经济、环境效益分析，并有如下结论：

①我国水泥混凝土路面面板的固有频率范围为30～100 Hz，共振区间是固有频率的0.7～1.3倍，故当共振频率为40～70 Hz时能较好地满足各种水泥路面的共振需求。

②振幅越大，激振力越高，但振幅变大时，破坏方式会由共振破坏转化成冲击破坏，故控制振幅在较低的水平，一般为10～20 mm；并通过扩展共振频率范围，以期与水泥混凝土路面面板达成共振，即“高频低幅”的缘由。

③目前来讲美制设备采用的共振梁结构，虽然具有较好的工作效率，但受到两方面制约：一是共振频率提升困难，不适合国内需求；二是共振梁材质要求极高，目前技术仍受垄断。

④竖向箱式共振系统是目前国产设备的较优解，能够在满足国内共振频率的需求的同时，降低对相关部件材质的要求，并且更换维修成本相对较低。

⑤水泥混凝土路面共振破碎原位再生利用技术可以运用于各等级公路的旧水泥混凝土面板改造。运用于高速公路时，相对于连续配筋混凝土复合式路面结构，降碳幅度可达62.86%。运用于普通国省道时，相对于多锤头破碎方案，降碳幅度可达47.53%。

第 4 章 透水型水泥稳定建筑垃圾再生集料基层技术

4.1 技术背景

随着社会快速发展和城镇化进程加快，我国建筑垃圾产生量剧增，未来仍将保持在较高水平。而我国目前的建筑垃圾处理方式以露天堆放和填埋为主，固废资源化利用率较低，远低于发达国家 90%的资源化水平，并引发一系列社会问题。与此同时，以“海绵城市”建设为代表的城镇功能提升，日益成为提升人民生活质量、改善生活环境的重要需求，也是我国生态文明建设的重要内容。截至 2023 年底，我国公路通车里程已达 544.1 万 km，其中高速公路 18.4 万 km，公路的大规模建设和维修消耗了大量砂石骨料，对自然环境产生了严重的破坏。因此，研究建筑垃圾制备生态建材具有重大的环境、社会、经济价值。

建筑垃圾在水泥稳定材料中再生利用是促进道路工程建设可持续发展、解决废弃物积累造成的环境问题的重要途径。随着全球环境问题的日益突出，自然资源的开发和水泥的生产受到严格的管理和限制，当前形势背景下，国内已逐渐将建筑垃圾作为再生骨料应用于道路行业。国内对于半刚性基层旧料再生利用的相关研究，且以开展相关材料的路用性能试验为主，研究主要体现在再生骨料含量、水泥掺量、材料配比、养护时间、压实度等方面，级配、水灰比、添加剂种类及含量等对强度特性的影响研究较少，且关于建筑垃圾再生骨料应用于透水基层的研究较少，相关数值模拟方面的研究更是寥寥无几。

为进一步确定透水型再生水稳混合料（以下简称透水型再生水稳）的耐久性能，以及透水型再生水稳用于“海绵城市”轻交通道路工程的可行性，本章对透水型再生水稳的骨料颗粒破碎、材料组成设计、力学性能、耐久性能、细观机理及数值模拟等进行了深入研究，以期为透水型再生水稳的规模化工程应用奠定基础。

4.2　国内外研究现状

4.2.1　建筑垃圾再生骨料应用研究

发达国家建筑垃圾资源化再生应用的方式主要是将其作为天然碎石的替代物应用于建筑工程中。荷兰由于矿产资源极度匮乏，需要大量从国外进口，因此很早就对建筑垃圾再利用与再生混凝土技术开展了应用与研究。早在 20 世纪 80 年代，荷兰就已经制定了在素混凝土、钢筋混凝土、预应力混凝土中使用建筑垃圾再生骨料的技术要求。目前，荷兰对于建筑垃圾的资源再生利用率已接近 100%，居欧洲首位。德国目前是建筑垃圾再生混凝土应用技术先进的国家之一，德国各个州均有相应的建筑垃圾的回收处理厂，德国最初是将建筑垃圾再生骨料应用于公路交通领域，其后在土木工程各领域逐渐发展壮大。

目前，国内对建筑垃圾再生骨料的应用研究已有了一定的研究基础，对建筑垃圾再生骨料与天然碎石骨料之间的差异性已有了初步的认识。许岳周等利用建筑废弃混凝土分析再生骨料的性质，发现再生骨料的表观密度为 2. 31 ~ 2. 62 g/cm^3，堆积密度为 2. 31 ~ 2. 62 g/cm^3，吸水率为 4% ~ 10%，并且再生骨料的表观密度和堆积密度均随着压碎值的增大而减小，吸水率随着压碎值的增大而增大。

对于建筑垃圾再生骨料的应用研究目前主要为再生混凝土、再生水泥稳定材料和再生骨料填料路基等。建筑垃圾再生集料作为替代天然集料应用在道路基层中也具有较好的性能。Molenaar 将建筑垃圾再生骨料作为道路基层材料使用时发现混合料的压实度是其最重要的影响因素，利用建筑垃圾再生材料作为主要骨料仍可以修出质量较高的道路基层。Akentuna 在研究建筑垃圾再生集料作为混凝土、道路基层和底基层材料的可行性时，发现再生集料同天然集料相比，再生集料具有 CBR 值较低、吸水率较大及相对密度较小等特点。徐驰分析了再生集料水泥稳定碎石的干缩系数和温缩系数，结果表明，再生水稳材料在满足强度的前提下要限制细集料含量和水泥剂量以控制干缩系数和温缩系数。

目前国内外对建筑垃圾再生骨料的研究主要体现在基本物理性质层面，对再生骨料颗粒细观结构特征及破碎机理方面的研究还不够，因此有必要加强再生骨料颗粒细观特性及对混合料整体强度贡献方面的研究，以期提高再生骨料利用率。

4.2.2　再生水稳力学性能研究

现阶段国内外学者对再生水稳强度特性影响因素的研究主要集中在再生骨料

含量、水泥掺量、材料配比、养护时间、压实度等方面。肖杰等研究了水泥稳定砖与混凝土再生集料基层的强度性能，指出再生集料的掺入会使其抗压强度先增后减。Xuan 等指出砖块类集料含量是决定水泥稳定建筑垃圾力学性能、干缩性能和热收缩性能的关键因素。Agrela、李晓静、Lopez 等分别研究了水泥稳定再生集料、低水泥剂量再生集料碾压混凝土用作轻交通量基层和底基层的可行性。张海对水泥稳定冷再生基层的疲劳性能进行了试验研究。

在数值模拟方面，许多学者在室内试验的基础上，考虑了颗粒破碎对再生集料力学强度和回弹模量的影响，在一定程度上填补了试验研究的不足。Zhang 等通过侧限压缩试验和离散元数值模拟评价了由碎石、红砖和砂浆三种主要成分组成的建筑垃圾再生集料的破碎特性，发现碎石掺量对再生集料的破碎值具有显著的影响。Oskooei 等采用离散元法研究了单轴压缩试验条件下颗粒形状对建筑垃圾再生集料破碎行为的影响。Deng 等通过室内试验和离散元模拟研究了建筑垃圾-粉土混合料在单轴压缩荷载作用下的破坏形态和接触力网络。Yu 等通过离散元模拟发现旧砂浆和新砂浆的相对强度对再生骨料混凝土在单轴压缩荷载作用下的破坏机制起着至关重要的作用。Luo 等采用离散元法模拟了水泥稳定建筑垃圾再生集料的动三轴试验，并对其回弹模量进行了评价。然而，大多数数值模拟研究仅针对普通再生水稳材料，对透水型再生水稳的模拟研究还未见报道。

综上所述，现有研究手段主要通过现象学方法对宏观视角下再生水稳损伤过程进行归纳，导致室内试验结果和实际路面的使用情况产生巨大差异。因此有必要借助新的数值模拟方法开展机理研究，对再生水稳内部结构的变化和微观损伤的累积进行详细的解释。

4.2.3 再生水稳细观结构建模与分析研究

在细观尺度上，再生水稳由碎石、砂浆块和红砖块等多种骨料、砂浆、界面过渡区和孔隙组成，具有材料类型多样、骨料含量高、颗粒形状复杂、级配范围宽等细观结构特征。其宏观层次上的复杂变形及力学响应是其细观乃至微观组成与结构的体现。另外，水泥砂浆是一种多相材料混合物，在微观层次上，硬化浆体包含有水化产物、毛细孔隙、未水化颗粒等物相，其材料属性在空间上的分布存在随机性。因此，准确评价粗集料的形态特征对粗集料的质量控制和混合料设计具有重要意义。另外，建立充分考虑骨料细观结构特征和水泥砂浆材料内部非均质特性的精细化三维细观结构模型是研究再生水稳力学性能的重要基础。

目前，国内外对岩土颗粒的几何特性研究较多，但基本都集中在颗粒的二维几何特性方面。Zheng 等对颗粒进行拍照处理，并基于数字图像处理技术与计算几何算法构建了颗粒的二维轮廓离散元模型库。此外，还有许多学者采用该传统方法进行了相关的试验研究。考虑到单一拍摄角度不能反映真实的颗粒形状特征，许多研究人员提出采用多角度的拍摄方法来获取颗粒轮廓信息。Kuo 等提出了从颗粒的三个正交方向进行投影，从而测量其几何形状特征的方法。考虑到二维投影图像不能完全反映真实三维颗粒的表面形貌特征，随着科学技术的不断发展，研究人员开始采用更加先进的电子设备来获取真实颗粒的表面形貌特征。例如：CT 扫描仪、光学扫描仪等。然而，采用 CT 扫描与激光扫描的方法需要购买昂贵的仪器设备，且对所扫描的颗粒试样有尺寸与数量上的限制。因此，如何快速且经济地获取真实颗粒的形貌特征是一个亟待解决的问题。

深入研究混合料细观结构特点及其力学性能，建立细观结构和宏观物理力学特性之间的关系，是再生水稳力学性能研究的重要内容之一。Wittmann 等首次利用随机多边形模拟均质砂浆中的集料，并选取多边形边数和内角数作为控制变量，研究混凝土细观结构对裂纹扩展和破坏过程的影响。自此，文献中出现了大量有关随机骨料模型的报道。然而这类方法计算效率较低，生成的骨料体积含量难以满足级配要求。另外，基于真实物理过程的模拟方法(例如重力沉积法、分层欠压法)计算量大，不适于重构大量真实形状颗粒堆积模型，且传统的基于几何关系推导的生成方法无法模拟真实的不规则颗粒形状、颗粒排布方向和粒径分布。因此，如何构建考虑颗粒形状且细观特征可控的细观数值模型是当前的一个研究重难点。

4.3　透水型再生水稳应用性能研究

本节将再生水稳用于轻交通道路透水基层，研究透水型再生水稳的配合比设计方法，考虑不同再生骨料掺量对再生水稳透水基层中的透水性能、力学性能和耐久性能的影响，并通过在施工过程中埋设智能颗粒传感器，研究再生水稳混合料的工程压实特性，为建筑垃圾在透水基层中的应用提供理论和应用基础。

4.3.1　透水型再生水稳配合比设计

透水型再生水稳基层采用骨架空隙型结构，其强度主要依靠骨料间的嵌挤力作用，同时细骨料用量较少，混合料结构的空隙较大，可满足基层透水性能要求。

1. 骨架空隙型混合料配合比设计

透水型再生水稳基层配合比设计时，其最大干密度与最佳含水率试验意义不大，骨架空隙型混合料在最大干密度下成型后其级配早已完全改变，粗骨料被压碎填充空隙，透水系数此时无法满足要求。因此应根据材料性能及设计要求，找到满足强度与透水性能的平衡点，并依据最小水泥用量为原则进行设计。

采用基于目标空隙率与混合料的理论最大密度的方法获得试件成型的装料密度进行正交试验。

混合料的理论最大密度 ρ_t 可按式(4-1)计算。

$$\rho_t=\frac{100+P_c+\frac{1}{4}P_c}{\frac{100}{r_{sa}}+\frac{P_c}{r_c}+\frac{1}{4}\times\frac{3}{4}P_c}\times\rho_w \tag{4-1}$$

式中：P_c 为水泥的剂量，即水泥与骨料的质量百分比，%；r_{sa} 为骨料的合成表观相对密度；r_c 为水泥的相对密度；ρ_w 为水的密度，g/cm^3，取为 1 g/cm^3。

对于试件空隙率的测定方法采用量体积法测定全空隙率(n_0)和有效空隙率(n_e)，按式(4-2)和式(4-3)计算。

$$n_0=\left(1-\frac{m_0}{V\cdot\rho_t}\right)\times100 \tag{4-2}$$

$$n_e=\left(1-\frac{m_0-m_1}{V\cdot\rho_w}\right)\times100 \tag{4-3}$$

式中：n_0 为试件的全空隙率，%；n_e 为试件的有效空隙率，%；V 为量体积法测得的试件体积，cm^3；m_1 为试件浸水 24 h 后测得的水中质量，g；m_0 为试件从水中取出后烘干(60 ℃，24 h)或风干 48 h 后的质量，g；ρ_w 为水的密度，g/cm^3；ρ_t 为多孔水稳材料的理论最大密度，g/cm^3。

2. 正交试验

《透水沥青路面技术规程》(CJJ/T 190—2012)中规定骨架空隙型水稳碎石的水泥剂量范围应为9%~11%。值得注意的是，相较于传统的骨架空隙型水稳碎石，其一般选用水灰比为0.39~0.43，而再生骨料因其吸水率较大，其实际水灰比需考虑再生骨料的吸水用量，因此再生骨架空隙型水稳碎石实际水灰比较大。因此根据前期试验拟初定水灰比范围为0.7~0.8。

此外，《透水沥青路面技术规程》(CJJ/T 190—2012)规定骨架空隙型水稳碎石空隙率为15%~23%。根据前期试验，基于目标空隙率与混合料的理论最大密度成型试件测得的有效空隙率比目标空隙率大3%~4%。在60%再生骨料掺量比例下，取目标空隙率为18%、22%和26%，水泥剂量为9%、10%和11%，水灰比为0.70、0.75和0.80，组成三因素三水平正交试验表(表4-1)。

表 4-1　60%再生骨料掺量正交试验设计表

序号	目标空隙率/%	水泥剂量/%	水灰比
1	18	9	0.70
2	18	10	0.75

续表4-1

序号	目标空隙率/%	水泥剂量/%	水灰比
3	18	11	0.80
4	22	9	0.75
5	22	10	0.80
6	22	11	0.70
7	26	9	0.80
8	26	10	0.70
9	26	11	0.75

通过试验对再生骨料掺量为 20%、40%和 60%，水泥剂量为 9%、10%和 11%的透水型再生水稳静压成型，养护后测定其实际孔隙率及 7 d 无侧限抗压强度，结果如表 4-2 所示。

表 4-2　60%再生骨料掺量正交试验结果

编号	目标孔隙率/%	水灰比	理论最大密度/($g\cdot cm^{-3}$)	装料密度/($g\cdot cm^{-3}$)	静压装料/g	水用量/g	水泥用量/g	骨料总量/g	7 d 抗压强度/MPa	全空隙率/%	有效空隙率/%
1	18	0.70	2.621	2.150	5581	378	540	6000	4.0	25.8	21.3
2	18	0.75	2.619	2.148	5577	450	600	6000	4.5	25.7	22.1
3	18	0.80	2.617	2.146	5573	528	660	6000	5.0	25.9	21.4
4	22	0.75	2.621	2.045	5309	405	540	6000	3.5	28.7	25.9
5	22	0.80	2.619	2.043	5305	480	600	6000	4.0	28.7	25.2
6	22	0.70	2.617	2.042	5301	462	660	6000	4.2	29.0	26.2
7	26	0.80	2.621	1.940	5037	432	540	6000	2.7	33.0	30.8
8	26	0.70	2.619	1.938	5033	420	600	6000	3.1	33.0	31.4
9	26	0.75	2.617	1.937	5029	495	660	6000	3.8	32.6	30.3

7 d 无侧限强度和空隙率结果进行方差分析，结果如表 4-3 和表 4-4 所示。

表 4-3　正交试验 7 d 无侧限强度方差分析

方差来源	目标空隙率	水泥剂量	水灰比	空白	误差 E	总和 T
离差平方和	1.82	1.31	0.33	0.29	0.29	3.74
自由度	2.00	2.00	2.00	2.00	2.00	8.00
均方(MS)	0.91	0.65	0.16	0.14	0.14	0.47
F 值	6.35	4.56	1.14	1.00		
F 临界值	$F0.05(2, 6)$=	5.1433		$F0.1(2, 6)$=	3.4633	
显著性	显著(0.05)	显著(0.1)	—			

表 4-4　正交试验空隙率方差分析

方差来源	目标空隙率	水泥剂量	水灰比	空白	误差 E	总和 T
离差平方和	127.51	0.10	0.43	1.03	1.03	129.08
自由度	2.00	2.00	2.00	2.00	2.00	8.00
均方(MS)	63.76	0.05	0.22	0.52	0.52	16.13
F 值	123.37	0.09	0.42	1.00		
F 临界值	$F0.01(2, 6)$=	10.9248		$F0.1(2, 6)$=	3.4633	
显著性	显著(0.05)					

由正交试验方差分析结果可知：对于含高吸水率再生骨料的骨架空隙型混合料，水灰比对强度和空隙率均无显著影响。对于具体水灰比的取值，采用再生骨料混凝土配合比设计中附加用水量设计方法的思路，采用有效水灰比，即在保证净水灰比的条件下，附加再生骨料干燥后吸水至饱和面干状态时的所需用水量，附加用水量根据再生骨料掺配比例及再生骨料吸水率指标确定。

4.3.2　再生骨料掺量对透水型再生水稳性能的影响

1. 再生骨料掺量对透水型再生水稳力学性能的影响

为分析建筑垃圾中红砖和旧混凝土对透水型再生水稳性能的影响，通过定量控制红砖和旧混凝土颗粒在透水型再生水稳中的占比，然后进行力学性能测试，研究透水型再生水稳在不同红砖和旧混凝土掺量下的性能规律。

有研究共选择了四个红砖和旧混凝土再生骨料掺量，包括 15%、30%、45% 和 60%。分别进行 7 d、28 d、90 d、180 d、冻融循环和干湿循环无侧限抗压强度测试，测试结果如图 4-1～图 4-3 所示。

图 4-1 所示结果表明透水型再生水稳 7 d、28 d、90 d 和 180 d 的无侧限抗压强度随着建筑垃圾再生骨料占比的增加整体呈现出降低的趋势，但幅度并不是很大。透水型再生水稳的 28 d 强度相较于 7 d 强度提升幅度均较大，其中再生骨料掺量为 15%的试样提升幅度为 9.7%，其他三种掺量的透水型再生水稳提升幅度均超过了 15%。造成这一现象的原因是再生骨料掺量高的试样，其内部红砖成分含量也高，已有研究表明红砖粉末具有提升水泥混凝土强度的效果。因此再生骨料掺量为 30%、45%和 60%的透水型再生水稳试样其 28 d 强度提升幅度较高。

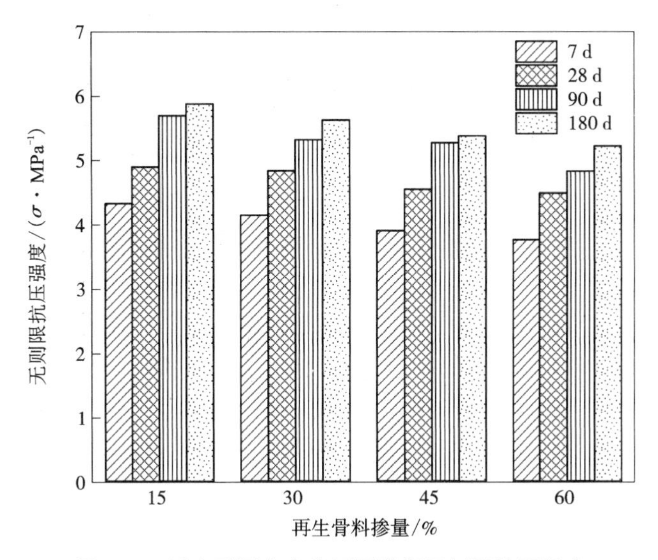

图 4-1　透水型再生水稳不同龄期无侧限抗压强度

透水型再生水稳的 90 d 强度相较于 28 d 整体提升了 10%左右，其中再生骨料掺量为 15%的试样提升了 16%，再生骨料掺量为 30%的试样提升了 9%，再生骨料掺量为 45%的试样提升了 13%，再生骨料掺量为 60%的试样提升了 7%。可以发现透水型再生水稳 90 d 的抗压强度相较于 28 d 抗压强度的提升幅度比 28 d 抗压强度相较于 7 d 抗压强度的提升幅度更小，说明透水型再生水稳的抗压强度已逐渐趋于稳定。透水型再生水稳的 180 d 的无侧限抗压强度相较于 90 d 整体提升较小，这也说明了透水型再生水稳的无侧限抗压强度已趋于稳定。

图 4-2 所示为透水型再生水稳碎石在经过 5 次冻融循环之后与参照组试样的强度对比。可以发现随着再生骨料的增加，透水型再生水稳材料的强度降低幅度也随之增加。其主要原因是再生骨料中的红砖和旧混凝土颗粒相较于天然碎石其抗冻性更差，透水型再生水稳试样经过冻融循环后，高掺量的透水型再生水稳试样其强度劣化更为严重，从而造成高掺量的透水型再生水稳试样在经过冻融循环后其强度性能更差。

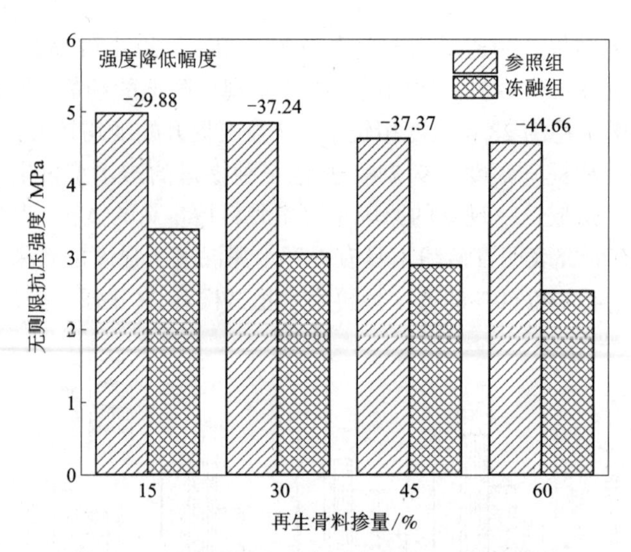

图 4-2　透水型再生水稳经冻融循环后强度变化

图 4-3 所示为透水型再生水稳碎石在经过 5 次干湿循环之后与参照组试样的强度对比。可以发现透水型再生水稳碎石经干湿循环后其强度变化幅度没有经冻融循环后那么大，随着再生骨料掺量的增加，水稳碎石试样的强度降低幅度逐渐上升，主要原因是红砖和旧混凝土再生集料相较于天然碎石其抗干湿性能更弱。

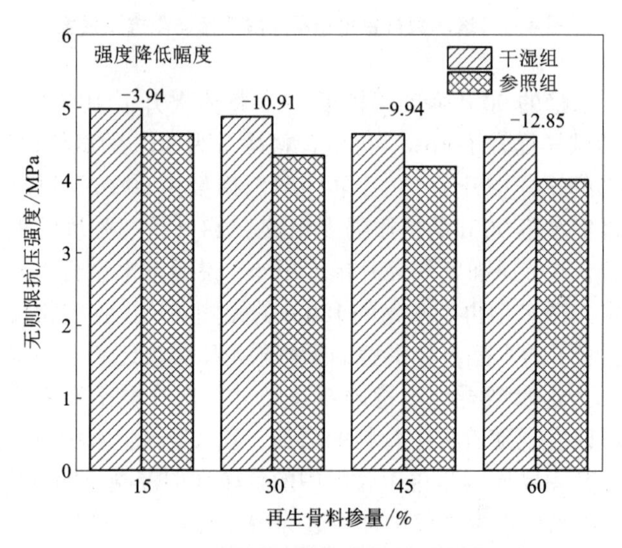

图 4-3　透水型再生水稳经干湿循环后强度变化

2. 再生骨料掺量对透水型再生水稳透水性能的影响

为分析建筑垃圾中红砖和旧混凝土对透水型再生水稳透水性能的影响，通过定量控制红砖和旧混凝土混合料颗粒在透水型再生水稳碎石中的占比，然后进行透水系数测试，以研究不同透水型再生水稳在不同红砖和旧混凝土掺量下的透水性能变化规律。

图 4-4(a)所示为透水型再生水稳不同再生骨料掺量试样的透水系数。图中呈现出透水型再生水稳的透水系数随着再生骨料掺量的递增而呈现急剧减小的趋势，当再生骨料掺量为 60%时，透水系数仅为 0.53 mm/s，与规范中规定的大于 0.5 mm/s 相近，由此说明，透水型再生水稳的再生骨料掺量不宜超过 60%。图 4-4(b)所示为透水型再生水稳不同再生骨料掺量试样的有效孔隙率。通过对比可发现透水型再生水稳的透水系数与有效孔隙率的变化并没有较好的相关性，由此说明透水型再生水稳的内部孔隙随着再生骨料的增加其贯通孔隙下降较多，从而造成透水性能急剧降低。

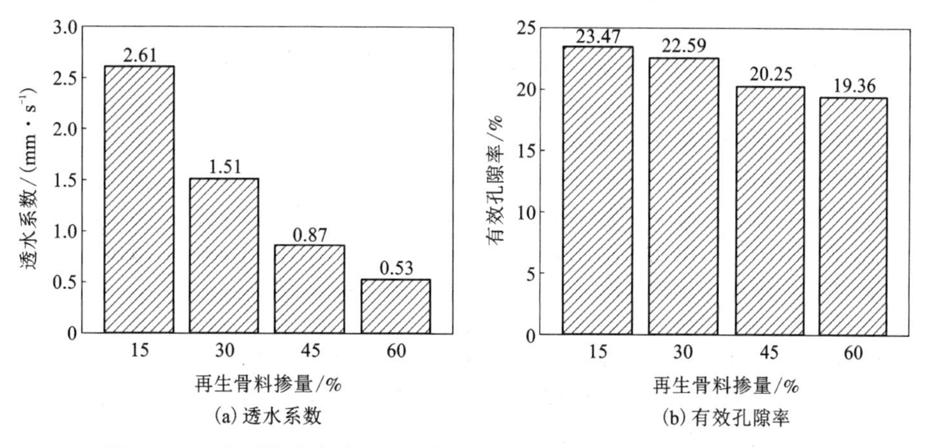

(a) 透水系数　　(b) 有效孔隙率

图 4-4　透水型再生水稳透水系数和有效孔隙率随再生骨料掺量的变化

3. 再生骨料掺量对透水型再生水稳疲劳性能的影响

(1)疲劳寿命试验数据

由于透水型再生水稳中的再生骨料是由多种材质的材料组成的，透水型再生水稳组成复杂且再生骨料的不均匀性使同组试样的疲劳寿命试验数据有较大的离散性，因此透水型再生水稳的疲劳寿命数据应采用对数化处理后再进行分析，数据如表 4-5 所示。

表 4-5　疲劳寿命试验数据

应力水平	15%		30%		45%		P	-ln[ln(1/P)]
	N	ln N	N	ln N	N	ln N		
0.85	1038003	13.8528	251397	12.4347	13917	9.54086	0.75	1.2458
0.85	1011162	13.8266	238089	12.3803	11423	9.34338	0.5	0.3665
0.85	452312	13.0221	116666	11.6670	4032	8.3020	0.25	-0.3266
0.75	601817	13.3077	174144	12.0676	5409	8.59581	0.75	1.2458
0.75	337338	12.7288	61940	11.0339	5199	8.5562	0.5	0.3665
0.75	368061	12.8160	23814	10.0780	3101	8.0394	0.25	-0.3266
0.65	253345	12.4425	250288	12.4303	5839	8.6723	0.75	1.2458
0.65	312081	12.6510	37457	10.5309	1139	7.0379	0.5	0.3665
0.65	331716	12.7120	62353	11.0405	208	5.3375	0.25	-0.3266

双参数威布尔分布适用于描述水泥稳定类材料的疲劳寿命区间：

$$\ln[\ln(1/P)]=b\ln N-b\ln N_a \tag{4-4}$$

式中：N 为材料疲劳寿命试验值；N_a 为特征疲劳寿命参数值；P 为计算获得的材料存活概率；b 为方程的斜率。

将式(4-4)进行简化，令 $y=\ln[\ln(1/P)]$，$x=\ln N$，$a=b\ln N_a$，即可得到简化后的公式：

$$y=bx-a \tag{4-5}$$

对同一工况同一应力水平测试的透水型再生水稳材料的疲劳寿命试验数据进行升序排列，本组疲劳寿命试验数据的样本数用 m 表示，顺序用 i 表示，$i=1, 2, 3, \cdots, m$，则计算存活率 p 的经验公式为：

$$P=1-\frac{i}{m+1} \tag{4-6}$$

根据应力水平和疲劳寿命计算相应的 ln N、存活率 P 及 $\ln[\ln(1/P)]$，相应的计算结果如表 4-5 所示，各组透水型再生水稳材料在不同疲劳应力水平下的 $\ln[\ln(1/P)]-\ln N$ 的拟合曲线如图 4-5 所示。从图 4-5 可以看出，透水型再生水稳材料在疲劳应力作用下的疲劳寿命试验数据具有很强的离散性，主要是因为透水型再生水稳材料内部组成成分和孔隙结构很复杂，造成透水型再生水稳材料在疲劳应力作用下很容易产生疲劳破坏。

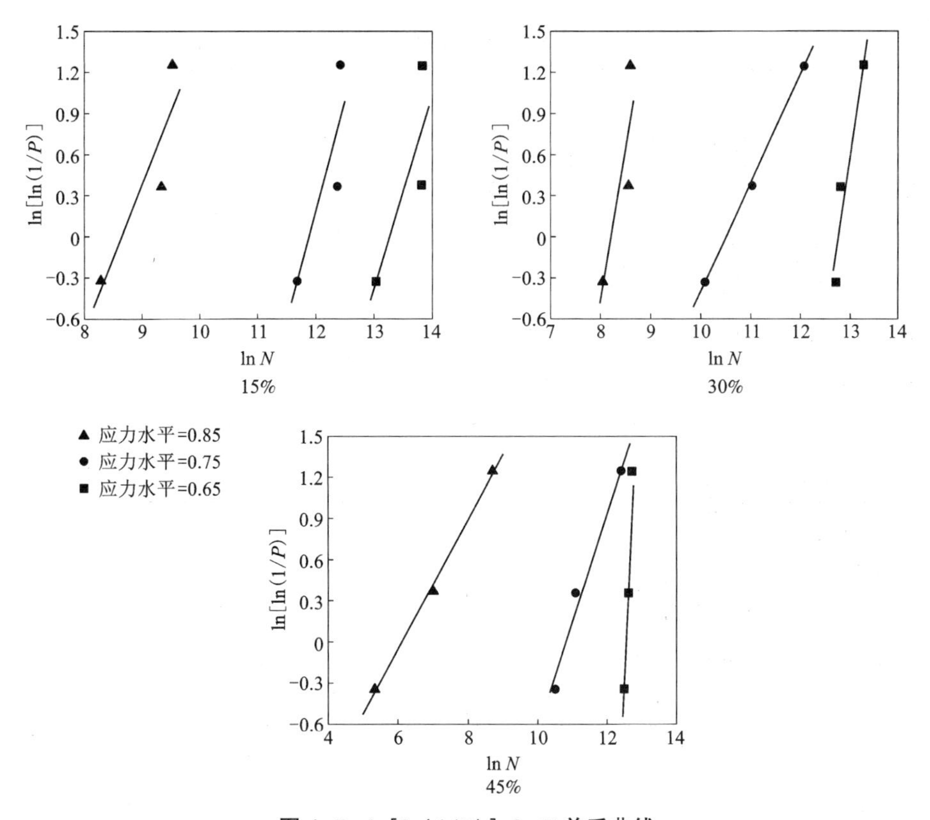

图 4-5　ln[ln(1/P)]-ln N 关系曲线

(2)疲劳方程的预估

为了更好地分析透水型再生水稳材料的疲劳寿命，应在考虑不同失效概率的情况下建立相应的 $P-S-N$ 疲劳寿命方程，其中威布尔分布的失效概率方程为：

$$P_{\mathrm{f}}=1-P=1-\exp\left(-\frac{\overline{N}}{N_{\mathrm{a}}}\right)^{b} \tag{4-7}$$

式中：P 为计算获得的材料存活概率；N_{a} 为特征疲劳寿命参数值；$\overline{N}$ 为对应失效概率的等效疲劳寿命。

等效疲劳参数 $\overline{N}$ 可由下式求得：

$$\overline{N}=N_{\mathrm{a}}\left|\ln(1-P_{\mathrm{f}})\right|^{\frac{1}{b}} \tag{4-8}$$

根据式(4-8)和式(4-9)计算不同失效概率对应的等效疲劳寿命，结果如表 4-6 所示。根据表 4-6 中的数据可以计算得到不同存活概率对应的等效疲劳寿命，使用对数疲劳方程进行线性回归得到相应含失效概率的 $P-S-N$ 疲劳寿命方程，如表 4-7 所示。

表 4-6　不同失效概率的等效疲劳寿命

Pf	15%			30%			45%		
	S=0. 65	S=0. 75	S=0. 85	S=0. 65	S=0. 75	S=0. 85	S=0. 65	S=0. 75	S=0. 85
0. 1	70073	22472	360	137990	2151	1307	154354	1112	4
0. 2	116737	35349	705	188627	5554	1841	177317	2776	19
0. 3	198742	56686	1421	229323	10048	2279	204900	7206	50
0. 4	277149	76149	2203	266336	15822	2685	224278	13080	108
0. 5	357539	95464	3082	302444	23270	3086	240349	20649	206
0. 7	443924	115680	4100	380652	46760	3969	254906	30436	665
0. 9	1039907	246254	12595	498687	106118	5335	321245	139997	2634

将表 4-7 得到的含失效概率的 $P-S-N$ 疲劳寿命方程中的疲劳寿命取 2000000，此时计算得到的应力水平为 S_f，S_f 即为在某失效概率下不会发生疲劳破坏的最大应力水平。

表 4-7　不同失效概率下的疲劳寿命方程

材料	失效概率	疲劳寿命方程	R^2	P_f
15%-1	0. 1	$S=-0.07885\lg N+1.0589$	0. 903	0. 562063785
	0. 2	$S=-0.08234\lg N+1.09209$	0. 914	0. 57326319
	0. 3	$S=-0.08625\lg N+1.12962$	0. 925	0. 586156163
	0. 4	$S=-0.08884\lg N+1.15472$	0. 933	0. 594936495
	0. 5	$S=-0.0909\lg N+1.17485$	0. 938	0. 602086373
	0. 7	$S=-0.0927\lg N+1.19259$	0. 943	0. 608484519
	0. 9	$S=-0.10031\lg N+1.26855$	0. 961	0. 636493681
30%-1	0. 1	$S=-0.08196\lg N+1.006659$	0. 829	0. 550157582
	0. 2	$S=-0.09116\lg N+1.12332$	0. 916	0. 548918106
	0. 3	$S=-0.09581\lg N+1.15624$	0. 959	0. 552538316
	0. 4	$S=-0.09847\lg N+1.17844$	0. 991	0. 557977576
	0. 5	$S=-0.09997\lg N+1.19443$	0. 995	0. 564516031
	0. 7	$S=-0.1007\lg N+1.21486$	0. 998	0. 580346279
	0. 9	$S=-0.09818\lg N+1.22292$	0. 967	0. 604284875

续表4-7

材料	失效概率	疲劳寿命方程	R^2	P_f
45%-1	0.1	$S=-0.11507\lg N+1.37443$	0.998	0.604355401
	0.2	$S=-0.07375\lg N+1.07807$	0.997	0.600655387
	0.3	$S=-0.06857\lg N+1.04509$	0.988	0.603520649
	0.4	$S=-0.06406\lg N+1.01662$	0.9786	0.604412241
	0.5	$S=-0.05981\lg N+0.98991$	0.97	0.604679853
	0.7	$S=-0.05522\lg N+0.96122$	0.974	0.594481369
	0.9	$S=-0.05223\lg N+0.942267$	0.875	0.614943583

根据表 4-7 中的结果可发现，透水型再生水稳材料不会发生疲劳破坏的应力水平范围为 0.55~0.7，并且随着 P_f 的增大，不会发生疲劳破坏的应力水平范围呈现逐渐增大的趋势。

4.3.3　透水型再生水稳工程压实特性与颗粒破碎研究

1. 透水型再生水稳工程压实特性研究

为了研究透水型再生水稳工程现场的压实特性，将智能颗粒传感器埋设于透水型再生水稳基层中，分析透水型再生水稳基层在机械碾压过程中的压实特性。

图 4-6 所示即为智能颗粒在透水型再生水稳基层压实过程中的埋设示意，智能颗粒主要测试透水型再生水稳在压实过程中的旋转角和加速度。

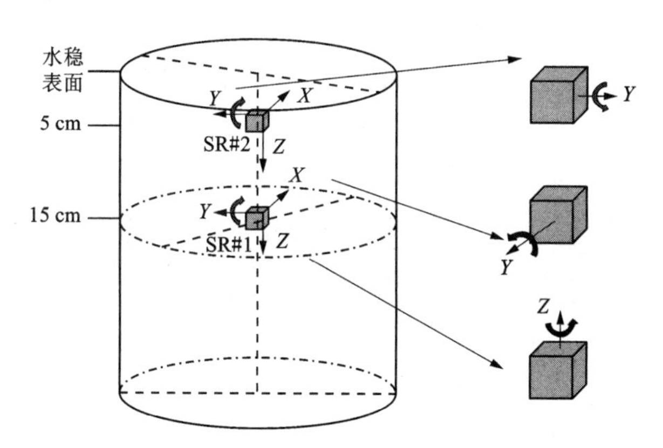

图 4-6　智能颗粒传感器埋设位置示意图

本研究主要试验过程分为以下几个步骤：①在实验室提前准备好材料，将天然碎石集料喷漆染色后与再生红砖集料加水拌和，然后装袋闷料 24 h 及以上；

②在压实前按工程参数加水和水泥对集料进行拌和并在施工现场水稳基层第二层摊铺完后挖出孔洞，然后将拌和完成的集料放入孔洞，使用土工布分隔试验集料与施工集料；③将智能颗粒传感器放入试验集料中，每处测试点放置两个传感器，具体放置位置如图 4-7 所示，放置完后使用试验集料将其掩盖，在试验集料底层再覆盖一层 5 cm 厚的施工集料；④进行机械压实，并在压实过程中读取智能颗粒监测器的数据；⑤压实完成后，将试验集料刨出并清洗掉表面的水泥，然后进行颗粒破碎规律统计分析。整个试验过程及方案如图 4-7 所示。

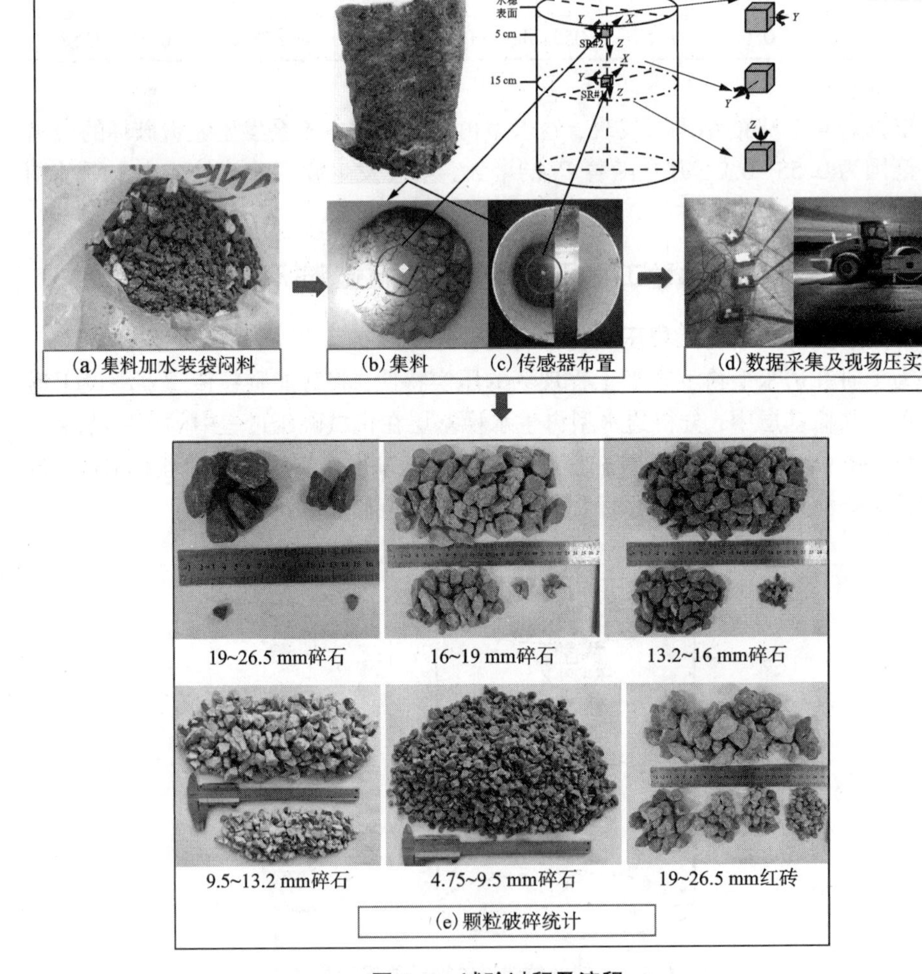

图 4-7 试验过程及流程

图 4-8 所示为压路机前后轮 6 ~ 7 s 和 8 ~ 9 s 时的加速度和欧拉角时程曲线图，图示表明竖直方向的振动加速度及振动转角明显大于垂直于行车方向及平行

于行车方向角，说明静压的主要作用是使基层混合料在竖直方向快速压密，当压路机滚轮经过测试点时内部颗粒发生了强烈的翻转。

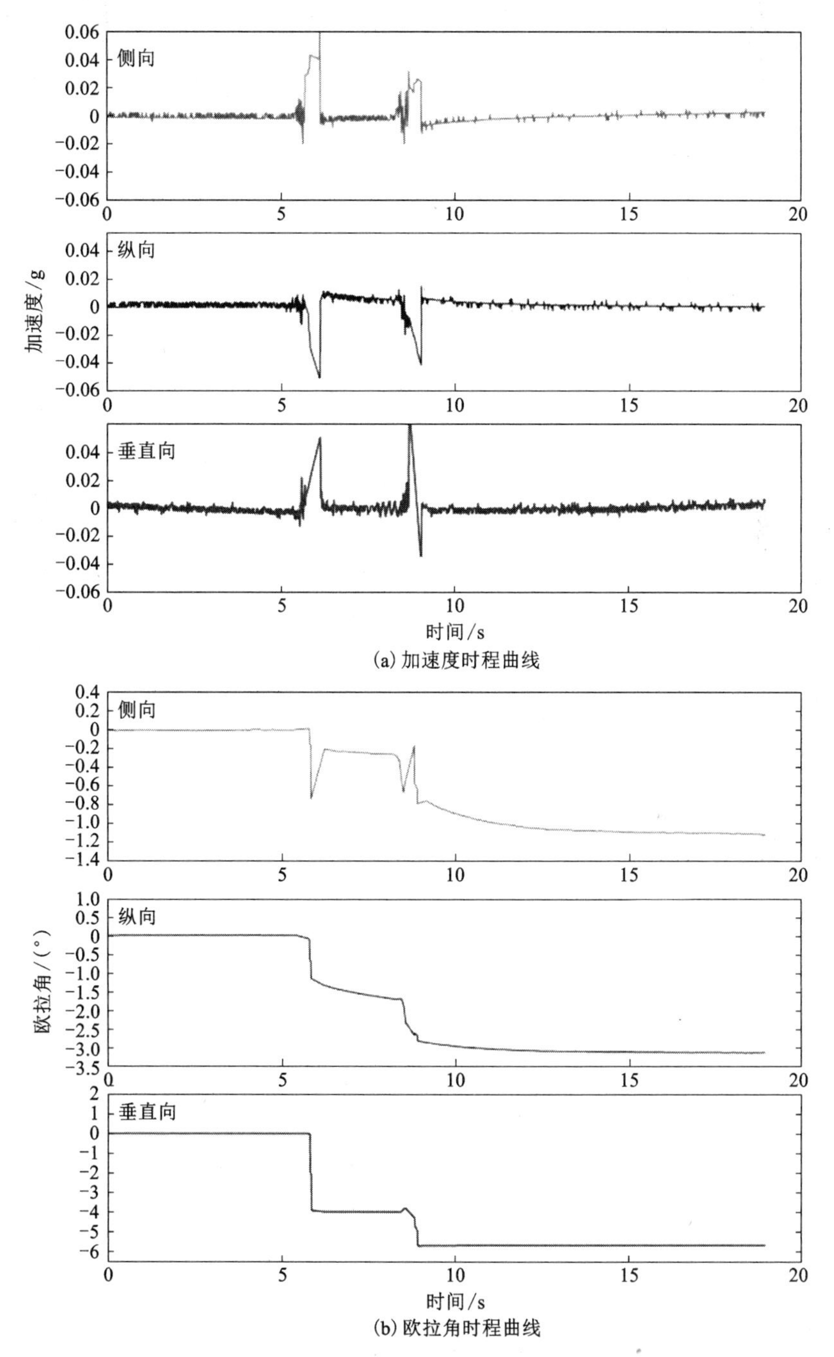

(a) 加速度时程曲线

(b) 欧拉角时程曲线

图 4-8　加速度和欧拉角时程曲线

图 4-9 所示为基层 15 cm 以下智能颗粒监测器在静压下的功率变化情况，从功率谱可以明显看出传递到距基层表面 15 cm 以下的水稳基层深部时，振动信号没有明显的频率。

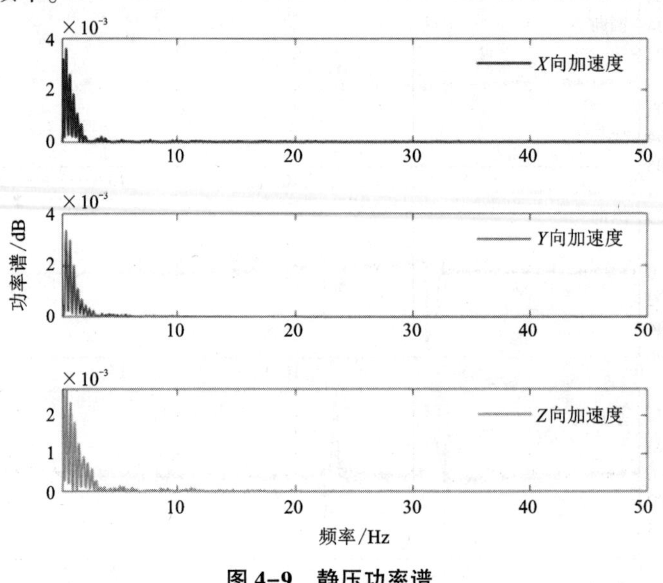

图 4-9　静压功率谱

图 4-10 所示为基层 15 cm 以下智能颗粒监测器在静压下的边际谱幅值，通过对比三个方向的边际谱幅值，发现三个方向的振动能量的吸收均较小。

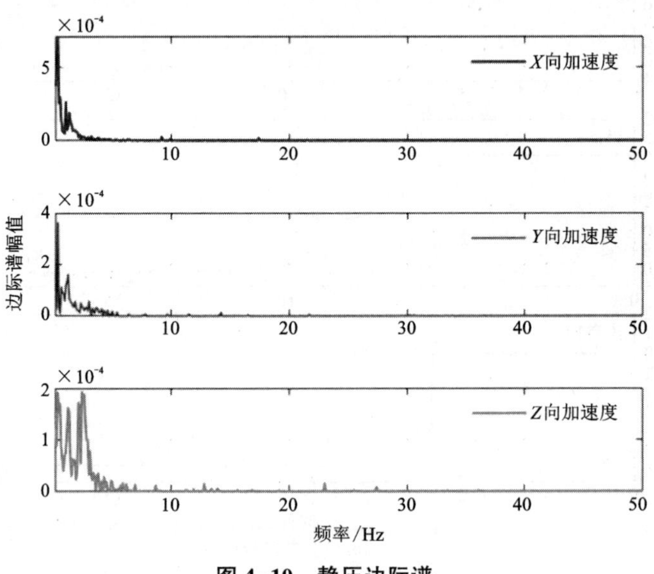

图 4-10　静压边际谱

图 4-11 所示为水稳基层 15 cm 以下智能颗粒监测器在静压下的小波时频变化情况，从小波时频图可以明显看出在第 6 s 和第 9 s 能量最大，说明压路机滚轮位于采集点的正上方。小波时频图在频率上没有明显的亮条带，是由于静压压路机没有振动力的传递。

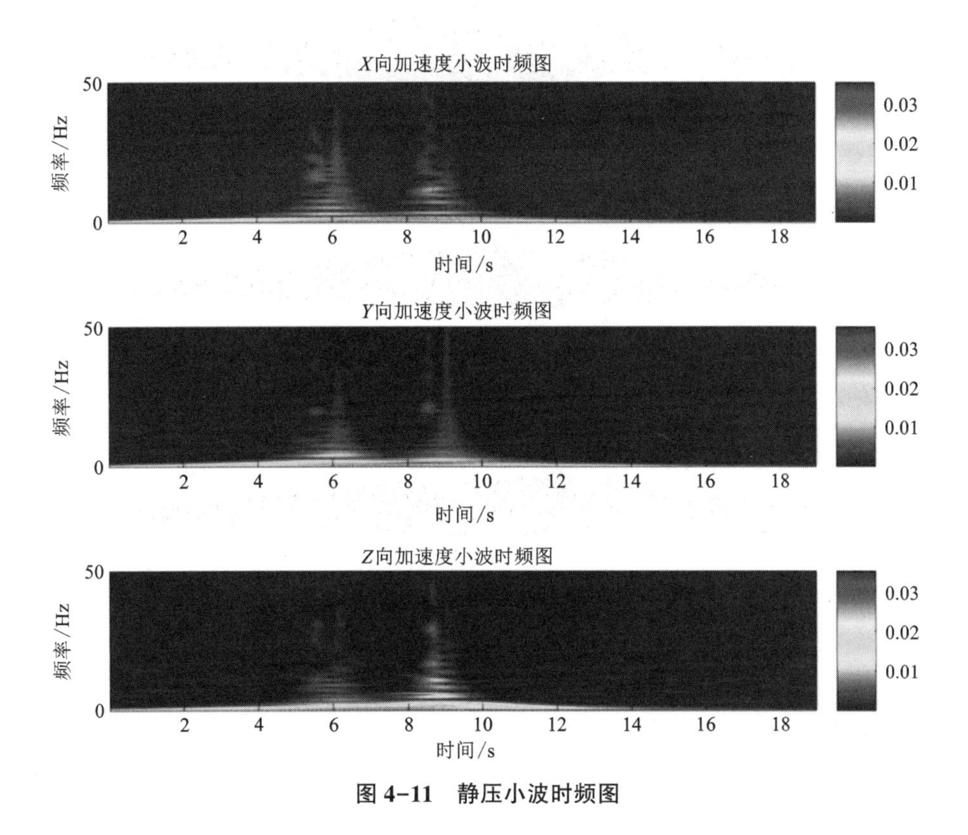

图 4-11　静压小波时频图

图 4-12 所示为水稳基层 15 cm 以下智能颗粒监测器在静压下的 Hilbert 谱变化规律，该图所示规律与小波时频变化类似。

图 4-13 所示为 3~6 s 和 16~18 s 时胶轮压路机经过测试点的加速度和欧拉角时程曲线。由于前期压路机的碾压，基层混合料已经较为密实，因此该作业车经过后，几乎没有明显的振动信号。该作业车经过测试点时基层内部颗粒也发生了强烈的翻转。

图 4-14 所示为 5~15 s 和 50~60 s 振动压路机经过测试点上方时的加速度和欧拉角时程曲线图，该图呈现的规律为垂直于行车方向及竖直方向的振动加速度及振动转角均大于平行于行车方向，重型钢轮振动压路机振动压实下内部颗粒发生了强烈的翻转。

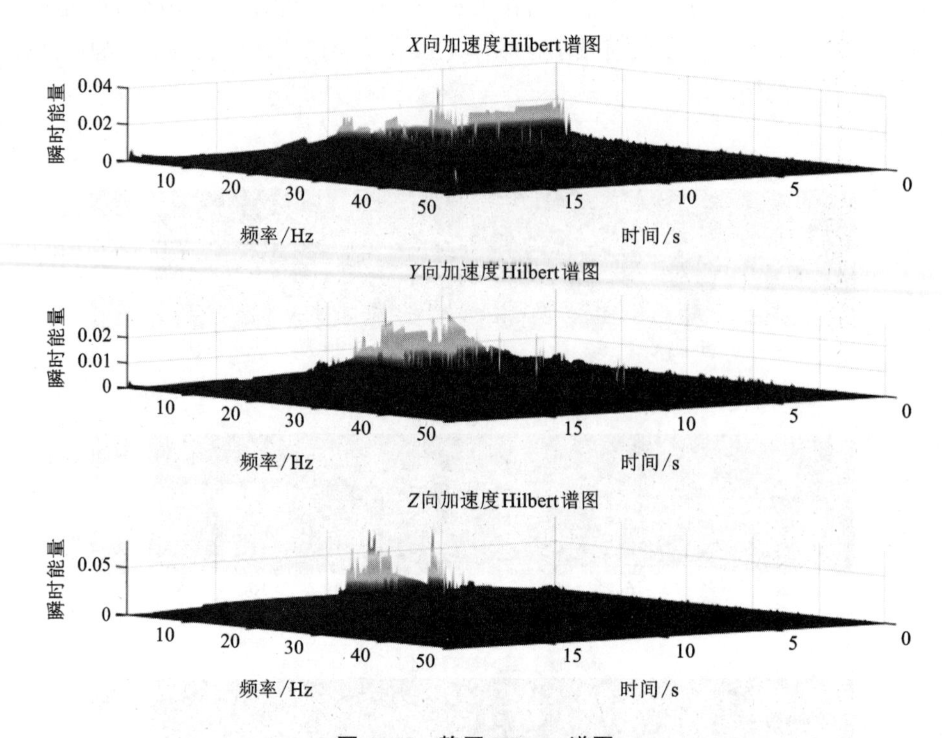

图 4-12 静压 Hilbert 谱图

图 4-15 所示为水稳基层 15 cm 处在弱振压实作用下的功率变化，该图呈现出传递到距基层表面 15 cm 以下的水稳基层深部时，振动的主频为 30 Hz 左右，说明振动压路机的频率约为 30 Hz。

图 4-16 所示为水稳基层 15 cm 处在弱振压实作用下的边际谱情况，通过对比三个方向的边际谱幅值，发现 Z 方向吸收的振动能量大于 X 方向和 Y 方向。

图 4-17 所示为水稳基层 15 cm 处在弱振压实作用下的小波时频变化情况，从小波时频图可以明显看出在第 8 s 和第 58 s 能量最大，说明振动压路机位于测试点的正上方；约在 30 Hz 时时频图的条带最亮，说明振动信号的主频约为 30 Hz，振动压路机的频率约为 30 Hz。

图 4-18 所示为水稳基层 15 cm 处在弱振压实作用下的 Hilbert 波形变化情况，该图所示规律与小波时频变化规律类似。

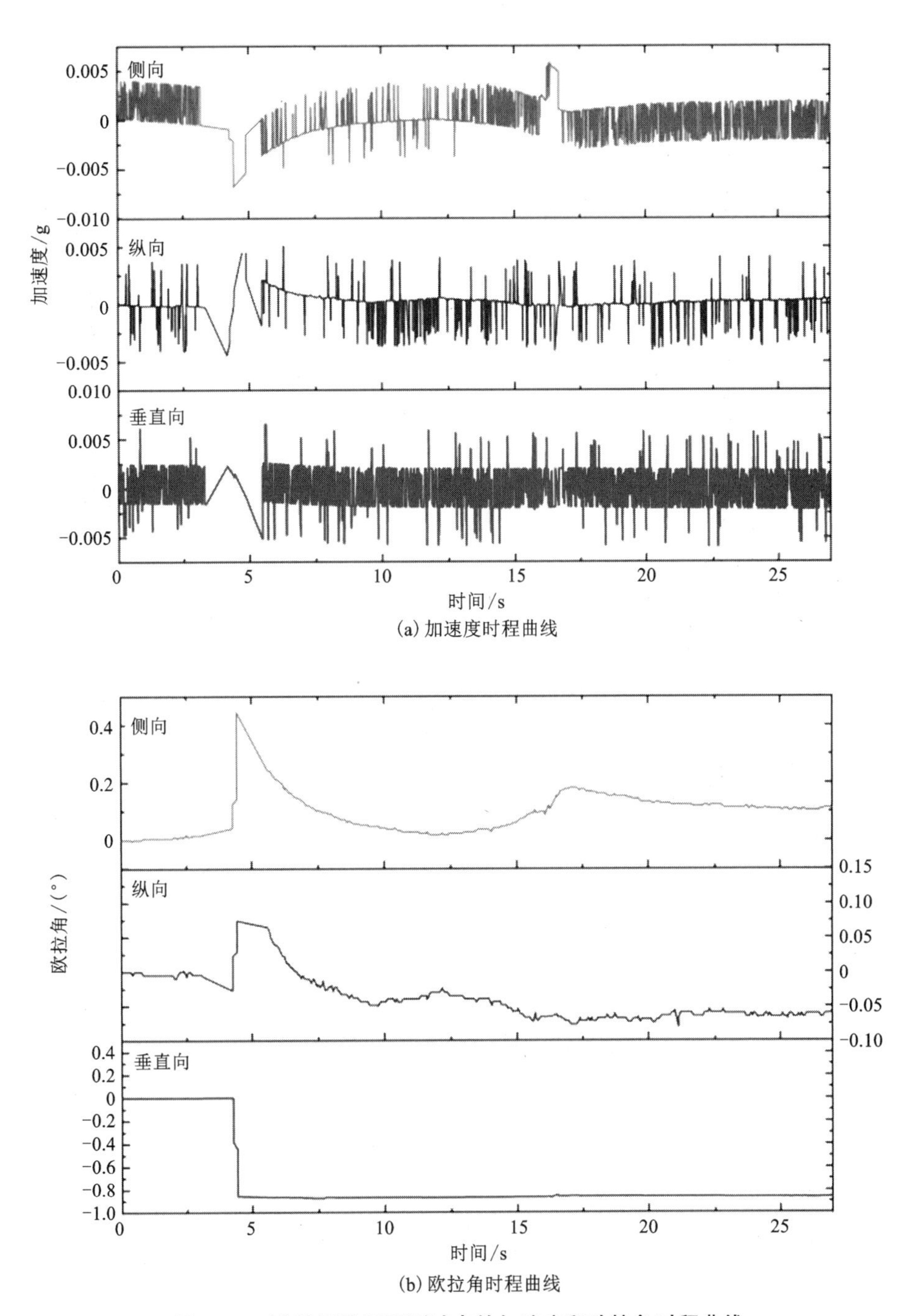

(a) 加速度时程曲线

(b) 欧拉角时程曲线

图 4-13　胶轮压路机下测试点的加速度和欧拉角时程曲线

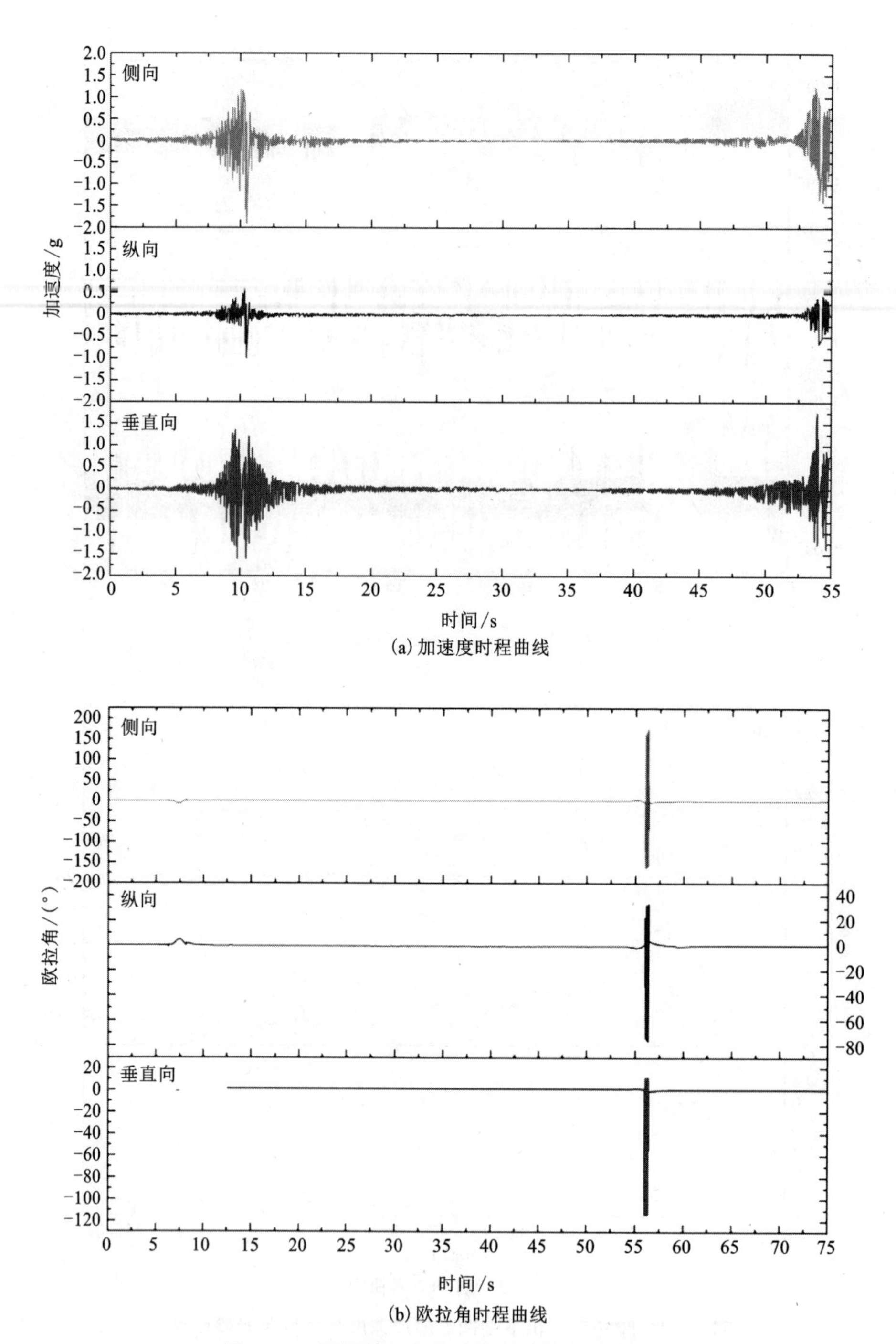

图 4-14 弱振情况下加速度和欧拉角时程曲线

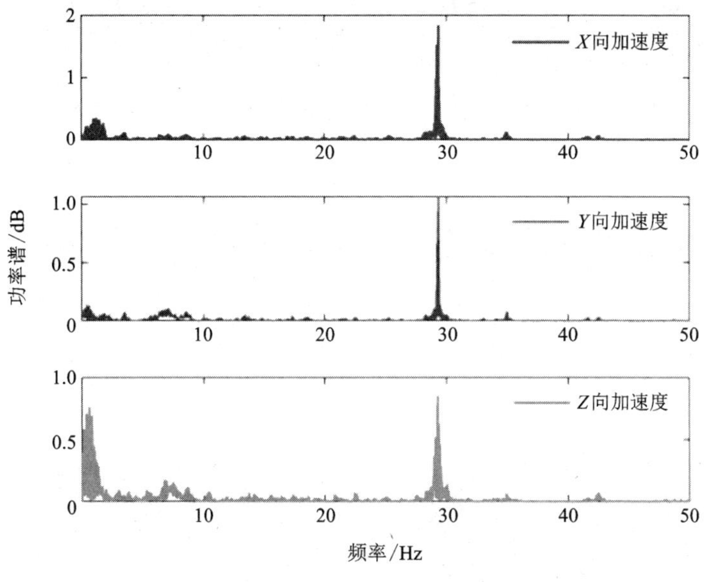

图 4-15　弱振功率谱

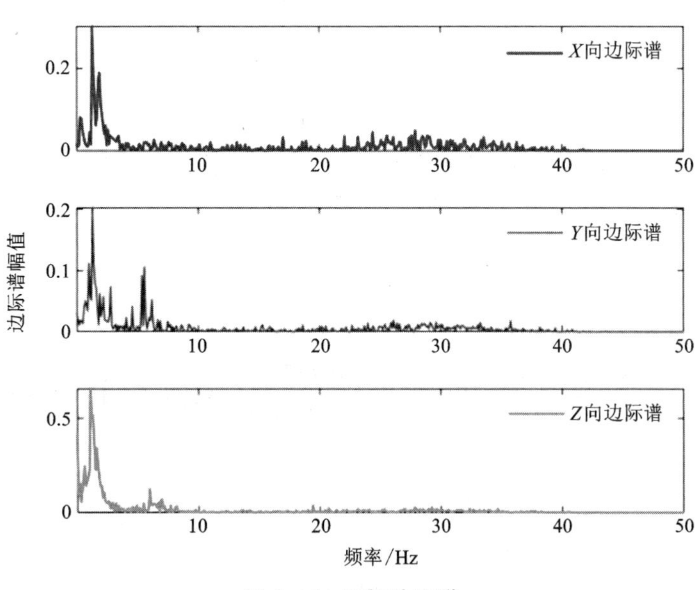

图 4-16　弱振边际谱

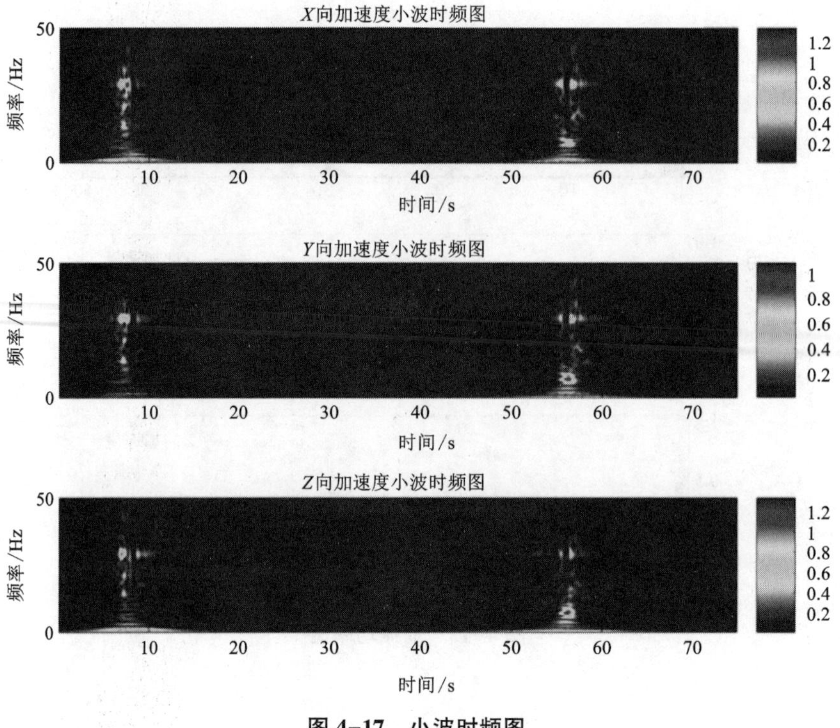

图 4-17　小波时频图

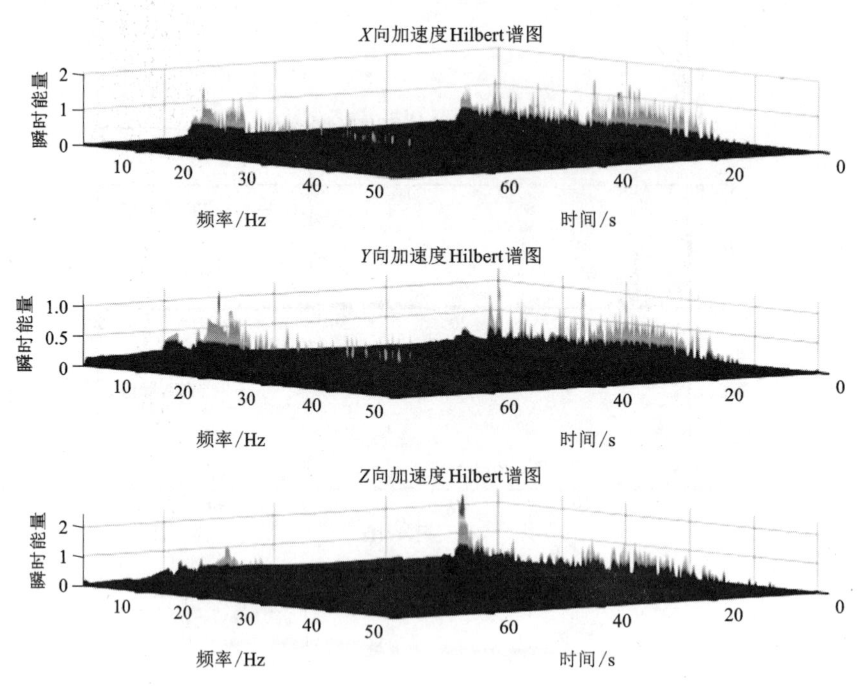

图 4-18　Hilbert 图

2. 透水型再生水稳工程压实颗粒破碎研究

图 4-19 为现场压实和室内静力压实作用下透水型再生水稳压实前后的级配曲线变化情况。根据图中数据可知，在两种不同压实作用下透水型再生水稳破碎后的级配曲线具有较大差异，经室内静力压实作用后，透水型再生水稳产生了极大的颗粒破碎情况，而现场压实作用对透水型再生水稳的颗粒破碎影响并不是那么大。主要原因是在进行室内静力压实时采用的是直径 150 mm 的圆柱铁桶，具有很强的边壁效应，从而使得透水型再生水稳内部产生了很强的应力集中，最后导致透水型再生水稳骨料产生了非常严重的颗粒破碎，而在现场压实条件下则不会存在这样的问题。

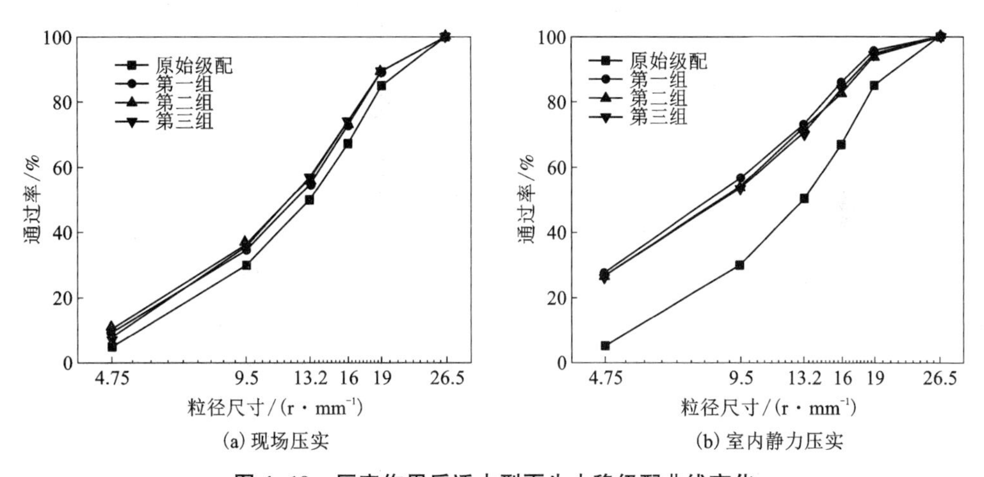

图 4-19　压实作用后透水型再生水稳级配曲线变化

图 4-20 为透水型再生水稳中 19~26.5 mm 粒径范围的骨料经压实作用后颗粒破碎生成子颗粒的分布曲线。图 4-20(a)子颗粒分布曲线表明，在现场压实作用下再生骨料的破碎率较天然碎石更高，19~26.5 mm 粒径范围的天然碎石骨料破碎后生成的子颗粒主要分布在 16~19 mm，而再生骨料破碎后生成的子颗粒分布在 16~19 mm、13.2~16 mm 和 9.5~13.2 mm 三个粒径范围；19~26.5 mm 粒径的碎石在现场机械压实作用下颗粒存活率为 80%~100%，而再生骨料为 60%~70%。根据图 4-20(b)子颗粒分布曲线可知，在室内静压作用下透水型再生水稳中 19~26.5 mm 粒径范围骨料破碎率相较于现场压实要高很多，19~26.5 mm 粒径的天然碎石骨料存活率为 55%~80%，再生骨料存活率仅为 35%~40%；19~26.5 mm 粒径骨料在室内静力压实作用后其子颗粒分布相较于现场压实更为均匀，其子颗粒分布曲线为连续型分布曲线，而现场压实作用下骨料破碎生成的子颗粒分布曲线为间断型分布曲线。

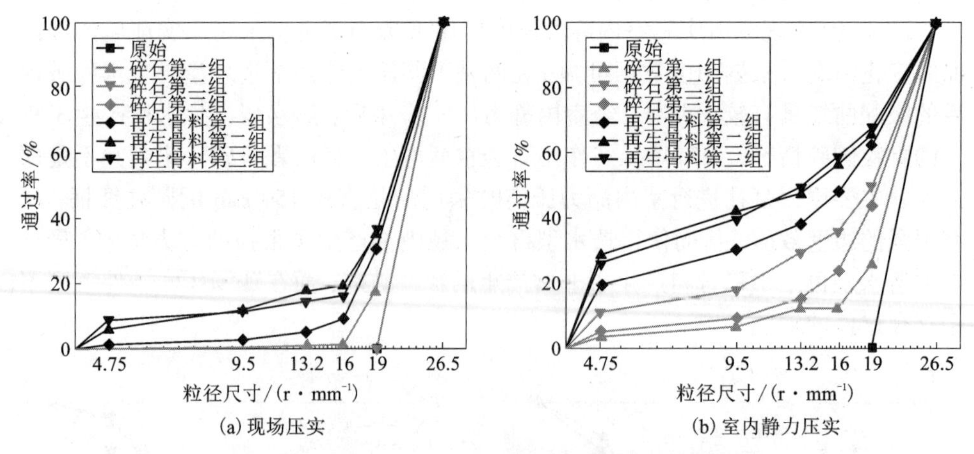

图 4-20　19~26.5 mm 粒径范围骨料破碎后子颗粒分布

图 4-21 为透水型再生水稳中 16~19 mm、13.2~16 mm、9.5~13.2 mm 和 4.75~9.5 mm 四档粒径骨料在现场压实和室内静力压实作用下颗粒破碎生成子颗粒的分布曲线。根据图中数据可知，16~19 mm 粒径骨料在现场压实作用下的存活率为 70%~80%，在室内静力压实作用下的存活率为 45%~55%；13.2~16 mm 粒径骨料在现场压实作用下的存活率为 75%~85%，在室内静力压实作用下的存活率为 50%~60%；9.5~13.2 mm 粒径骨料在现场压实作用下的存活率为 77%~85%，在室内静力压实作用下的存活率为 58%~65%；4.75~9.5 mm 粒径骨料在现场压实作用下的存活率为 86%~90%，在室内静力压实作用下的存活率为 60%~70%。可以发现随着骨料粒径范围的减小，在相同压实作用下其存活概率也越高，这主要是因为粒径越大的骨料其应力接触面积越大，从而将会有更多的应力集中在骨料上，也就更容易产生颗粒破碎。

值得注意的是，在现场压实作用下骨料破碎生成的子颗粒大多只分布在下一级粒径范围当中，而室内静力压实作用下骨料破碎生成的子颗粒则较为均匀的分布在多档粒径中。因此，现场压实作用下骨料破碎生成的子颗粒分布曲线为间断型分布曲线，室内静力压实作用下骨料破碎生成的子颗粒分布曲线为连续型分布曲线。因此，可以认为室内静力压实过程中将对透水型再生水稳内部颗粒产生非常严重的应力集中效应，从而使得透水型再生水稳骨料颗粒产生较为严重的颗粒破碎，并且室内静力压实作用生成的子颗粒还会经历多次颗粒破碎，而在现场压实作用下通常骨料颗粒在经历一次颗粒破碎后就已经停止了次一级的颗粒破碎行为。

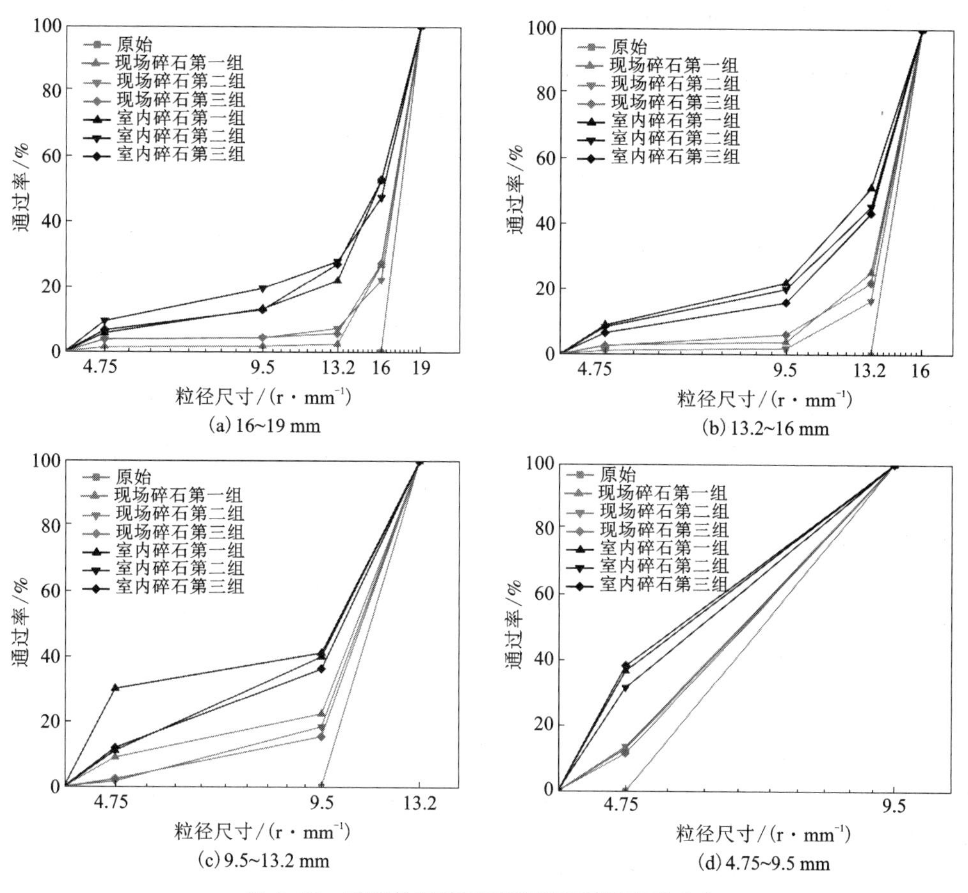

图 4-21　不同粒径范围骨料破碎后子颗粒分布

4.4　透水型再生水稳数值模拟与细观损伤机理研究

作为一种多相非均质材料，透水型再生水稳主要由碎石、砂浆块和红砖块等多种骨料、砂浆、界面过渡区和孔隙组成。其内部成分的复杂力学性质及内部结构的不规则性导致透水型再生水稳内部应力的传递过程和应变的协同发展过程极其复杂。此外，透水型再生水稳在重复荷载作用下其内部结构微损伤的形态、发展规律及累积过程，包括宏观裂纹的产生机理等尚不明确。因此，有必要从透水型再生水稳损伤开裂机理出发，研究其不同组成材料的力学性质、内部的细观结构及宏观裂纹发展过程之间的协同机理。

4.4.1 再生骨料颗粒形态分析

1. 颗粒形态扫描

为了获得满意的数值模拟结果，采用 OKIO 系列蓝光三维扫描仪(图 4-22)获取颗粒的真实不规则形状，并将其用于生成离散元数值模型中的单元颗粒和无侧限抗压强度试验的虚拟试样。该三维扫描仪配置有高精密工业级相机，测量精度在 0.015 mm 至 0.035 mm 之间，测量得到的建筑垃圾颗粒几何形态数字化模型能够有效地捕捉和提取颗粒整体轮廓形态特征、棱角特征和表面纹理粗糙特征等。测量过程中，该仪器单面测量时间低于 5 s，单面测量范围为(75×100)~(400×300)mm^2，能够以较快的扫描速度进行大批量的形态测量工作。此外，该仪器采用蓝光窄波段滤波技术，能够有效地降低外界环境光的干扰。

基于 OKIO 系列蓝光三维扫描仪的颗粒几何形态测量工作步骤如下：

①首先由仪器向带有白色标记点的转盘发射激光束，在标定仪器自身测量精度的同时确定仪器与转盘的相对位置。

②随后将建筑垃圾颗粒放置在转盘上，由仪器发射激光束到颗粒表面，通过颗粒表面反射获得仪器与颗粒表面的相对距离。

③多次改变激光束入射角度和建筑垃圾颗粒摆放姿态获得各种测量角度下的颗粒表面形态数据。

④最后按照统一的坐标系将各测量角度下建筑垃圾颗粒表面形态数据进行拼接与降噪处理，从而获取以 STL 等文件格式存储的颗粒几何形态数字化模型，再将数字化模型导入到 Geomagic 等软件进行三维图像可视化处理与分析，还可导入到 MATLAB 等软件进行深入分析。

图 4-22 OKIO 系列蓝光三维扫描仪

2. 颗粒形态分析

将建筑垃圾颗粒按天然碎石、再生砂浆和再生红砖三种材料类型，按 4.75~9.5 mm、9.5~13.2 mm、13.2~16 mm、16~19 mm 和 19~26.5 mm 五个粒径范围进行分类，在每个类别中随机选取 36 个具有不同形态特征的碎石颗粒进行三维扫描，获取其几何形态数字化模型(即颗粒的三维重构模型)500 余个，再计算其形态指标值。

当前已有研究在进行颗粒形态定量分析时，采用三个不同层次的指标：①形状层次；②圆度层次；③粗糙度层次，如图 4-23 所示。其中形状层次描述的是颗粒整体的轮廓如块状、球状或针片状等；圆度层次描述颗粒的棱角特征，表征的是颗粒的尖锐或者圆滑程度等局部特征；粗糙度层次描述的是颗粒表面纹理质地的凹凸情况，关注的是颗粒接触的触感。

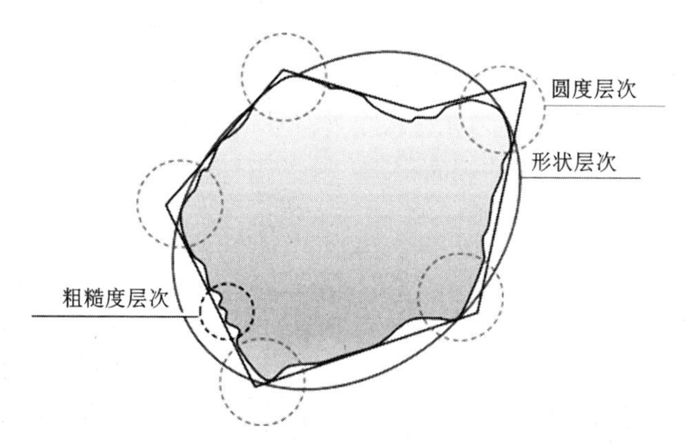

图 4-23　颗粒细观几何形态特征示意图

本研究首先统计了文献中典型的粗颗粒几何形态指标，其中包括 7 个形状层次指标：长细比 FI、扁平度 EI、真圆度 C、面积拟球度 S_A、直径拟球度 S_D、周长拟球度 S_P、真球度 S_I，其计算公式为式(4-9)~式(4-15)，各指标定义的示意图如图 4-24 所示。长细比 FI 和扁平度 EI 取值越接近于 0，表示颗粒整体轮廓形态的片状程度和针状程度越显著；真圆度 C 与各类拟球度的取值越接近于 1，表示颗粒整体轮廓形态越接近于理想球体。

$$FI=\frac{d_2}{d_1} \tag{4-9}$$

$$EI=\frac{d_3}{d_2} \tag{4-10}$$

$$C=\frac{V}{V_s}=\frac{6V}{\sqrt{\frac{A_s^3}{\pi}}} \tag{4-11}$$

$$S_A=\frac{V}{V_{cir}} \tag{4-12}$$

$$S_D=\frac{D_e}{D_{cir}} \tag{4-13}$$

$$S_P=\frac{A_e}{A_s} \tag{4-14}$$

$$S_I=\sqrt[3]{\frac{d_2 d_3}{d_1^2}} \tag{4-15}$$

式中：V 为颗粒体积；V_s 为与颗粒具有相同表面积的球体的体积；V_{cir} 为与颗粒最小外接球的体积；d_1、d_2 和 d_3 分别为颗粒的长轴、中轴和短轴；D_e 为与颗粒具有相同体积的球体的直径；D_{cir} 为颗粒最小外接球的直径；A_X 为颗粒表面积；A_e 为与颗粒具有相同体积的球体的表面积。

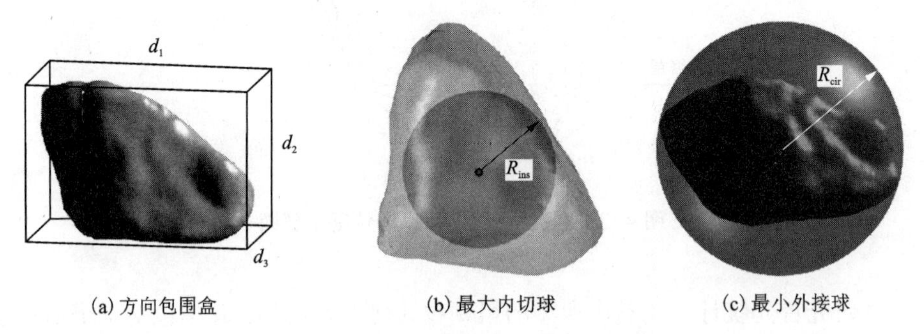

(a) 方向包围盒　　(b) 最大内切球　　(c) 最小外接球

图 4-24　形状层次的颗粒形状指标示意图

此外，还包括了 3 个圆度及粗糙度层次的形状指标：凸度 C_X、圆度 R 和棱角度 AI，其计算公式为式(4-16)、式(4-17)和式(4-18)，各指标定义的示意图如图 4-25 所示。凸度 C_X 的取值越接近于 1，表明颗粒的棱角特征越不明显；圆度 R 和棱角度 AI 的取值越接近于 1，表明颗粒的棱角特征和表面的粗糙程度越不明显。

$$C_X=\frac{V}{V_c} \tag{4-16}$$

$$R = \frac{\sum_{i=1}^{N} r_i / N}{r_{\text{ins}}} \tag{4-17}$$

$$AI = \frac{\sum A_j \cdot \max[0, \text{sign}(k_{m,j} - k_{\text{ins}})]}{\sum A_j} \tag{4-18}$$

式中：V_c 为颗粒凸包的体积；r_i 为颗粒局部内切球的半径；N 为第 i 个颗粒局部内切球的个数；A_j 为颗粒表面第 j 块三角网格的面积；$k_{m,j}$ 为颗粒表面第 j 块三角网格顶点的曲率值；k_{ins} 为颗粒最大内切球的半径的倒数。

图 4-25　圆度及粗糙度层次的颗粒形状指标示意图

在完成建筑垃圾颗粒几何形态数字化图像模型的获取与处理之后，本节对试验所用建筑垃圾颗粒形态特征指标进行数学统计分析，评估各项指标在表征颗粒形态特征时的合理性和准确性，从而遴选出适合在工程实践中快速、高效和准确地评价和量化颗粒三维不规则形态特征的指标。

将扫描颗粒的三维重构模型分别导入 Geomagic 和 MATLAB 等计算分析软件中进行三维图像处理，根据软件内置功能及自主研发的算法获得颗粒几何形态特征的基本参数，包括颗粒体积 V、表面积 A_s、长轴 d_1、中轴 d_2、短轴 d_3、最大内切球半径 R_{cir}、最小外接球半径 R_{ins} 和颗粒凸包的体积 V_c 等，前文所述的颗粒三维形态特征指标可由上述基本参数计算得到。

基于扁平度 EI 和长细比 FI，颗粒形状可以划分为以下四类：第一类是盘状（$EI>2/3$，$FI<2/3$），第二类是块状（$EI>2/3$，$FI>2/3$），第三类是条状（$EI<2/3$，$FI>2/3$），第四类是刀片状（$EI<2/3$，$FI<2/3$），如表 4-8 所示。使用 Zingg diagram 来表征颗粒的第一层次形态特征，如图 4-26 所示，图中实线为真球度等值线。

表 4-8 不同组别的颗粒形状分类结果

材料类型	粒组/mm	块状颗粒占比/%	盘状颗粒占比/%	条状颗粒占比/%	刀片状颗粒占比/%
天然碎石	4.75~9.5	33.3	38.9	16.7	11.1
	9.5~13.2	33.3	22.2	38.9	5.6
	13.2~16	38.9	30.6	19.4	11.1
	16~19	50.0	25.0	13.9	11.1
	19~26.5	40.0	40.0	14.3	5.7
	平均	39.1	31.3	20.7	8.9
再生砂浆	4.75~9.5	50.0	25.0	25.0	0.0
	9.5~13.2	41.7	30.6	27.8	0.0
	13.2~16	61.1	19.4	16.7	2.8
	16~19	55.6	22.2	19.4	2.8
	19~26.5	47.2	25.0	25.0	2.8
	总计	51.1	24.4	22.8	1.7
再生红砖	4.75~9.5	48.6	34.3	14.3	2.9
	9.5~13.2	27.8	33.3	30.6	8.3
	13.2~16	36.1	25.0	33.3	5.6
	16~19	33.3	41.7	19.4	5.6
	19~26.5	52.8	19.4	13.9	13.9
	总计	39.7	30.7	22.3	7.3

对不同组别建筑垃圾颗粒形状分类结果进行分析，可以发现：

①无论何种材料，绝大多数建筑垃圾颗粒都是块状和盘状的。

②再生砂浆颗粒形状分布较为集中，几乎没有刀片状颗粒。

③随着粒径的增大，再生红砖中片状颗粒的数量有增加的趋势。

在各类数理统计图表中，箱形图比较适合用于描述颗粒三维形态特征指标的数值分布情况。在箱形图的制图要素中，上边缘线与下边缘线的数值分别代表该组数据在排除异常值之后的最大值与最小值；箱形的上、下边缘分别代表上四分位数、下四分位数，即在该组数据按数值大小排序之后分别处于 25%和 75%位置上的数据；箱形内的横线所对应的数值为中位数；正方形数值点代表平均值。将从不同粒径范围内挑选出的 538 个代表性颗粒样本的各形状指标值绘制成箱形

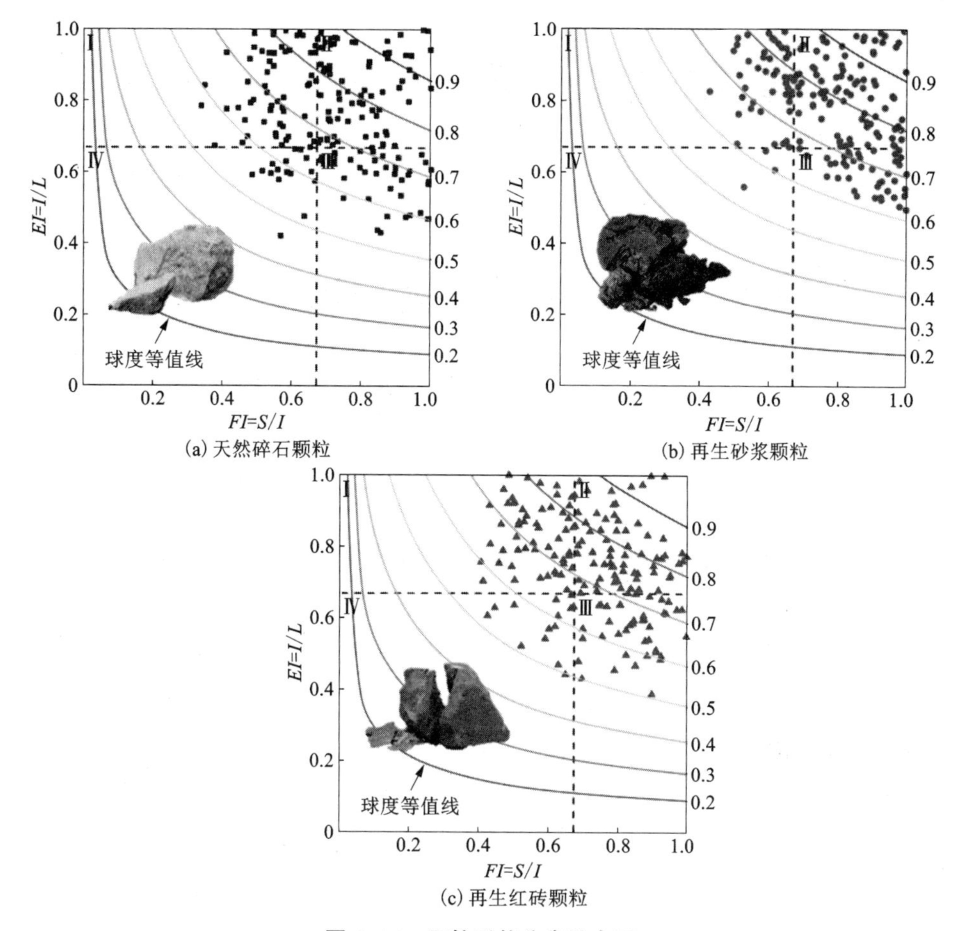

(a) 天然碎石颗粒　(b) 再生砂浆颗粒　(c) 再生红砖颗粒

图 4-26　颗粒形状分类散点图

图并对比其数值分布情况，如图 4-27 所示。

对不同组别不同层次的建筑垃圾颗粒三维形态特征进行分析，可以发现：

①针状程度：再生砂浆颗粒≪再生红砖颗粒<天然碎石颗粒。

②片状程度：再生砂浆颗粒≪天然碎石颗粒<再生红砖颗粒。

③球度（逼近理想球体的程度）：再生砂浆颗粒>天然碎石颗粒≈再生红砖颗粒。

④凸度（逼近理想凸多面体）：再生红砖颗粒<再生砂浆颗粒<天然碎石颗粒。

⑤不同粒组建筑垃圾颗粒的第一、第二层次形态特征没有显著差异。

⑥随着粒径的增大，不同材料类型建筑垃圾颗粒的棱角特征均愈发明显。

⑦棱角度（实际反映颗粒表面粗糙程度）：天然碎石颗粒>再生红砖颗粒>再生砂浆颗粒。

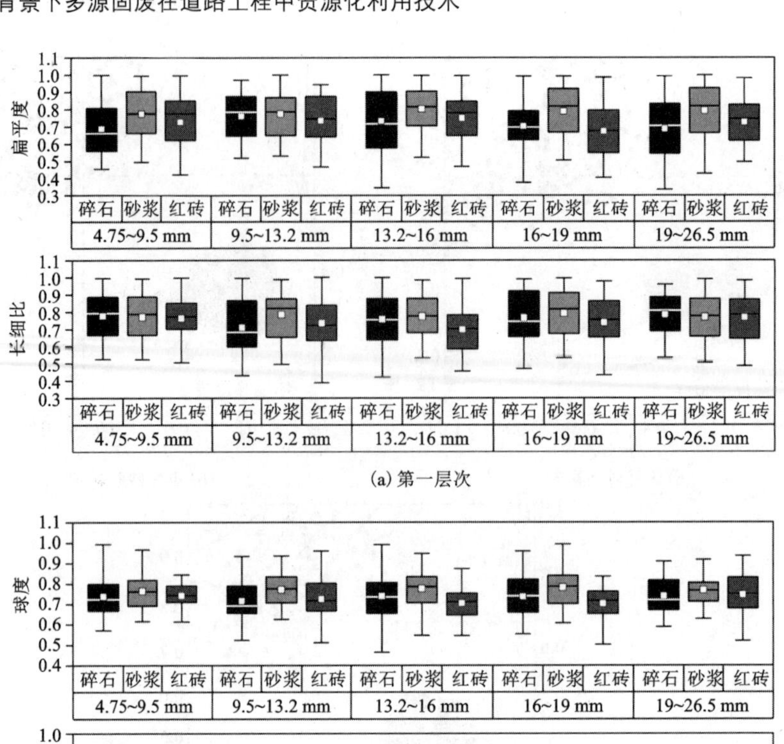

(a) 第一层次

(b) 第二层次

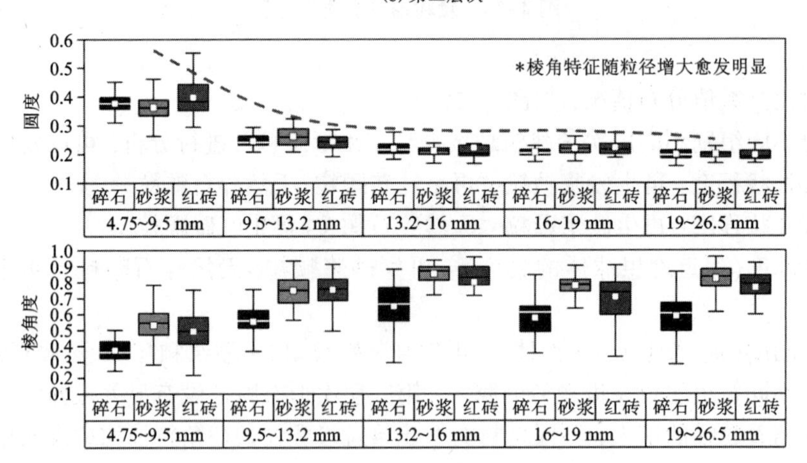

(c) 第三层次

图 4-27　代表性颗粒样本各形态指标箱形图

4.4.2　透水型再生水稳孔隙结构表征与渗流模拟

为了揭示透水型再生水稳的孔隙空间分布特征及孔隙率的形成和变化规律，本节基于 X 射线计算机断层成像(X-CT)与图像处理技术相结合的方法，对真实透水型再生水稳进行三维重建。

利用 MATLAB 语言编制图像处理程序，首先将 CT 扫描所得到的断层图像转换成灰度图像，并将感兴趣区域(ROI)统一设置为以图像中心为圆点，半径为图像宽度(或高度)的圆形区域，随后使用大小为 3，标准差为 1 的高斯滤波器对图像进行平滑处理，在滤除毛刺噪声的同时保留图像的细节。由于透水型再生水稳内部不同组成部分具有不同的密度，因此不同组成成分在灰度图像中具有不同的灰度值范围，如图 4-28 所示。从图 4-28(b)所示的直方图中可以明显地观察到三个破坏点和两个谷值点，且破坏点对应的灰度值越大，其峰值也越大。结合透水型再生水稳内部各组成成分的相对含量可知，集料的灰度值介于 140 和 250 之间，水泥砂浆的灰度值为 70~140，孔隙和裂纹的灰度值基本小于 50。

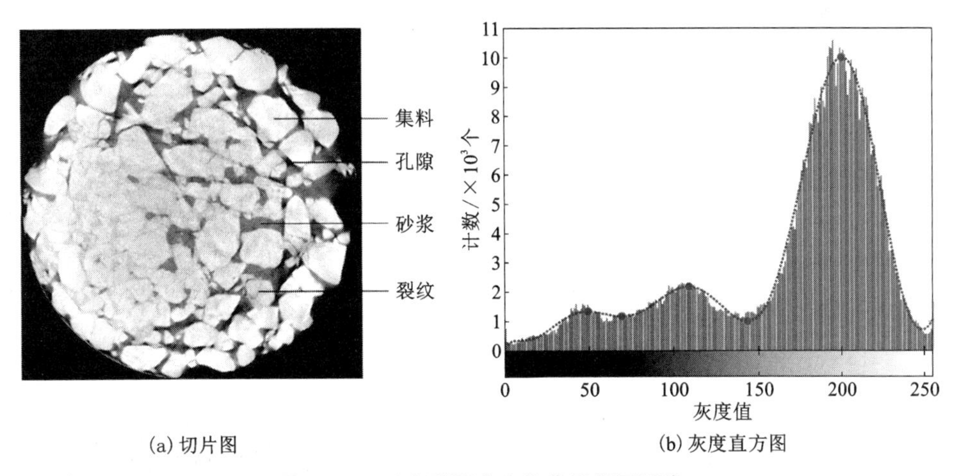

(a) 切片图　　(b) 灰度直方图

图 4-28　透水型再生水稳典型断层图像

根据图像灰度值的分布特征，可以采用不同的分割算法对图像进行分割处理。然而透水型再生水稳内部不同物质的密度和空间分布往往是不均匀的，这给不同物质的准确分割带来了困难。作为一种常用的图像分割算法，分水岭算法可以将在空间位置上相近并且灰度值相似的像素点连接起来构成封闭的轮廓从而实现区域分割。本节采用基于标记的分水岭算法对预处理后的灰度图像进行分割，获得初始孔隙和裂纹的二值图像，如图 4-29(a)所示。图中黑色区域表示集料和水泥砂浆，白色区域表示孔隙或裂纹，黄色实线表示 ROI 的边界。进一步地，可以对分割后的二值图像依次进行欧几里得距离变换与分水岭变换，从而提取出单个孔隙或单条裂纹，如图 4-29(b)所示。值得说明的是，在识别孔隙和裂纹的过程中，基于裂纹具有长宽比较大的特征，当待识别区域的拟合椭球体的长轴长度与短轴长度之比小于预先设定的阈值(通过反复试验确定该阈值取值为 5)时，即判定该区域为孔隙，否则判定为裂纹。

(a) 二值图像

(b) 单个孔隙或单条裂纹

图 4-29　初始孔隙和裂纹

在透水型再生水稳中，孔隙包括连通孔隙和封闭孔隙。作为主要的渗流通道，连通孔隙直接影响路面结构透水性能的好坏。为了研究连通孔隙特性对透水型再生水稳渗透性能的影响，基于孔隙的二值图像序列，采用区域标记算法从整体孔隙中分别提取出连通孔隙和封闭孔隙用于后续研究，如图 4-30(a)和图 4-30(b)所示。通过统计体素个数计算得到透水型再生水稳的整体孔隙率和有效孔隙率分别为 25.28%和 22.16%。

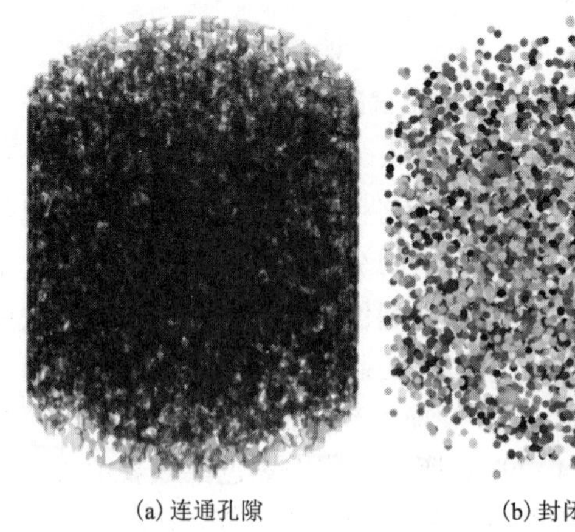

(a) 连通孔隙

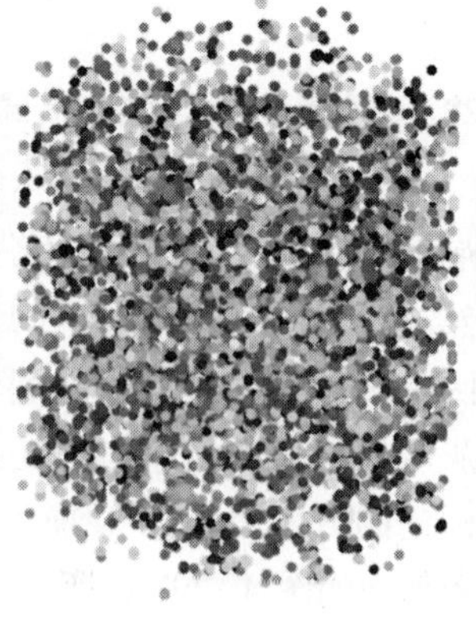

(b) 封闭孔隙

(c) 孔隙网络

图 4-30　孔隙结构的组成

相比于多边形网格，体素对物体边界的表示精度较差，故本节采用经典的移动立方体算法对以体素表示的连通孔隙进行三维重建，得到如图 4-30(c)所示的以三角形网格表示的孔隙网络模型。

孔隙对透水型再生水稳渗透性能的影响主要体现在孔隙空间分布、形态及连通性三个方面。孔隙的空间分布可以通过面孔隙率在试样高度方向上的分布及孔隙等效直径的概率分布情况进行表征。图 4-31 和图 4-32 分别显示了不同高度位置处孔隙和裂纹的二值图像及透水型再生水稳试样的面孔隙率沿试样高度方向的分布情况，试样高度 0 mm 代表试样的底部，150 mm 代表试样的顶部。从图 4-32 可以看出，面孔隙率沿试样高度方向大致呈对称分布，基本具有“中间小，两头大”的 U 形曲线特征。

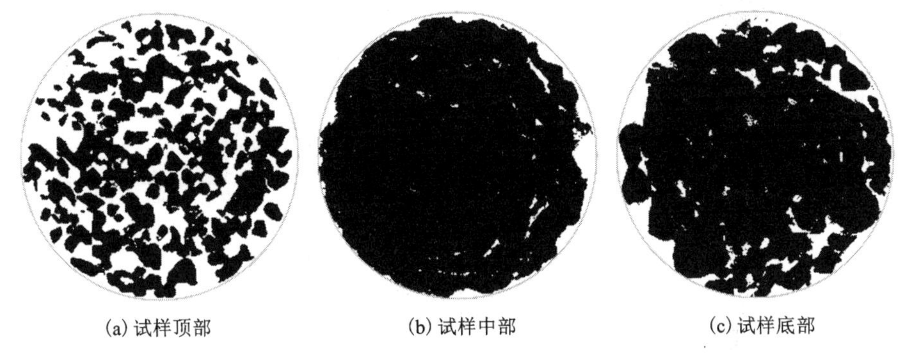

(a) 试样顶部　　(b) 试样中部　　(c) 试样底部

图 4-31　不同高度位置处孔隙和裂纹的二值图像

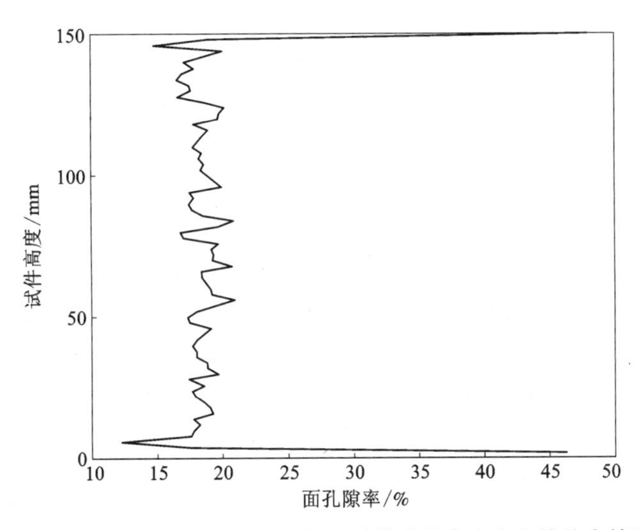

图 4-32　透水型再生水稳试样的面孔隙率沿高度方向的分布情况

采用三维颗粒形态分析软件计算以三角形网格表示的单个孔隙的形态学属性，包括质心坐标、Feret 直径、表面积、体积、包围盒、凸包及拟合椭球体。从图 4-33 可以看出，孔隙等效直径基本服从正态分布，孔隙的平均等效直径大约为 10 mm；而孔隙的体积明显呈右偏分布，说明透水型再生水稳试样内部存在少数大孔隙。由表 4-9 可知，透水型再生水稳试样内部绝大部分连通孔隙为大孔隙。由于小孔隙和微孔隙多为封闭孔隙，而本节仅对连通孔隙进行分析，故表中小孔隙和微孔隙的数量均为零。

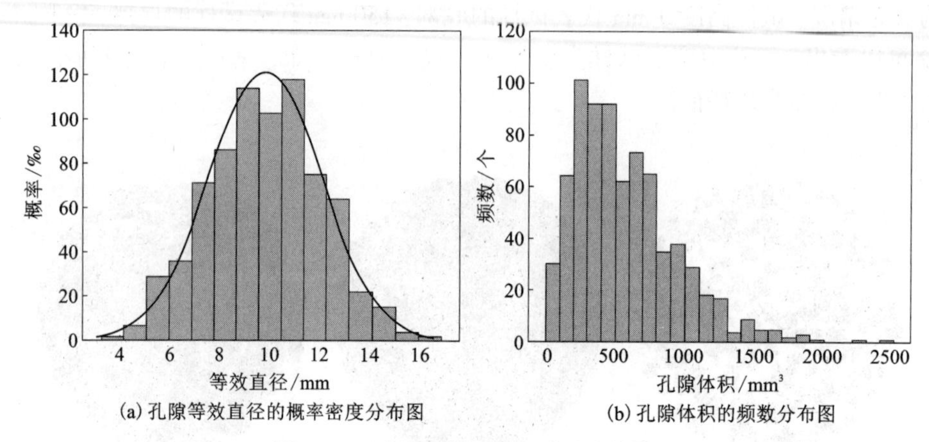

(a) 孔隙等效直径的概率密度分布图　(b) 孔隙体积的频数分布图

图 4-33　孔隙尺寸和体积的分布情况

表 4-9　不同类型孔隙的数量

孔隙类型	孔隙体积/mm^3	孔隙数量/个
微孔隙	5~20	0
小孔隙	5~20	0
中孔隙	20~100	30
大孔隙	>100	717

采用球度 C 和丰度 F 来评价透水型再生水稳试样内部孔隙的三维形态特征，不同球度和丰度下的孔隙形貌如图 4-34 所示，图中填充区域表示孔隙，粗实线表示孔隙的拟合椭球体，细实线表示孔隙的最小包围盒。球度 C 为与孔隙体积相同的球体表面积与孔隙表面积的比值，其计算公式为式(4-19)。丰度 F 为孔隙体积与拟合椭球体(椭球体的长轴、中轴和短轴分别对应最小包围盒的长、宽和高)体积的比值，其计算公式为式(4-20)。

$$C=\frac{\sqrt[3]{36\pi V^2}}{S} \tag{4-19}$$

$$F=\frac{6V}{\pi d_1 d_2 d_3} \tag{4-20}$$

式中：C 为孔隙的球度，$C\in[0, 1]$，C 的取值越接近于 1，说明孔隙的整体轮廓形态越接近理想球体；F 为孔隙的丰度，$F\in[0, 1]$，F 的取值越接近于 1，说明孔隙的整体轮廓形态越丰满，反之越残缺；V 为孔隙的体积；S 为孔隙的表面积；d_1、d_2 和 d_3 分别为孔隙最小包围盒的长轴、中轴和短轴长度。

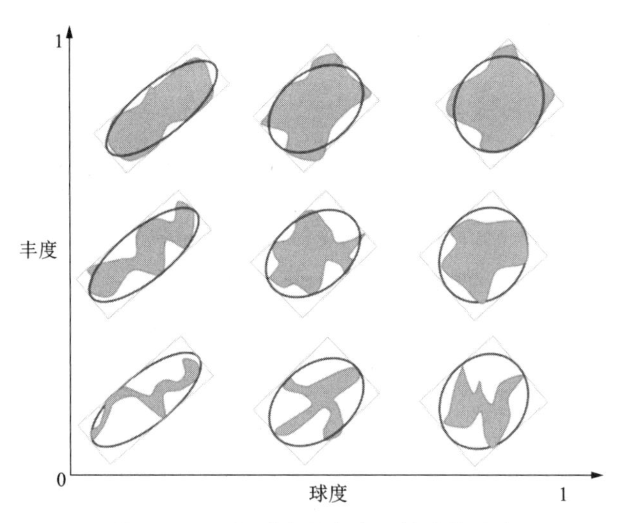

图 4-34　不同球度和丰度下的孔隙形貌

此外，根据球度 C 取值的不同，可以将孔隙形状分为规则型孔隙($0.6<C<1.0$)、非规则型孔隙($0.45<C<0.6$)和长条形孔隙($0<C<0.45$)。图 4-35 和图 4-36 分别为透水型再生水稳试样内部孔隙的球度-丰度散点图以及孔隙球度和丰度的概率分布图。从图 4-35 中可以看出，孔隙的球度和丰度近似呈线性关系，且随着孔隙球度的增大，其丰度的离散程度也随之增大。此外，透水型再生水稳试样内部的孔隙多为规则型孔隙和非规则型孔隙，数量分别为 378 个和 329 个。从图 4-36 可以看出，孔隙的球度主要集中在 0.5 附近，而大部分孔隙的丰度介于 0.2 和 0.4 之间，在 0~0.2、0.4~0.6、0.8~1 所占的比例依次递减，且孔隙丰度分布的偏度系数要明显大于孔隙球度。这说明孔隙形状以扁椭圆形为主，近长条形和近圆形的颗粒比较少，孔隙形状的分布具有高度不均匀性。

在诸多孔隙结构参数中，孔隙连通性是影响水稳碎石材料透水性能的重要因素。为了开展孔隙连通性量化分析，本节采用最大球算法建立能够反映试样内部孔隙空间拓扑结构的孔隙网络模型(PNM)，该模型也被称作球棍模型，如图 4-37 所示。在球棍模型中，“球”表示孔隙，“棍”表示连接两个孔隙的通道，

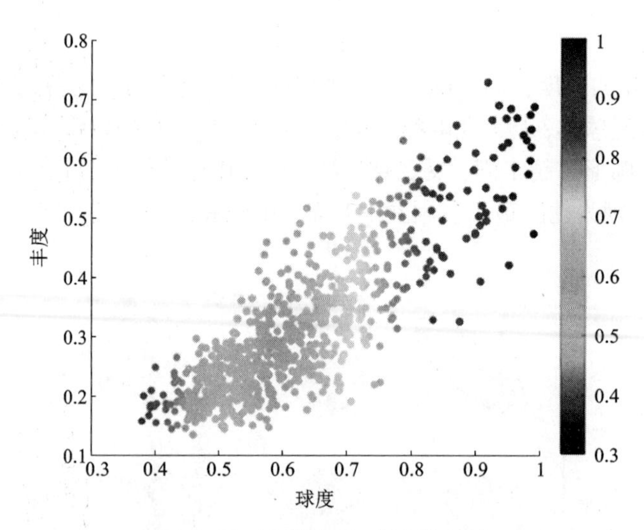

图 4-35 孔隙球度-丰度散点图

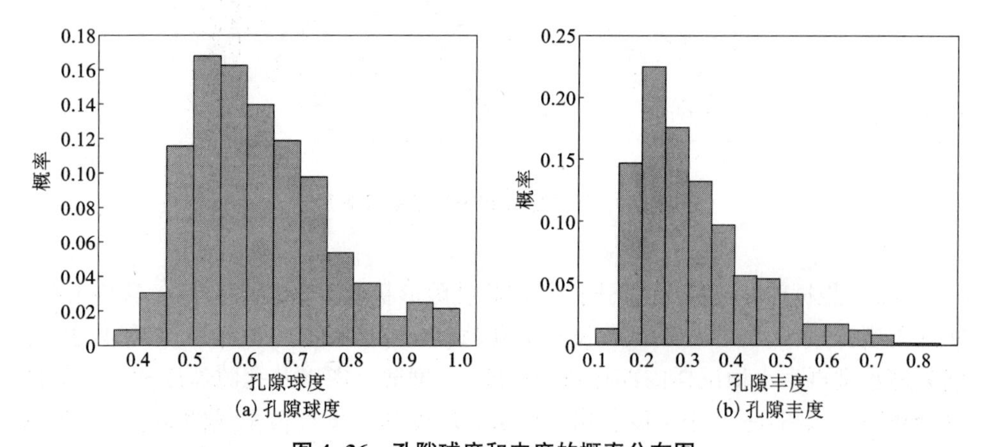

图 4-36 孔隙球度和丰度的概率分布图

通常称作孔喉，如图 4-38 所示。本节采用喉道长度和配位数(与单个孔隙相连接的喉道数目)两个指标来评价透水型再生水稳试样内部孔隙的整体连通性，如图 4-39 所示。在图 4-37 中，“球”或“棍”的颜色越接近红色，表示孔隙的直径越大或喉道的长度较长，反之越小。从图 4-37 可以看出，孔隙直径和喉道长度在空间中的分布具有明显的不均匀性，具体表现为相比位于试样边缘的孔隙和喉道，试样中部的孔隙直径较大、喉道长度较长。由图 4-39 可知，喉道长度和配位数的分布较为均匀，平均喉道长度较小，约为 10 mm，平均配位数较大，约为 8.38，说明透水型再生水稳试样内部孔隙之间的连通性较好。

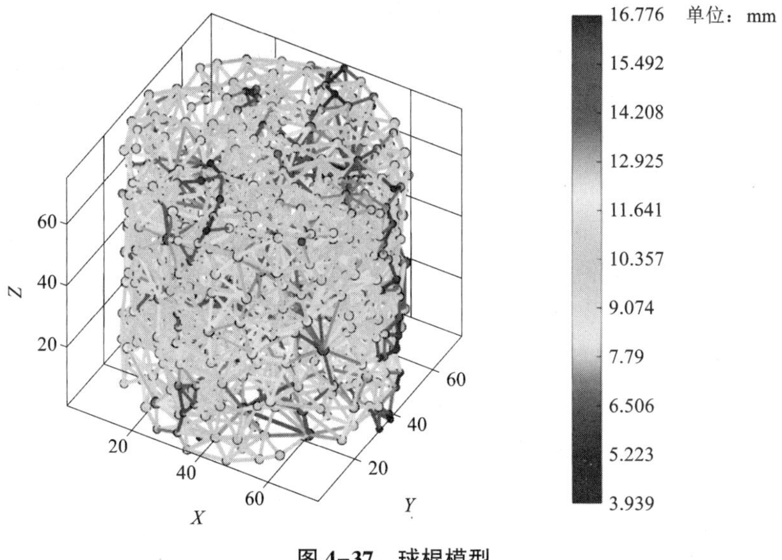

图 4-37　球棍模型

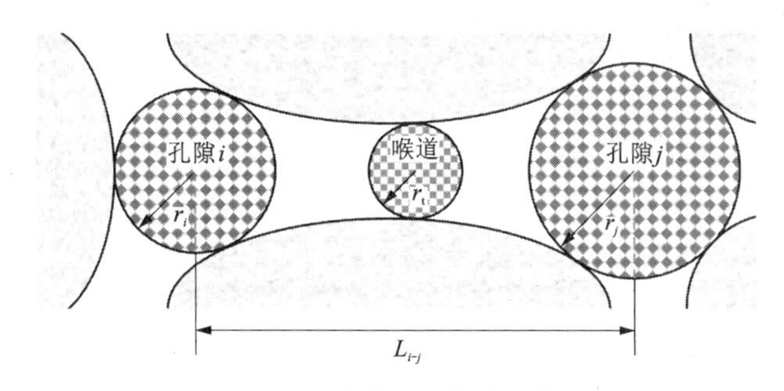

图 4-38　孔隙和孔喉的示意图

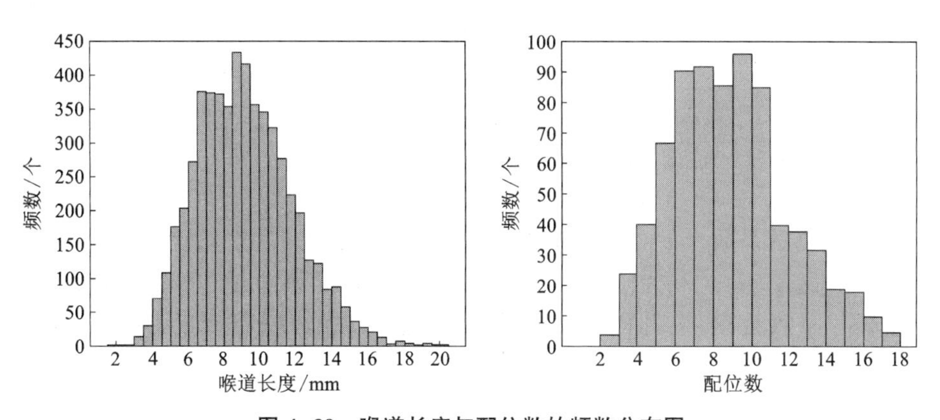

图 4-39　喉道长度与配位数的频数分布图

在孔隙网络模型中，孔隙由喉道连接，两个孔隙之间的流量被视为通过“孔隙–喉道–孔隙”管道的流量。为计算通过管道的流量，一种典型的方法是利用 Hagen-Poiseuille 方程求解圆柱管内的单相流动，见式(4–21)。

$$q=\frac{\pi R_{i-j}^4(P_i-P_j)}{8\mu L_{i-j}} \tag{4–21}$$

式中：P_i 和 P_j 为孔隙 i 和孔隙 j 的压力；L_{i-j} 和 R_{i-j} 为连接孔隙和喉道的长度和半径；μ 为流体的动力黏度。

图 4–40 所示为典型“孔隙–喉道–孔隙”管道的尺寸和几何形状。若为了简化计算而忽略各半孔的压力损失，则由式(4–21)得到的总流量可推广为式(4–22)。

$$Q=g_{i-j}(P_i-P_j) \tag{4–22}$$

式中：g_{i-j} 为导管的水力传导度。

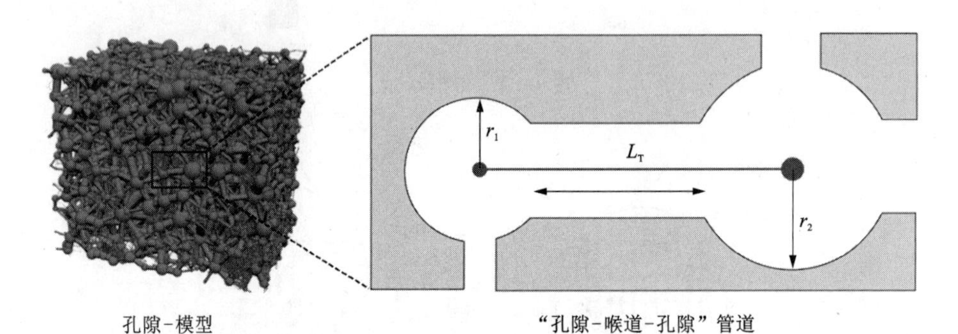

图 4–40 “孔隙–喉道–孔隙”管道示意图

根据达西定律可以计算得到渗透率，见式(4–23)。

$$k=\frac{Q\mu L}{\Delta PA} \tag{4–23}$$

式中：k 为渗透率，D；Q 为体积流量，m^3/s；μ 为流体的动力黏度，Pa·s；L 为试样的高度，m；ΔP 为进出口之间的流体压差，Pa；A 为试样的截面积，m^2。

渗透率和渗透系数换算公式为：

$$K=k\rho g/\mu \tag{4–24}$$

式中：K 为渗透系数，m/s；ρ 为流体密度，kg/m^3；g 为重力加速度，m/s^2。

根据式(4–21)～式(4–24)计算得到透水型再生水稳的渗透系数为 3.04 mm/s，满足《再生骨料透水混凝土应用技术规程》(CJJ/T 253—2016)要求(0.5 mm/s)。

4.4.3　再生水稳无侧限抗压强度试验的近场动力学模拟

作为一种水泥稳定类材料的基础力学实验，无侧限抗压强度试验可以较好地反映材料的强度及抗裂性能。本节将模型简化为单轴受压的二维平板，其几何模型如图 4-41(a)所示，通过在模型的上、下边缘分别添加厚度为 δ 的虚拟物质点来施加位移边界条件，如图 4-41(b)所示。该数值模型的具体计算参数如表 4-10 所示。本节首先研究再生水稳试样(再生骨料掺量 $R=0\%$)在低摩擦和高摩擦两种边界条件下的损伤和断裂情况。在低摩擦情况下，下边界竖直方向和旋转方向是固定的，水平方向是自由的，上边界是自由的。在高摩擦情况下，下边界是固定的，上边界除垂直方向外都是自由的。

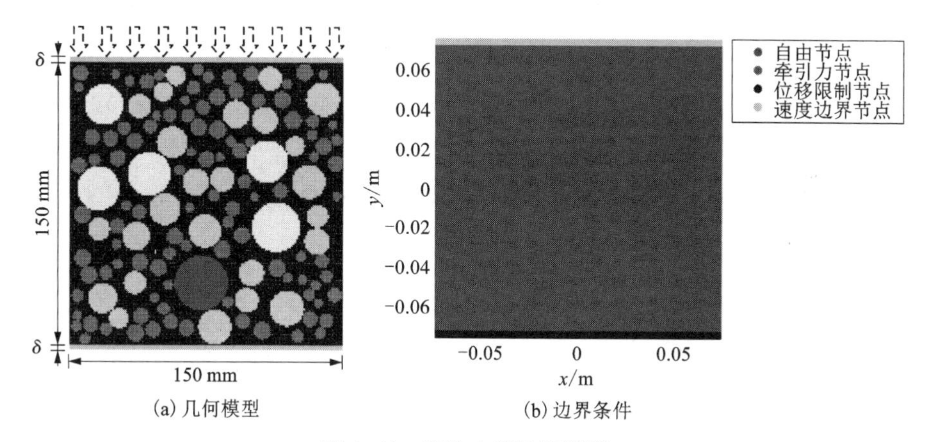

(a) 几何模型　　(b) 边界条件

图 4-41　再生水稳数值模型

表 4-10　近场动力学无侧限抗压强度试验模型的计算参数

参数	符号	数值
试样的宽度/mm	W	150
试样的高度/mm	H	150
物质点的尺寸/mm	Δx	1
近场范围半径/mm	δ	3
阻尼系数/($N \cdot s \cdot m^{-1}$)	γ	0.0
加载速率/($m \cdot s^{-1}$)	0.1	0.1
时间步长/s	Δt	1.0×10^{-7}
水泥的密度/($kg \cdot m^{-3}$)	ρ_m	2000
水泥的弹性模量/GPa	E_m	27

续表4-10

参数	符号	数值
水泥的泊松比	v_m	0.33
水泥的断裂能/(N·m^{-1})	G_m	2
骨料的密度/(kg·m^{-3})	ρ_a	2700
骨料的弹性模量/GPa	E_a	55
骨料的泊松比	v_a	0.33
骨料的断裂能/(N·m^{-1})	G_a	8.5
界面的弹性模量/GPa	E_i	$0.92E_m$
界面的断裂能/(N·m^{-1})	G_i	$0.82G_m$

水泥基质、骨料和界面过渡区(ITZ)的分布情况如图4-42所示。如果键的两个节点位于同一颗集料中，则该元素属于集料，因此键被分配为集料的材料属性。如果键的两个节点都位于所有骨料的外部，则水泥基质的材料属性分配给该单元。在其他情况下，键具有ITZ的材料特性。

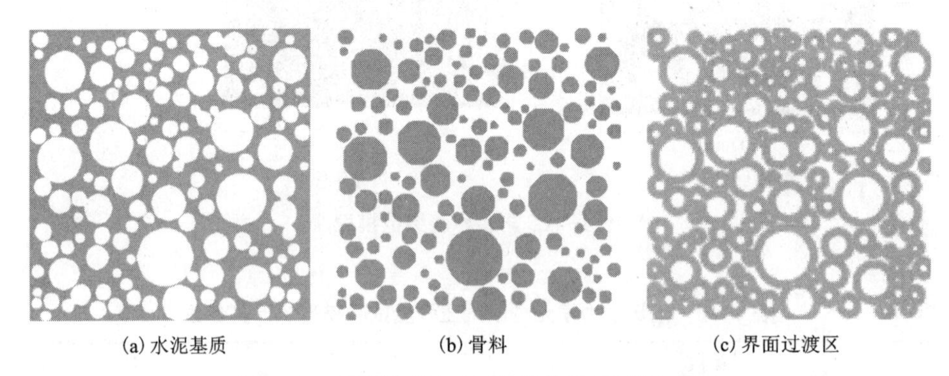

(a) 水泥基质　(b) 骨料　(c) 界面过渡区

图4-42　不同物相(不同种类的键)的空间分布

通过近场动力学模拟可以观察到单轴压缩荷载作用下混合料试样内部细观结构的演化过程，如图4-43所示。混合料细观结构的演化过程包括微裂纹的形成、裂纹的聚结、桥接和分枝。在试样两端施加位移，微裂纹首先出现在骨料附近，使骨料与周围的水泥基体分离。这是荷载-位移曲线在峰前阶段呈现出非线性关系的主要原因。随后，微裂纹沿着骨料与基体之间的界面聚并形成更大尺寸的裂纹。荷载-位移曲线的中间段主要是裂纹形成的结果。最后，裂纹经过水泥基体在骨料周围迅速扩展、桥接，从而产生许多裂纹分枝。裂纹桥接和裂纹分叉则是荷载-位移曲线峰后阶段的主要现象。

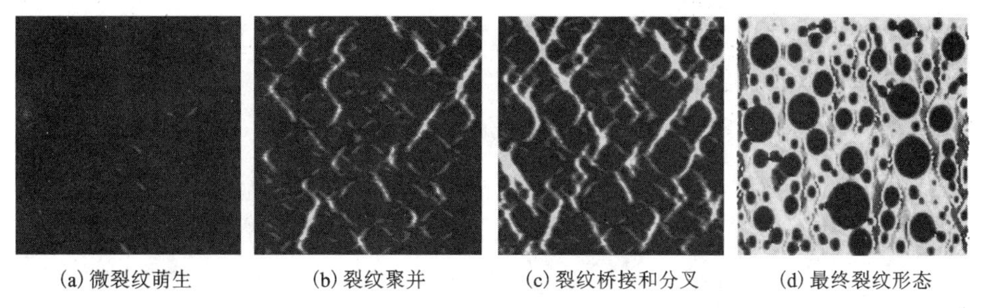
(a) 微裂纹萌生　(b) 裂纹聚并　(c) 裂纹桥接和分叉　(d) 最终裂纹形态

图 4-43　低摩擦边界条件下混合料试样内部裂纹的演化过程

对于不同边界条件下的无侧限抗压强度试验，可以观察到不同的裂纹形态，如图 4-44 所示。在低摩擦边界条件下，出现了弥散型裂纹带；在高摩擦边界条件下，发现了沙漏型裂纹模式。对于低摩擦边界，裂纹可以沿着最薄弱的路径在整个试样中自由扩展；对于高摩擦边界，裂纹只能被迫在不受高摩擦边界影响的区域生长。由于低摩擦边界条件下的裂纹演化过程更吻合室内试验现象，故在本节后续开展的混合料无侧限抗压强度试验和疲劳试验的近场动力学模拟中，均采用低摩擦边界条件。

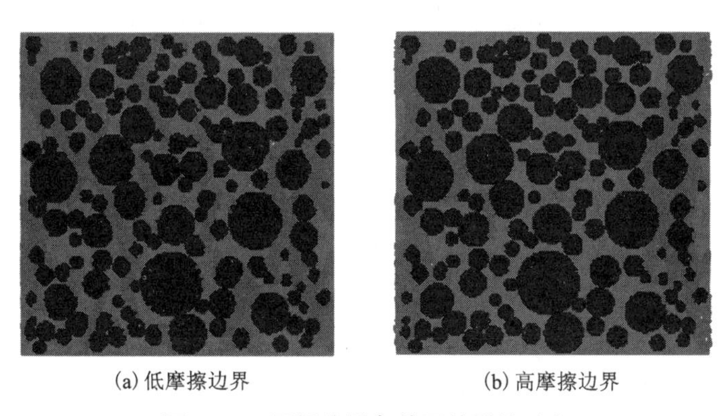
(a) 低摩擦边界　(b) 高摩擦边界

图 4-44　不同边界条件下的裂纹形态

(1) 加载速率对混合料无侧限抗压强度与损伤断裂行为的影响

已有研究表明，加载速率对颗粒破碎行为具有显著的影响。本节给出加载速率分别取为 0.5 m/s、0.1 m/s、0.05 m/s、0.01 m/s 和 0.005 m/s 时，由模拟得到混合料试样(再生骨料掺量为 0 %，二维情况下的孔隙率为 10 %)的最终断裂形态，如图 4-45 所示。

从图 4-45 可以看出，随着加载速率的不断减小，混合料试样的最终断裂形态由弥散型裂纹带向沙漏型裂纹模式转变。当加载速率为 0.1 m/s 时，由模拟得

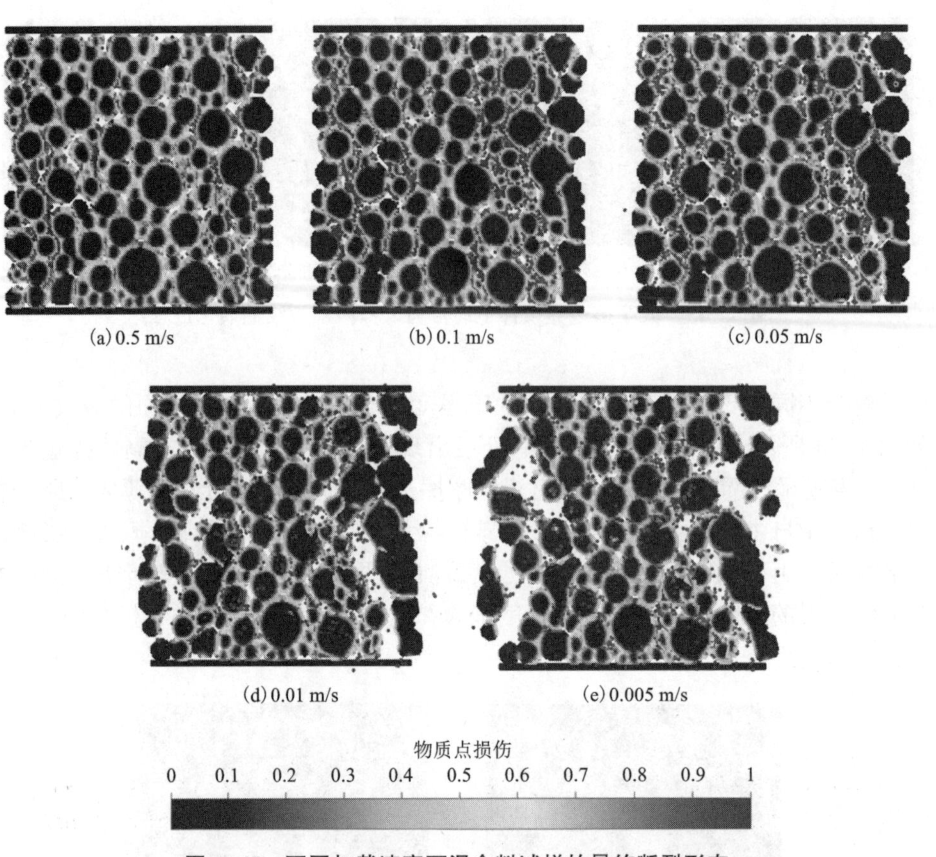

图 4-45　不同加载速率下混合料试样的最终断裂形态

到的荷载峰值为 17.41 kN，与先前开展的离散元模拟结果一致，且裂纹形态更吻合室内试验现象。因此，为了保证模拟过程的稳定性并尽可能提高模型的计算效率，在后续开展的无侧限抗压强度试验的模拟当中，加载速率被统一设置为 0.1 m/s。

2. 孔隙率对混合料力学性能与损伤断裂行为的影响

采用基于 *K* 近邻算法的非规则孔隙建模方法构建具有不同孔隙率的混合料数值试样，并定义基体填充比指标 S_m，用于表示混合料试样中水泥体积占孔隙体积的百分比，见式(4-25)。

$$S_m = \Phi_m / (\Phi_m + \Phi_v) \tag{4-25}$$

式中：S_m 为基体填充比，其值为粒间孔隙被水泥砂浆填充的比例；Φ_m 和 Φ_v 分别为水泥砂浆和孔隙的体积分数。

图 4-46 显示了二维情况下基体填充比与孔隙率的关系曲线。可以看出，在二维情况下，基体填充比与孔隙率呈显著的线性关系。随着基体填充比的不断减小，孔隙率不断增大。当基体填充比减小至 0. 33 时，水泥砂浆的作用机制由空隙填充(填充骨料之间的空隙并参与应力传递)转变为孔隙填充(仅黏结相邻的骨料颗粒)，宏观上表现为所有的水泥砂浆均裹覆在骨料颗粒表面，混合料试样内部存在数量较多的大体积孔隙，如图 4-47 所示。

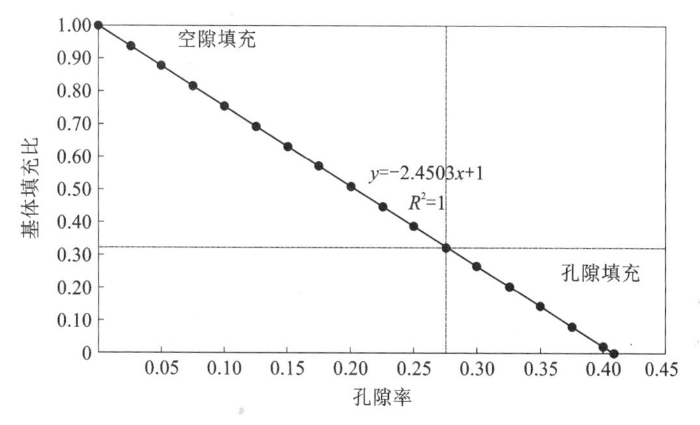

图 4-46　基体填充比与孔隙率的关系曲线

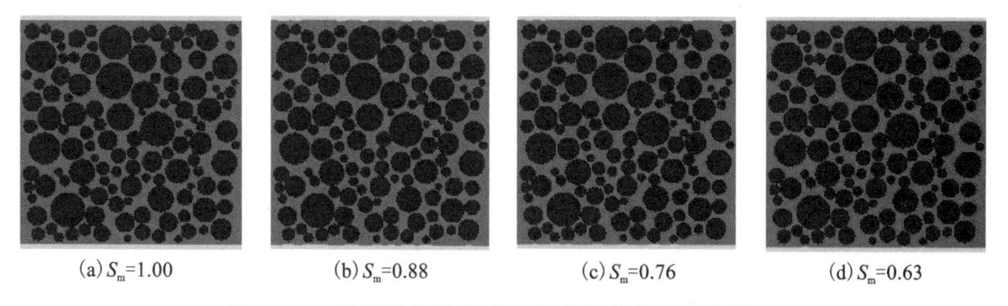

图 4-47　不同基体填充比下各物相的空间分布情况

图 4-48 和图 4-49 分别显示了不同基体填充比下孔隙的空间分布和体积分布情况。从图 4-48 可以看出，当基体填充比小于 1 时，受边界效应的影响，孔隙首先出现在试样的边缘处，随后试样内部开始出现体积较小的孔隙。由图 4-49 可知，随着基体填充比的减小，试样内部孔隙的数量不断增多，体积不断增大。当基体填充比进一步减小时，原本完全独立的小体积孔隙互相贯通形成体积更大的孔隙，表现为孔隙体积的最大值和平均值进一步增大，而孔隙的数量却略有减少，如图 4-50 所示。

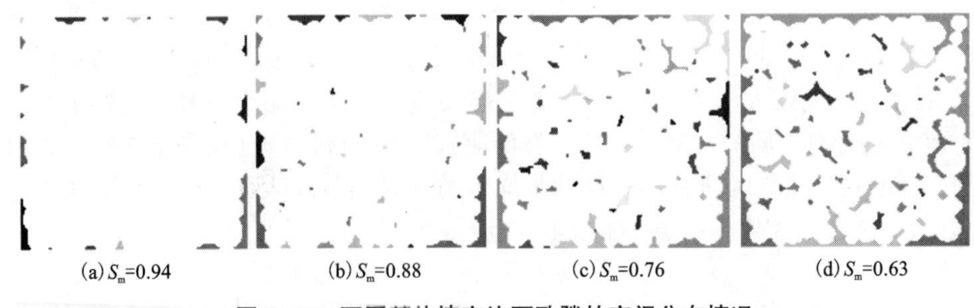

(a) S_m=0.94　(b) S_m=0.88　(c) S_m=0.76　(d) S_m=0.63

图 4-48　不同基体填充比下孔隙的空间分布情况

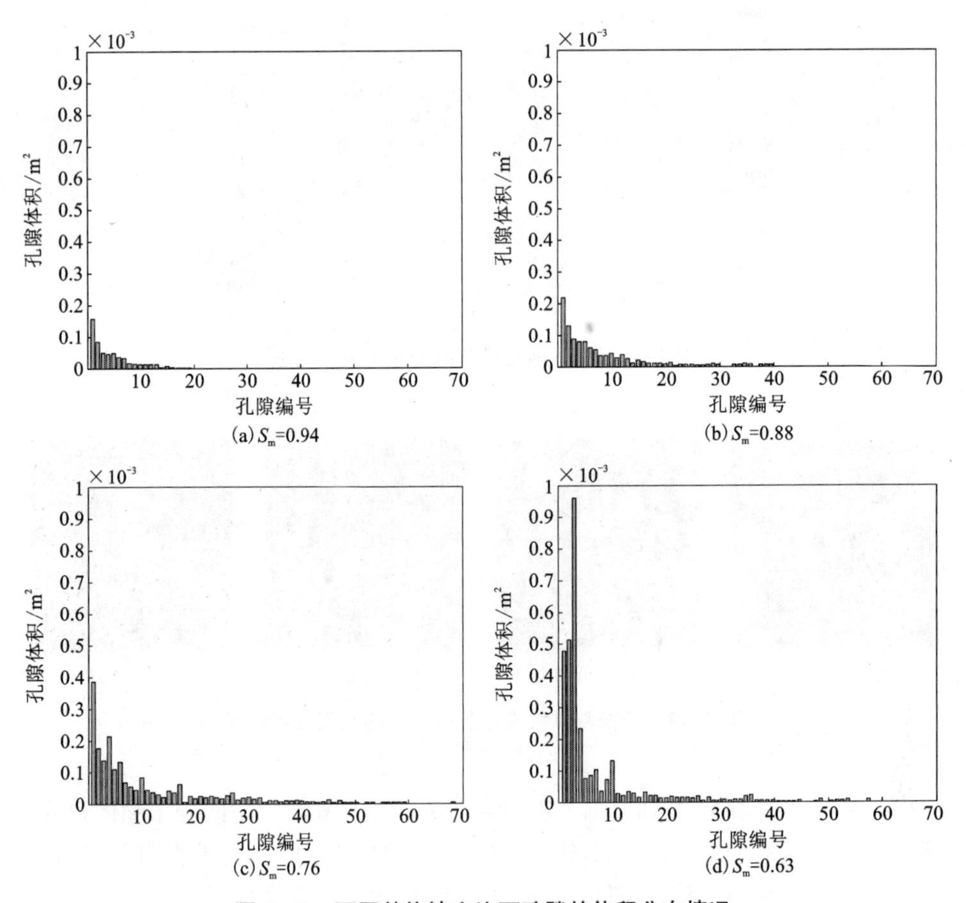

(a) S_m=0.94　(b) S_m=0.88　(c) S_m=0.76　(d) S_m=0.63

图 4-49　不同基体填充比下孔隙的体积分布情况

为了研究孔隙率对混合料力学性能和损伤断裂行为的影响，选取如图 4-51 所示的混合料试样(基体填充比分别为 1.00、0.88、0.76 和 0.63)开展无侧限抗压强度试验的近场动力学模拟。需要说明的是，此处不同混合料试样的再生骨料掺

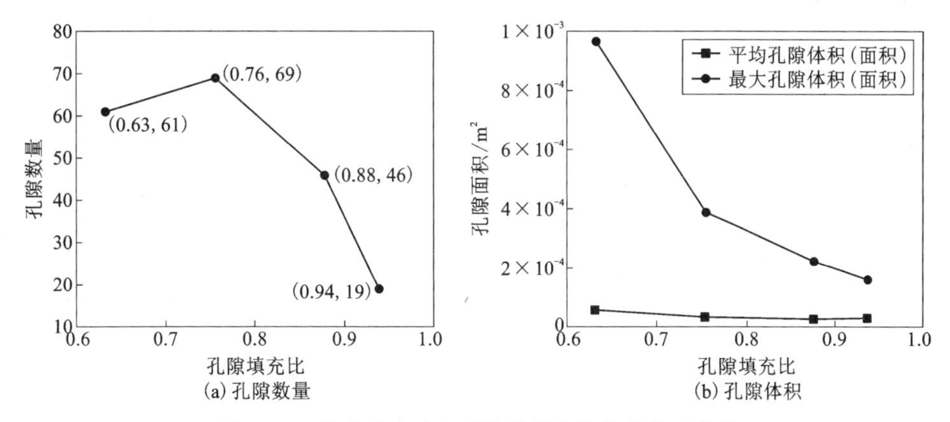

(a) 孔隙数量　　(b) 孔隙体积

图 4-50　基体填充比与孔隙数量和体积的关系曲线

量均设置为 60%，碎石、砂浆和红砖颗粒的比例根据试验结果分别取为 40%、43.64%和 16.36%。图 4-52 为由模拟得到的不同基体填充比下的荷载-位移曲线。当荷载减小为零时，试样发生完全破坏。从图 4-52 可以看出，随着基体填充比的减小，荷载-位移曲线的斜率与荷载峰值不断减小。值得注意的是，当 $S_m \geq 0.76$ 时，峰值荷载所对应的位移均约为 0.11 mm；当 $S_m = 0.63$ 时，峰值荷载所对应的位移变小，约为 0.07 mm；当 $S_m \leq 0.88$ 时，试样发生完全破坏时的位移均约为 0.14 mm；当 $S_m = 1.00$ 时，试样发生完全破坏时的位移约为 0.2 mm。这说明当基体填充比变化至 0.76 或 0.88 时，混合料试样在单轴压缩荷载作用下的损伤断裂行为发生了改变。

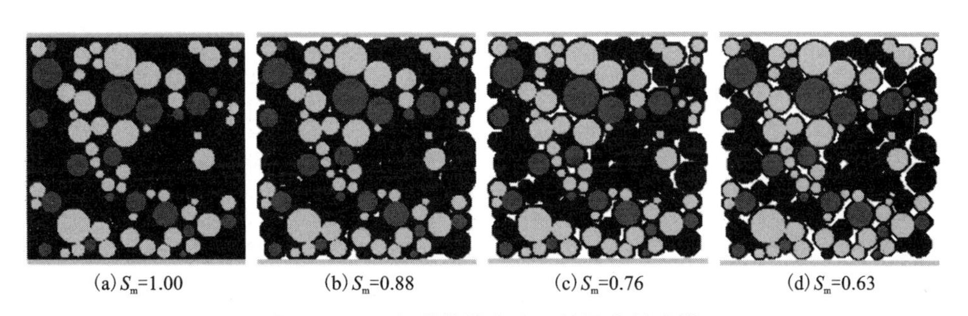

(a) S_m=1.00　　(b) S_m=0.88　　(c) S_m=0.76　　(d) S_m=0.63

图 4-51　不同基体填充比下的混合料试样

为进一步分析混合料试样在加载过程中的损伤特性，定义屈服点为应力-应变关系曲线偏离线弹性行为的点，该点所对应的应力为有效屈服强度。对于由屈服点之前的曲线拟合得到的线性回归模型，其调整后的 R^2 取得最大值，并定义

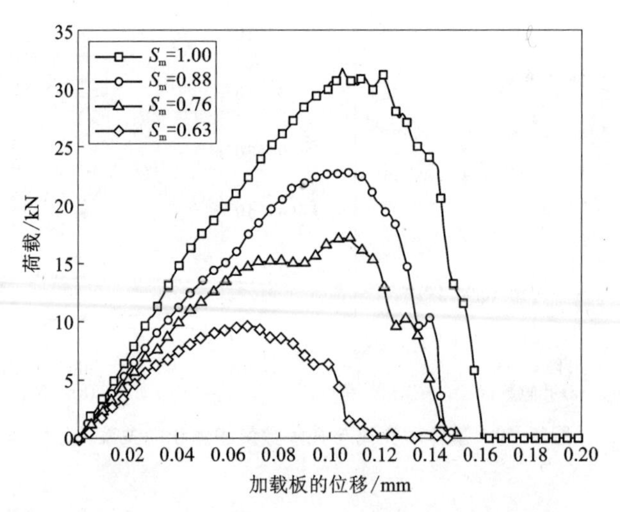

图 4-52　不同基体填充比下的荷载-位移曲线

该线性回归模型的斜率为有效模量。另外，定义破坏点为应力-应变曲线中的破坏点，该点所对应的应力为极限压缩强度。图 4-53 为基体填充比与无侧限抗压强度和压缩模量的关系曲线。从图 4-53 可以看出，随着基体填充比的增大，混合料试样的有效屈服强度、极限压缩强度和有效模量均随之增大。具体地，混合料试样的极限压缩强度与基体填充比之间呈现出明显的线性关系。此外，有效模量的变化趋势与极限压缩强度基本一致。然而随着基体填充比的增大，应力-应变曲线的屈服点不断远离破坏点。这说明当基体填充比较大时，微裂纹的形成阶

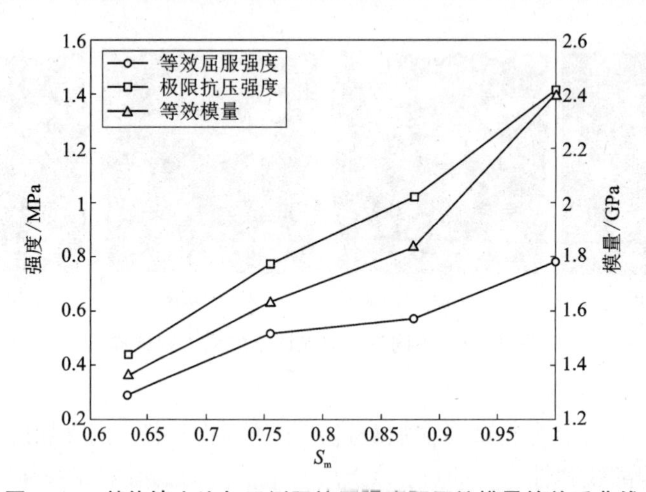

图 4-53　基体填充比与无侧限抗压强度和压缩模量的关系曲线

段较短，微裂纹可以充分地聚合成较大的裂纹。当基体填充比由 0.76 增大至 0.88 时，试样的有效屈服强度基本不变，而极限压缩强度明显增大，这可能意味着试样的损伤和断裂模式发生了转变。

为了更直观地表现试样损伤和断裂模式的转变，图 4-54 比较了具有不同基体填充比的试样在荷载达到峰值时的损伤云图。从图 4-54 可以看出，基体填充比对混合料的破坏形式具有明显的影响。当基体填充比为 1.00 时，位于试样左右两侧的骨料发生了较为明显的破碎；当基体填充比为 0.88 时，可以观察到局部的骨料破坏；当基体填充比减小至 0.63 时，试样内部几乎不存在骨料破碎的情

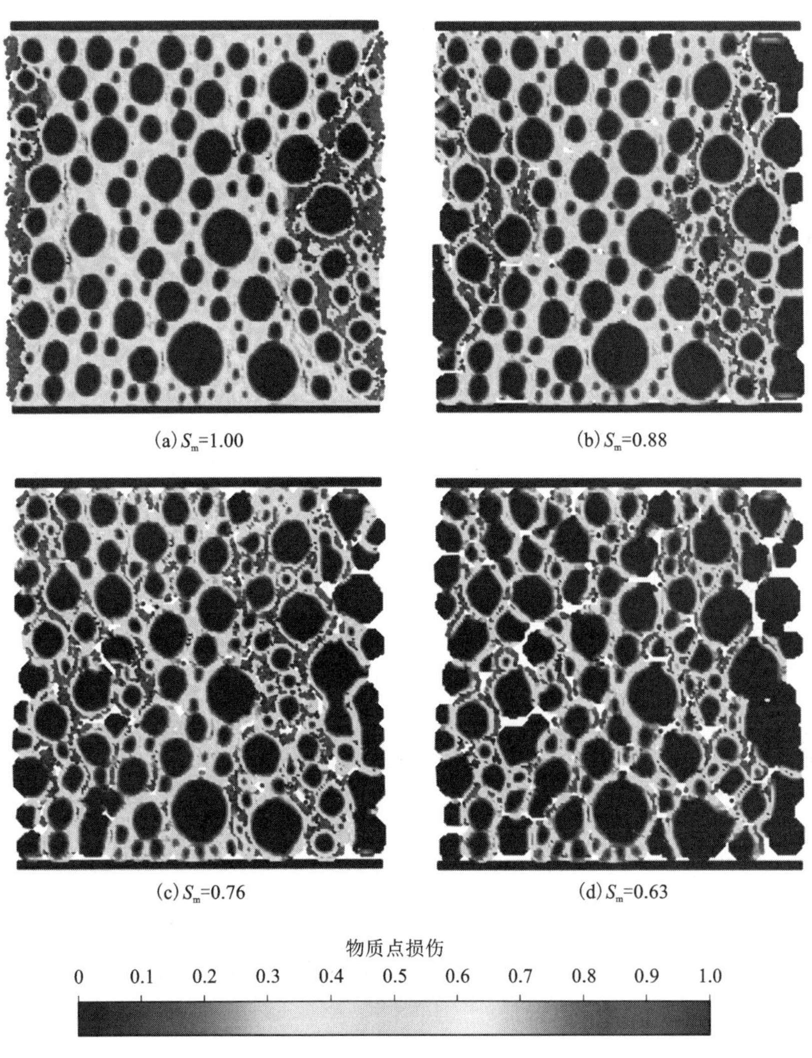

图 4-54　不同基体填充比下试样发生破坏时的损伤云图

况，但裂纹分叉现象较为明显。随着基体填充比的不断减小（孔隙率的不断增大），混合料的破坏形式发生了明显的变化，其原因在于当基体填充比较大时，水泥基体抵抗破坏的能力较强。由于骨料接触处易产生应力集中现象，故破坏主要发生在骨料周围；当基体填充比较小时，水泥基体抵抗破坏的能力较弱。

进一步地，图 4-55 比较了具有不同基体填充比的混合料试样在加载过程中的能量演化时程曲线。从图 4-55 中可以看出，随着基体填充比的增大，试样的应变能与动能的变化愈发平稳，说明对于基体填充比较大的混合料试样，其在荷载作用下的力学响应更为稳定。当基体填充比分别为 1. 00、0. 88、0. 76 和 0. 63 时，因试样发生破坏所释放的能量（根据能量守恒定律，系统的总内能等于应变能加上动能并减去外力做功）分别为 71. 71 J/m、28. 88 J/m、20. 47 J/m 和 4. 67 J/m。这进一步反映了基体填充比与混合料损伤断裂模式的对应关系。

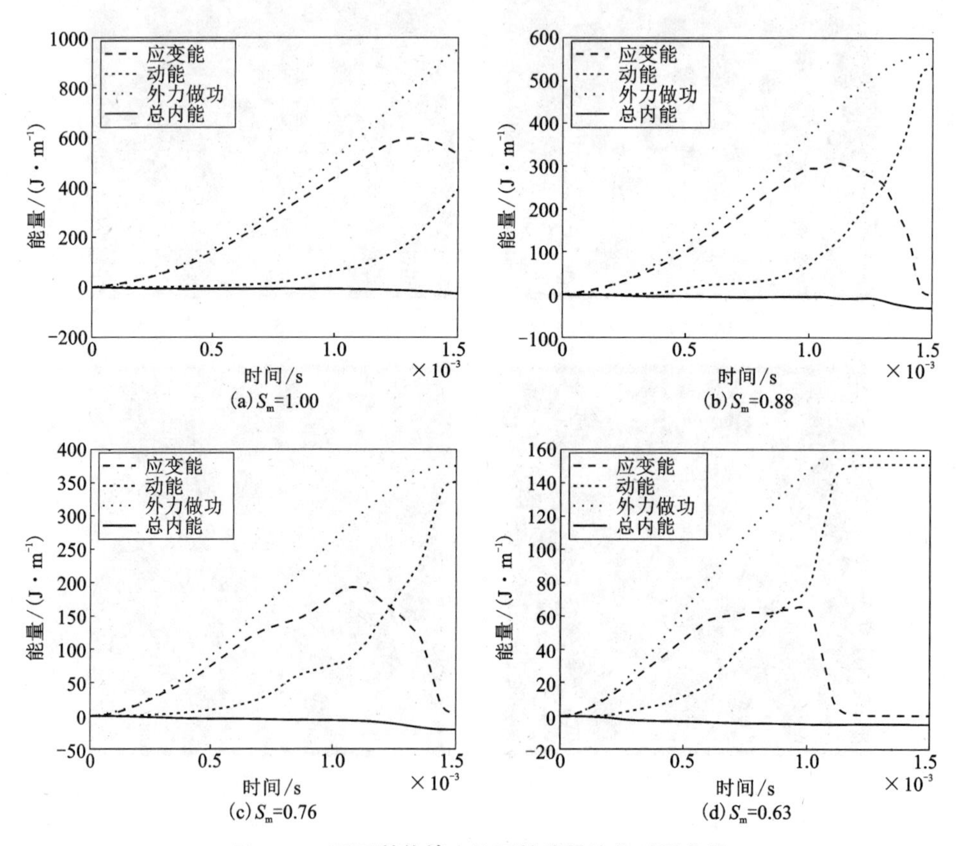

图 4-55 不同基体填充比下的能量演化时程曲线

3. 再生骨料替代率对混合料无侧限抗压强度与损伤断裂行为的影响

为研究再生骨料替代率对混合料无侧限抗压强度与损伤断裂行为的影响，基于蒙特卡洛算法建立具有不同再生骨料掺量(0%、10%、20%、30%、40%、50%、60%、70%、80%、90%、100%)的混合料数值试样，部分试样如图 4-56 所示(图中黑色区域代表水泥基体，深灰色区域代表碎石颗粒，浅灰色区域代表砂浆颗粒，中灰色区域代表红砖颗粒)。通过近场动力学模拟得到不同再生骨料替代率下的荷载-位移曲线和部分试样在破坏点处的损伤云图，分别如图 4-57 和图 4-58 所示。

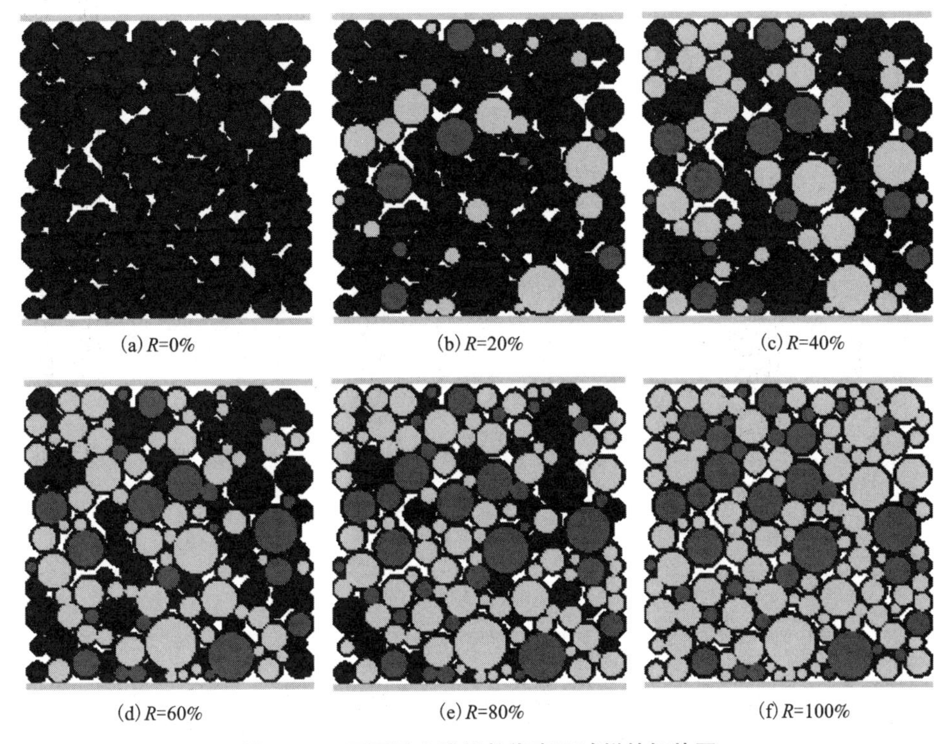

图 4-56　不同再生骨料替代率下试样的切片图

从图 4-57 可以看出，随着再生骨料替代率 R 的增大，荷载-位移曲线初始阶段的斜率和荷载峰值不断减小。值得注意的是，当 $R \leqslant 30\%$ 时，荷载-位移曲线初始阶段的斜率基本一致。从图 4-58 可以看出，随着再生骨料替代率的增大，再生骨料颗粒(尤其是红砖颗粒图中灰色区域)发生破碎的现象逐渐增多，然而破碎颗粒所处的位置并不完全固定。这说明颗粒相的空间分布很大程度上影响着应力集中状态，最终影响试样整体的断裂性能，通过改变颗粒(或孔隙)的分布状态可能会改变混合料的主要破坏模式。

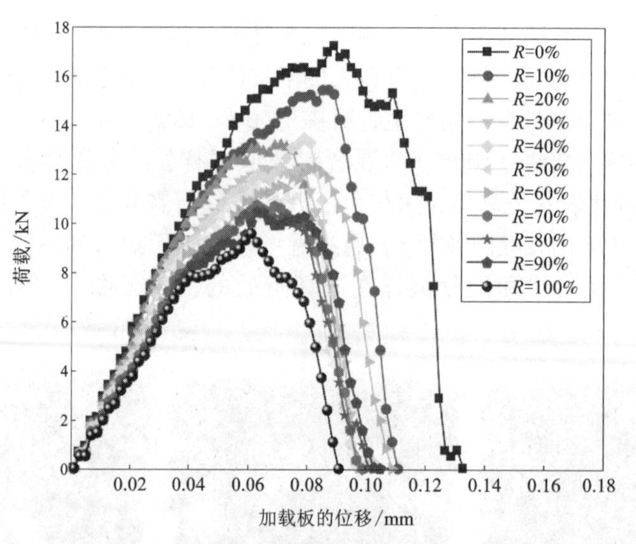

图 4-57 不同再生骨料替代率下的荷载-位移曲线

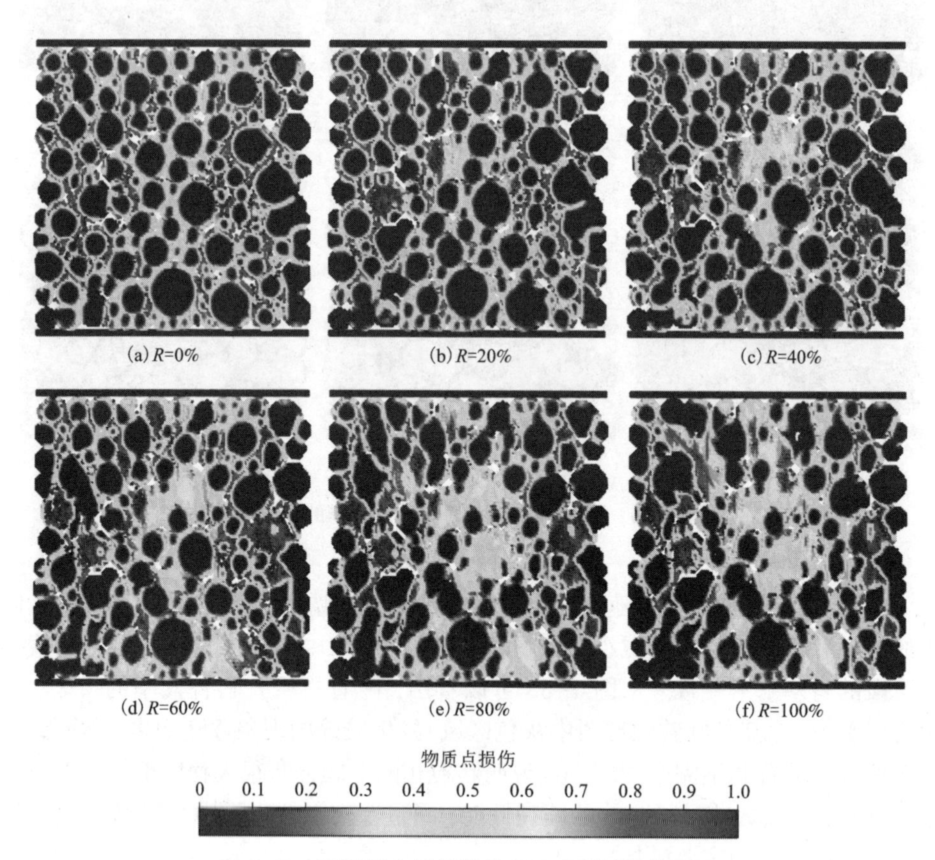

图 4-58 不同再生骨料替代率下试样的损伤云图

4.4.4　再生水稳混合料疲劳试验的近场动力学模拟

本节将首先介绍疲劳裂纹扩展的断裂力学模型，在此基础上建立近场动力学疲劳模型，并用于模拟不同循环荷载条件下再生水稳混合料的疲劳裂纹扩展过程。

1. 疲劳裂纹扩展的断裂力学模型

为了准确地描述疲劳裂纹扩展，研究人员将裂纹长度 a 对循环荷载作用次数 N 的变换率 $\mathrm{d}a/\mathrm{d}N$ 定义为疲劳裂纹扩展速率(即经过一个应力循环后构件内部所产生的裂纹扩展量)，并研究了诸多因素对疲劳裂纹扩展速率的影响，比如应力强度和加载频率等。已有研究表明，应力强度因子幅度 ΔK 是影响疲劳裂纹扩展速率的主要因素，为循环应力最大值 $\sigma_{\max}$ 和最小值 $\sigma_{\min}$ 对应的应力强度因子值之差，即

$$\Delta K=K_{\max}-K_{\min} \tag{4-26}$$

疲劳裂纹扩展速率可写为应力 σ、裂纹长度 a 和材料常数 c 的函数，见式(4-27)：

$$\frac{\mathrm{d}a}{\mathrm{d}N}=f(\sigma,\ a,\ c) \tag{4-27}$$

已知应力 σ 和裂纹长度 a，计算相应的应力强度因子幅度 ΔK，可绘制出 $\mathrm{d}a/\mathrm{d}N-\Delta K$ 的关系曲线，如图 4-59 所示。

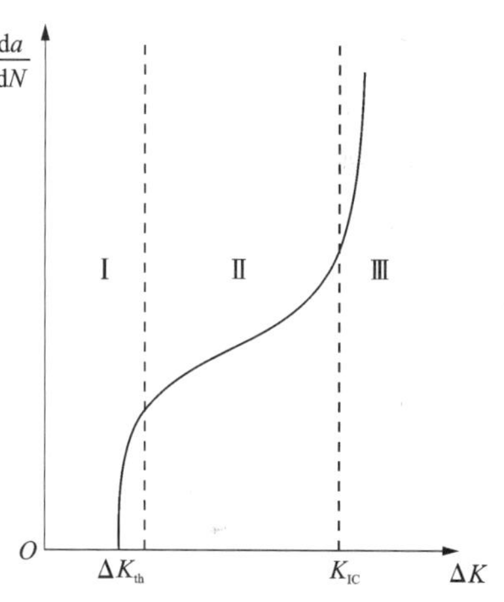

图 4-59　应力强度因子幅度与疲劳裂纹扩展速率的关系曲线

基于经典的线弹性断裂力学理论，Paris 和 Erdogon 提出了描述疲劳裂纹扩展速率的半经验公式：

$$\frac{\mathrm{d}a}{\mathrm{d}N}=C\Delta K^{M} \tag{4-28}$$

2. 近场动力学疲劳模型

Silling 于 2014 年首次提出适用于各向同性材料疲劳裂纹扩展的近场动力学疲劳模型。该模型引入一个新的损伤变量：键的剩余寿命 λ，通过类比 Paris 公式建立了键的剩余寿命 λ 与循环加载次数 N 的函数关系，如式(4-29)和式(4-30)所示。

$$\frac{\mathrm{d}\lambda}{\mathrm{d}N}=-A\varepsilon^{m} \tag{4-29}$$

$$\varepsilon=|s^{\max}-s^{\min}|=|(1-R)s^{\max}| \tag{4-30}$$

式中：N 为循环加载次数；λ 为键的剩余寿命，随着循环加载次数 N 的增加而逐渐减小，$\lambda(0)=1$，当 $\lambda(N)\leqslant 0$ 时键发生失效；ε 为键的循环应变；$s^{\max}$ 和 $s^{\min}$ 分

别为一个应力循环中键的伸长率的最大值和最小值；R 为应力比；A 和 m 为材料参数，需要通过拟合试验数据得到。

由此，在疲劳裂纹扩展的近场动力学疲劳模型中，描述键断裂情况的标量函数 μ 为：

$$\mu(t,\ \lambda)=\begin{cases}0,\ s>s_0\ \text{or}\ \lambda\leqslant 0\\1,\ \text{otherwise}\end{cases} \tag{4-31}$$

将模型中键的循环应变的最大值记为 ε_1，易知裂纹将从该键所处的位置开始萌生。将 ε_1 代入式(4-29)并对其进行积分，得：

$$N_1=\frac{1}{A_1\varepsilon_1^{m_1}} \tag{4-32}$$

将式(4-32)与 $\log\varepsilon-\log N$ 曲线中间近似为直线的部分进行拟合，可以得到裂纹萌生阶段的 A 和 m，记作 A_1 和 m_1，如图 4-60 所示。

在疲劳裂纹扩展阶段，假设裂纹在每个应力循环中依据恒定的扩展速率 $\mathrm{d}a/\mathrm{d}N$ 向前扩展，如图 4-61 所示，则处于裂纹尖端近场半径范围内(疲劳损伤区域)的键的循环应变和键的剩余寿命可写作如下形式：

$$\varepsilon(N)=\bar{\varepsilon}(z),\ \lambda(N)=\bar{\lambda}(z) \tag{4-33}$$

$$z=x-\frac{\mathrm{d}a}{\mathrm{d}N}N \tag{4-34}$$

$$\frac{\mathrm{d}\lambda}{\mathrm{d}N}=-A_2\varepsilon^{m_2} \tag{4-35}$$

式中：$\bar{\varepsilon}$ 和 $\bar{\lambda}$ 为与裂纹尖端相关的位置函数，$\bar{\lambda}(0)=0$，$\bar{\lambda}(\delta)=1$(代入特征值的结果，δ 为近场影响范围)；x 为沿着裂纹方向的空间坐标；$z=0$ 处的键为即将断裂的键，或称核心键；A_2 和 m_2 为材料参数。

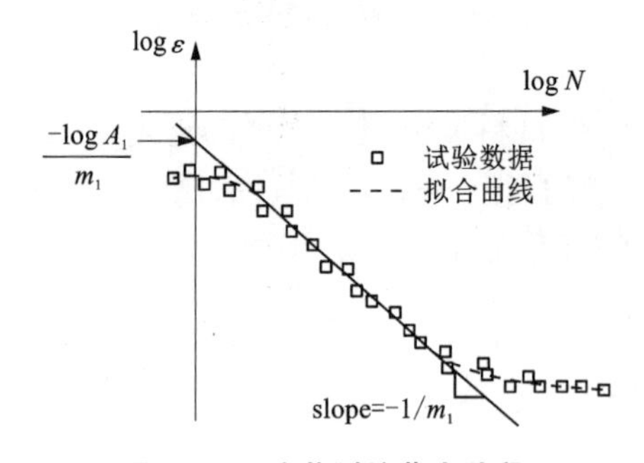

图 4-60 疲劳裂纹萌生阶段参数 A_1 和 m_1 的标定方法

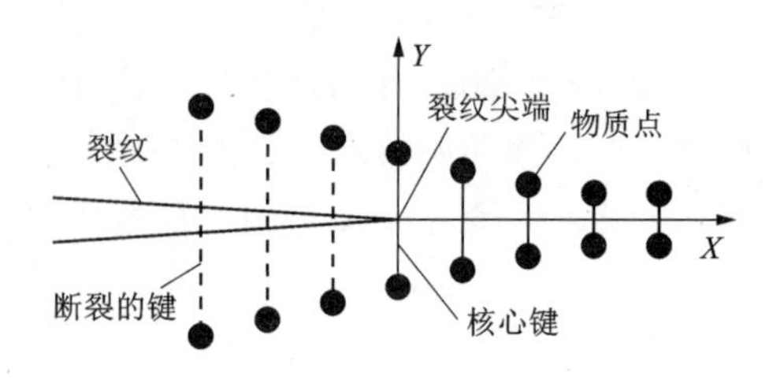

图 4-61 裂纹尖端附近的核心键(图中仅显示与裂纹路径垂直且对称的键)

刚好位于裂纹尖端近场半径范围内的键的剩余寿命可通过下列积分式计算得到：

$$\bar{\lambda}(\delta)=\bar{\lambda}(0)+\int_0^{\delta}\frac{\mathrm{d}\bar{\lambda}}{\mathrm{d}z}\mathrm{d}z=\bar{\lambda}(0)+\int_0^{\delta}\frac{\mathrm{d}\lambda}{\mathrm{d}N}\frac{\mathrm{d}N}{\mathrm{d}z}\mathrm{d}z \tag{4-36}$$

将式(4-34)和式(4-35)代入，可得：

$$\bar{\lambda}(\delta)=\bar{\lambda}(0)+\frac{A_2}{\mathrm{d}a/\mathrm{d}N}\int_0^{\delta}(\bar{\varepsilon}(z))^{m_2}\mathrm{d}z \tag{4-37}$$

将边界条件 $\bar{\lambda}(0)=0$，$\bar{\lambda}(\delta)=1$ 代入式(4-37)，可以得到：

$$\frac{\mathrm{d}a}{\mathrm{d}N}=\beta A_2\varepsilon_{\mathrm{core}}^{m_2} \tag{4-38}$$

式中：$\varepsilon_{\mathrm{core}}$ 为疲劳裂纹扩展阶段中键的最大循环应变，一般视为核心键的循环应变；β 为表示几何形状对应变分布影响的参数。

3. 基于循环块的疲劳损伤计算方法

对于本节所研究的高周疲劳问题，疲劳加载次数往往超过一万次，某些试验工况下甚至能达到近百万次。另外，为了保证数值计算的稳定性，时间步长的取值范围通常在 $10^{-8}\sim10^{-7}$ s，因此计算结构在每次疲劳荷载作用下的力学响应十分困难。考虑到近场动力学疲劳模型的计算效率，本节通过循环块方法实际循环加载次数 N 和虚拟仿真时间 n 之间的映射，从而还原整个疲劳加载过程。具体为一个循环块代表(一定的加载次数)ΔN(可称为循环间隔数)。在单个循环块内(即每 ΔN 次循环加载过程中)，认为键的循环应变值 ε 保持不变。当计算到下一个循环块时，根据上一个循环块结束时计算的循环应变来更新键的剩余寿命 λ。若采用固定的循环间隔数 ΔN(即循环间隔数不随循环加载次数发生变化)，则循环加载次数 N 与循环间隔数 ΔN 的关系可以表示为：

$$N=n\times\Delta N \tag{4-39}$$

式中：N 为循环加载次数；ΔN 为循环间隔数，即一个循环块所包含的循环次数；n 为循环块的数量。

循环间隔数越小，则完成整个疲劳加载过程所需要的循环块数量就越多，计算精度越高。当 $\Delta N=1$ 时，需要对结构的力学响应进行逐次计算，计算精度最高。当 $\Delta N>1$ 时，便可牺牲一定的计算精度来获得更短的计算时间。需要注意的是，在裂纹扩展初期，裂纹的扩展速率较慢，对应键的循环应变变化较小。若模型采用固定的循环间隔数，则会出现裂纹扩展初期计算效率不高，而裂纹扩展后期计算误差较大的问题。

为保证模型的计算精度并尽可能地提高计算效率，引入临界损伤因子 $D_{\min}$ 和 $D_{\max}$ 来控制循环间隔数 ΔN 在整个疲劳加载过程中的变化，计算流程如图 4-62 所示。具体地，将当前循环块结束时物质点 i 的损伤值记为 φ_i^{cur}，上一个循环块结束时物质点的损伤值记为 φ_i^{pre}，将前后循环块之间同一个物质点的损伤增量的最大值$\max_{x_i\in\Omega}(\varphi_i^{cur}-\varphi_i^{pre})$与临界损伤因子 D_{max} 进行比较，从而确定下一个循环块所对应的循环间隔数。若$\max_{x_i\in\Omega}(\varphi_i^{cur}-\varphi_i^{pre})>D_{max}$，则认为当前循环块的断键数过多以至于当前构型严重偏离平衡状态。为保证数值稳定，计算将回退至上一个循环块，待准静态解求解结束且该循环块所对应的循环间隔数减半后，可根据(4-40)重新计算键的剩余寿命以及物质点的损伤增量，直到满足$\max_{x_i\in\Omega}(\varphi_i^{cur}-\varphi_i^{pre})\leqslant D_{max}$，计算才可进入下一个循环块。

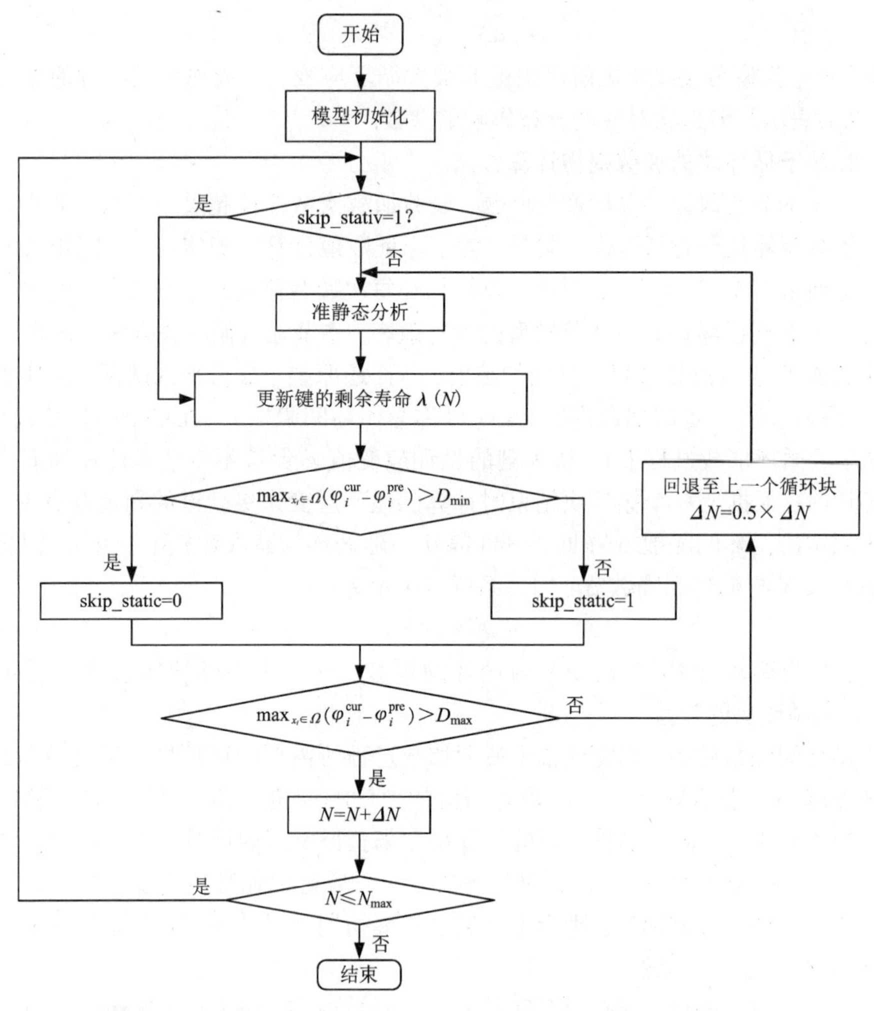

图 4-62　引入临界损伤因子后的近场动力学疲劳模型计算流程图

$$\frac{\lambda_{ij}^{n}-\lambda_{ij}^{n-1}}{N(n)-N(n-1)}=-A_2(\varepsilon_{ij}^{n})^{m_2},\ \lambda_{ij}^{0}=1 \tag{4-40}$$

式中：ε_{ij}^{n} 为第 n 个循环块中键的循环应变。

由于静态解的计算是近场动力学疲劳模拟中最耗时的部分，为了用尽可能少的静态求解次数得到较为准确的裂纹路径，可以通过比较 $\max_{x_i\in\Omega}(\varphi_i^{\mathrm{cur}}-\varphi_i^{\mathrm{pre}})$ 与 $D_{\min}$ 来决定是否可跳过重新计算静态解。若 $\max_{x_i\in\Omega}(\varphi_i^{\mathrm{cur}}-\varphi_i^{\mathrm{pre}})\leqslant D_{\min}$，则认为当前循环块较上一个循环块几乎没有发生新的损伤破坏，不需要重新计算静态解（即 skip_static = 1），根据上一循环块所得静态解来更新当前循环块中键的剩余寿命。

4. 应力水平对再生水稳混合料疲劳寿命和损伤的影响

再生水稳混合料试件疲劳试验的加载方式为四点弯曲加载，模型的尺寸和加载位置如图 4-63(a)所示。采用均匀离散方法对模型进行离散化处理，在 x 方向将材料离散为 400 个物质点，在 y 方向将材料离散为 100 个物质点；粒子间距 $\Delta x=0.001$ m，近场范围 $\delta=3\Delta x$，模型的边界条件如图 4-63(b)所示。一方面，受试验条件的限制，试验过程中未能获取应变-疲劳寿命曲线和疲劳裂缝扩展速率。另一方面，通过试验手段获取不同材料的疲劳参数十分困难。因此，本节参考已有文献，简单地假设三种应力比水平（应力比水平系数 K 分别为 0.55、0.75 和 0.85）下疲劳参数保持不变，通过试算选取不同疲劳阶段的疲劳参数，如表 4-11 所示。需要说明的是，由于两种材料组分之间的界面相比任一组分都更容易发生破坏，故本节简单地将碎石颗粒内部骨料键的初始剩余寿命设置为 1，将砂浆颗粒内部骨料键、红砖颗粒内部骨料键、基体键及界面键的初始剩余寿命按照其各自的临界伸长率成比例地设置为 0.6136、0.5423、0.4815 和 0.4393。临界损伤因子 $D_{\min}$ 和 $D_{\max}$ 分别取值为 0.03 和 0.1。循环间隔数 ΔN 设置为 50。其余计算参数与表 4-10 一致。

表 4-11　近场动力学疲劳模型中不同疲劳阶段的疲劳参数

疲劳阶段	疲劳参数	数值
Ⅰ	A_1	1.0×10^{12}
	m_1	4.0
Ⅱ	A_2	1.0×10^{7}
	m_2	3.0

在应力比水平系数 $K=0.85$ 的条件下，图 4-64 比较了室内试验观测与通过近场动力学模拟得到的透水型水稳混合料试件（再生骨料掺量 $R=0\%$）发生疲劳破坏时的代表性疲劳裂纹形态。需要说明的是，在近场动力学疲劳模型中，裂纹

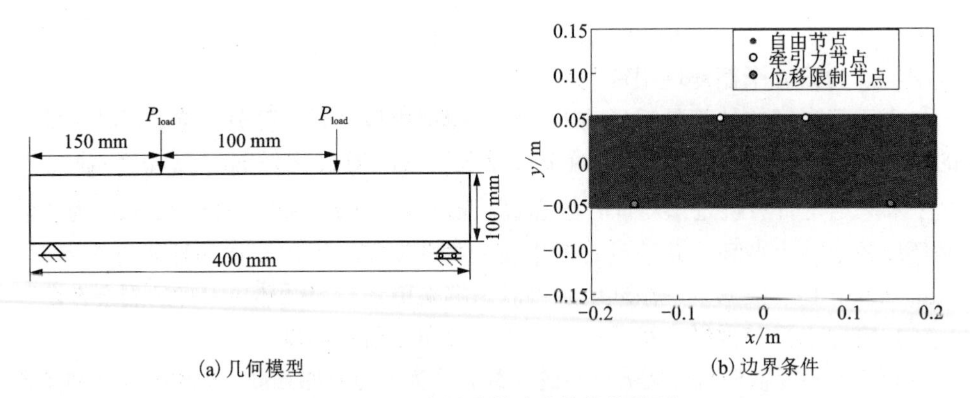

(a) 几何模型 (b) 边界条件

图 4-63 混合料疲劳试验的数值模型

由损伤指数大于 0.5 的物质点组成。从图 4-64 可以看出，近场动力学疲劳模型可以很好地模拟混合料在循环荷载作用下的疲劳裂纹扩展路径，可以进一步地用于分析混合料在不同加载条件(例如不同应力水平)下的疲劳损伤特性。

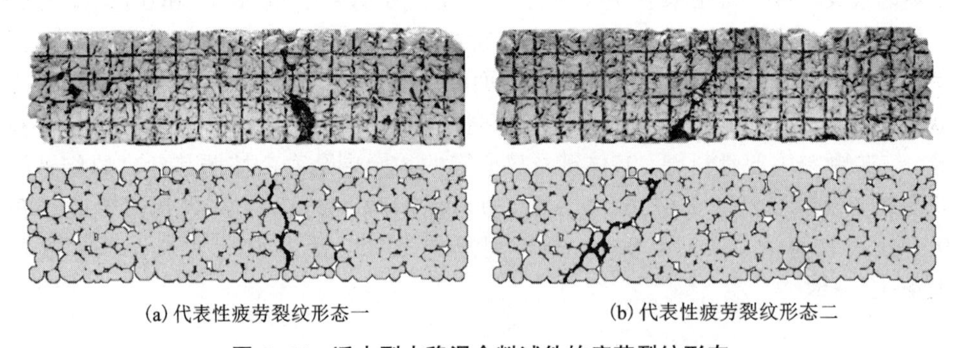

(a) 代表性疲劳裂纹形态一 (b) 代表性疲劳裂纹形态二

图 4-64 透水型水稳混合料试件的疲劳裂纹形态

图 4-65 显示了代表性密实型水稳混合料(再生骨料掺量 R 分别为 0%和 60%)试件内部骨料颗粒的空间分布情况(图中黑色区域代表水泥基体，深灰色区域代表碎石颗粒，浅灰色区域代表砂浆颗粒，中灰色区域代表红砖颗粒)。在应力比水平系数 $K=0.85$ 的条件下，再生骨料掺量 $R=0\%$的密实型水稳混合料的疲劳损伤演化过程图 4-66 所示。从图 4-66(a) 中可以看出，当加载次数达到 50 次，混合料内部开始出现损伤(键的伸长率超过临界伸长率)。损伤的起始位置在加载点附近以及试件底部跨中位置粒径较大的骨料和水泥基体间的界面处。随着加载次数的增加，混合料内部的损伤程度进一步增大。当加载次数达到 100 次，在试件底部可以观察到多处损伤，且损伤主要集中在骨料与水泥基体的

交界处。当加载次数达到 250 次，混合料内部出现应力集中现象，疲劳裂纹开始萌生(此时物质点损伤指数的最大值仍小于 0.5)，但尚未形成裂纹面，如图 4-66(b)所示。随着物质点损伤的进一步发展，微裂纹缓慢扩展。当加载次数达到 700 次，裂纹相互贯通并形成如图 4-66(c)所示的裂纹面，此时物质点损伤指数的最大值超过 0.5，此后计算进入疲劳裂纹稳定扩展阶段。当加载次数达到 2450 次，模型在准静态分析中无法达到平衡状态，此后疲劳裂纹处于失稳扩展阶段，试件最终被破坏，如图 4-66(d)所示。

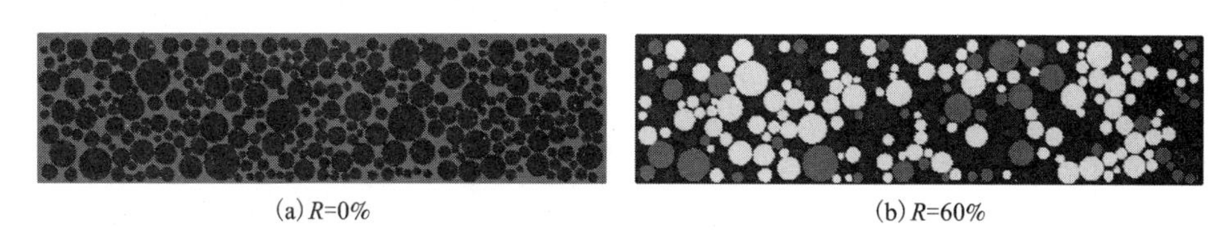
(a) R=0%　　(b) R=60%

图 4-65　代表性密实型再生水稳混合料试件

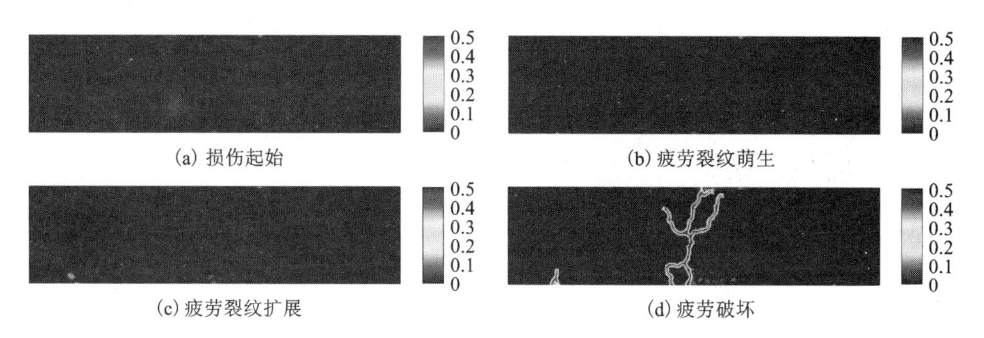

(a) 损伤起始　　(b) 疲劳裂纹萌生

(c) 疲劳裂纹扩展　　(d) 疲劳破坏

图 4-66　应力比水平系数 K=0.85 条件下密实型水稳混合料的疲劳损伤演化过程

在近场动力学疲劳模型进入疲劳裂纹扩展阶段前，由于物质点损伤指数的最大值始终小于 0.5，因此仅凭借物质点的损伤云图较难得出混合料在循环荷载作用下的疲劳损伤演化规律。本节借鉴非常规态型近场动力学对应模型中变形梯度的概念，根据键的变形计算得到混合料在疲劳加载过程中的应力云图，如图 4-67 所示。图 4-67 中左侧为横向应力，右侧为竖向应力；另外，应力为正表示受拉，应力为负表示受压。需要说明的是，图 4-67 仅显示未发生损伤(损伤指数 $\varphi=0$)的物质点。从图 4-67(a)、(b)和(c)可以看出，在加载过程中，梁顶部(两加载点之间的区域)和支座附近主要承受压应力，而梁底部(两支座之间的区域)主要承受拉应力，且随着加载次数的增加，混合料内部的应力逐渐增大。从加载点处出发，应力不断向支座处传递。在疲劳裂纹扩展阶段，混合料内部的应力呈梯形分布，如图 4-67(c)所示。在底部拉应力较高的情况下，骨料与基体间的界面处存在明显的应力集中现象，如图 4-68 所示。随着加载次数的进一步增加，裂纹失稳扩展，导致局部应力释放并重新分布，表现为底部横向拉应力和顶部竖向压应力减小，如图 4-67(d)所示。从图 4-69 可以看出，当混合料最终发生疲劳破坏时，在裂缝附近不仅有受拉损伤还有受压损伤，且底部的受拉损伤更大。此外，可以看到由于荷载的持续施加，底部左端支座处出现了较为明显的受压破坏。

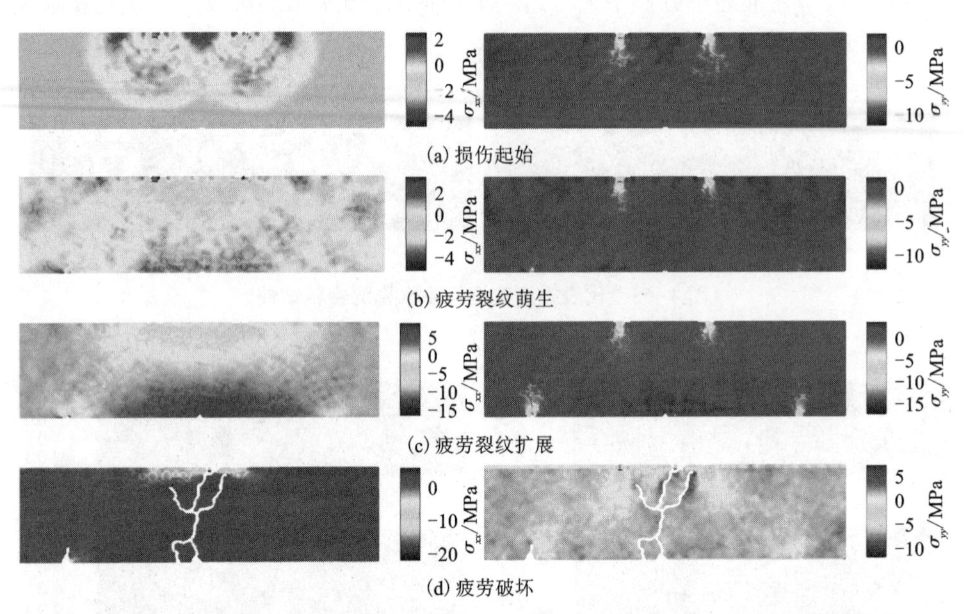

(a) 损伤起始

(b) 疲劳裂纹萌生

(c) 疲劳裂纹扩展

(d) 疲劳破坏

图 4-67　应力比水平系数 $K=0.85$ 条件下密实型水稳混合料内部的应力分布情况

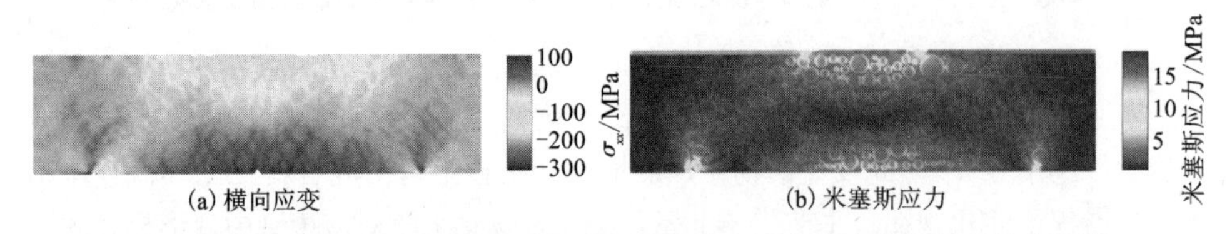

(a) 横向应变　　(b) 米塞斯应力

图 4-68　底部拉应力较高的情况下混合料内部横向应变与米塞斯应力的分布情况

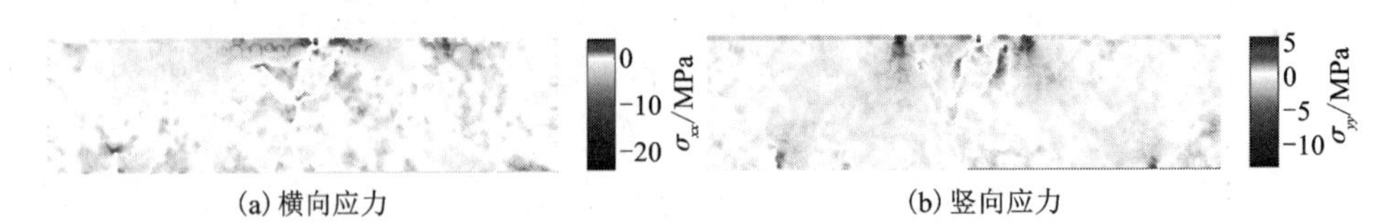

(a) 横向应力　　(b) 竖向应力

图 4-69　混合料发生疲劳破坏时试样内部应力的分布情况

图 4-70 比较了再生骨料掺量分别为 0%和 60%的代表性密实型水稳混合料的疲劳裂纹形态。与图 4-65 进行对比可以发现，当再生骨料掺量 $R=60\%$时，从梁底部萌生出的疲劳裂纹的数量较多，且裂纹不仅沿着骨料和基体间的界面发展，还径直地贯穿了再生红砖颗粒；而当再生骨料掺量 $R=0\%$时，可以观察到明显的裂纹桥接与分叉现象，裂纹形态较为曲折。此外，两个试件底部左端支座附近均发生了一定程度的损伤和破坏。

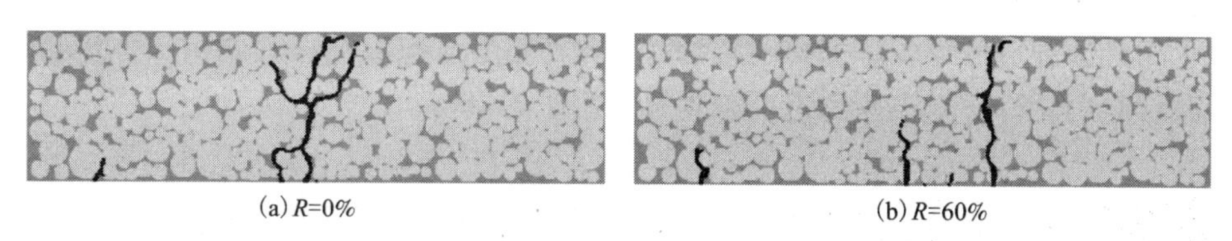

图 4-70　代表性密实型水稳混合料的疲劳裂纹形态

图 4-71 和图 4-72 分别显示了透水型水稳混合料(再生骨料掺量 $R=0\%$，60%)的 S-N 曲线及不同应力比系数($K=0.55$，0.75，0.85)下混合料发生疲劳破坏时的损伤云图。从图 4-71 可以看出，通过近场动力学疲劳模型计算得到的透水型水稳混合料的疲劳寿命与试验结果基本一致，透水型水稳混合料的疲劳寿命与应力比水平系数呈现出较为明显的半对数线性关系。根据近场动力学模拟结果拟合得到的疲劳方程见式(4-41)和式(4-42)，其可以进一步用于预测再生骨料掺量分别为 0%和 60%的透水型水稳混合料在不同应力水平条件下的疲劳寿命。从

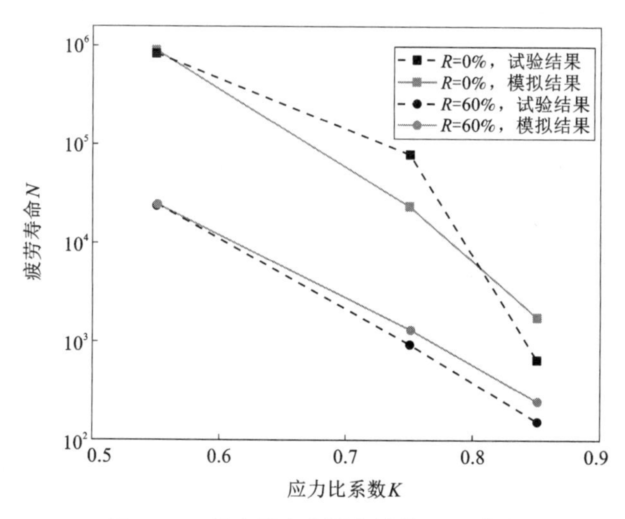

图 4-71　透水型水稳混合料的 S-N 曲线

图 4-72 可以看出，在不同应力水平条件下，透水型水稳混合料发生疲劳破坏时的损伤分布情况基本一致。对比图 4-70 可以发现，与密实型水稳混合料不同的是，透水型水稳混合料内部疲劳裂纹的数量较少，多为一条沿着同侧加载点与支座的连线发展的主裂纹或为一条靠近跨中的竖向裂纹。这是因为相较于密实型水稳混合料(孔隙率接近为零)，透水型水稳混合料内部孔边应力集中现象更为明显，故其疲劳裂纹主要沿着骨料与基体间的界面及孔隙边缘等薄弱面扩展。当再生骨料掺量 $R=60\%$时，随着应力比水平系数的增大，可以看到混合料内部发生了明显的颗粒破碎现象。值得注意的是，与密实型水稳混合料试件相比，透水型水稳混合料试件底部支座附近并未观察到明显的损伤。

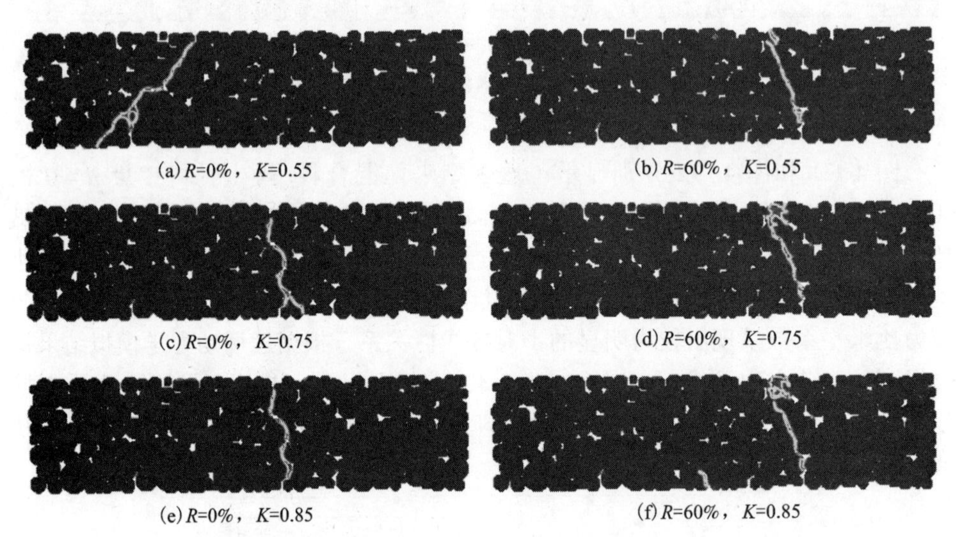

图 4-72　不同应力比水平系数下混合料发生疲劳破坏时的损伤云图

$$\lg N=10.85-8.84K,\ R=0\% \tag{4-41}$$

$$\lg N=8.07-6.64K,\ R=60\% \tag{4-42}$$

式中：N 为透水型水稳混合料的疲劳寿命；K 为应力比水平系数；R 为再生骨料掺量。

4.5　透水型再生水稳施工工艺研究

4.5.1　施工工艺流程

水泥稳定再生集料施工工艺流程如图 4-73 所示。

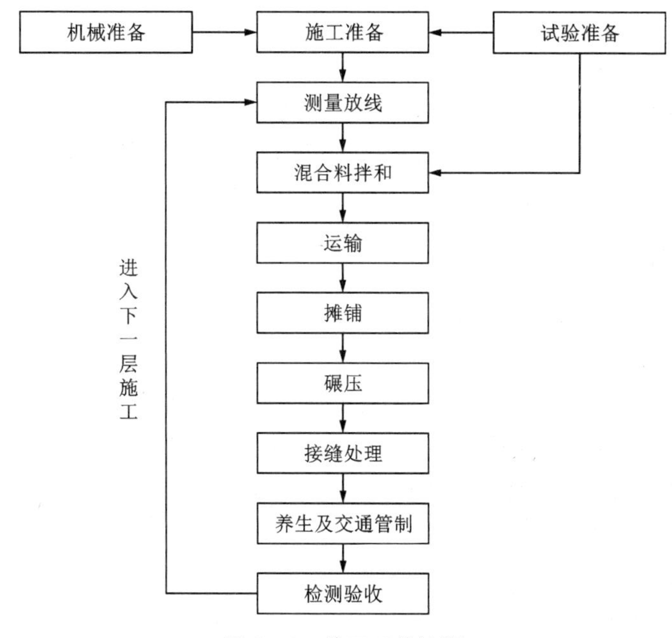

图 4-73　施工工艺流程

4.5.2　材料生产与运输

①再生骨料宜采取覆盖、遮挡和防护措施，分类堆放，各档粒径的贮料仓之间应设置 3 m 以上的浆砌圬工隔离墙，防止不同粒级材料混合，并安放标识牌予以明示；尽可能防止雨水对其淋湿浸泡，并应在堆料场周边设置边沟防止积水，在排水口的上游设置沉淀池，防止污水直排地下管井。

②拟掺入的结合料(水泥、掺和料等)、其他类型集料、填料，应分批次批量，按《公路路面基层施工技术细则》(JTG/T F20—2015)的规定检验合格后，分类妥善堆放。

③混合料拌和设备包括一级拌和缸和二级拌和缸，一级拌和缸与二级拌和缸成阶梯平行布置，之间设计过渡输送皮带，再生骨料与部分结合料在一级拌和缸中进行预拌和处理后，经过渡输送皮带投入二级拌和缸内与初拌后的天然集料、结合料混合，再经充分拌和均匀后得到混合料。

④拌和时应根据实际含水率，及时调整加水量，并严格控制结合料剂量。拌和过程应保证混合料拌和均匀，拌和时间应不小于 1 min。

⑤每次生产出料时应取样检查混合料是否符合设计的配合比，正常生产后，应安排专人不间断检查拌和情况(目测)，并抽检其配合比、含水量(每作业段或

每 1000 m^3 检验一次)。

⑥混合料装车时至少分 3 次装料(先装车厢前部，再后部，最后中部)，以尽量减小离析。卸料落差不应大于 2 m。

⑦应尽快将拌和好的混合料运送到铺筑现场，保证在容许的延迟时间内碾压完毕。车上的混合料必须用篷布覆盖(或车厢自带盖板装置)，以减少水分损失，同时防止运输过程混合料洒落。

4.5.3 摊铺与碾压

①摊铺过程中要保持摊铺机的速度恒定，摊铺速度控制在 2.0~3.0 m/min，且应保证连续。

②碾压时应先用钢轮压路机静压 1 遍，然后再平整度修正合格后再静压 1 遍，之后用重型胶轮压路机碾压 4~6 遍，用重型钢轮振动压路机静压 2~3 遍(为保证再生水泥稳定、材料透水性能满足要求，防止集料破碎后填充孔隙，禁止使用振动压实，加强重型轮胎压路机碾压揉搓)，直至压实度合格为止，最后静压收光。

③初压阶段碾压速度应控制在 1.5~2.0 km/h，复压与收光阶段碾压速度应控制在 2.0~2.5 km/h，全程应匀速碾压。

4.6 效益分析

透水型水泥稳定建筑垃圾再生骨料施工技术提出了适用于海绵城市建筑垃圾再生骨料最优掺配比设计方法和基于目标空隙率与混合料理论最大密度的配合比设计方法，在保证材料强度的前提下提高了再生骨料利用率。建筑垃圾再生骨料属于一种利用价值较高的材料，用其替代部分天然骨料应用于道路透水基层/底基层，能起到变废为宝的效果，具有较大的经济效益、降碳效益与环境效益。

4.6.1 经济效益

结合人工费、材料费、施工机械使用费及其他间接费用，表 4-12 展示的是两种透水基层的建造成本。其中，轻交通道路建筑垃圾再生透水水稳基层(水泥剂量 10%，再生料利用 70%，厚 20 cm)测算综合单价为 58.18 元/m^2，较透水水泥稳定碎石基层(水泥剂量 10%，厚 20 cm)测算综合单价 72.31 元/m^2 减少 14.13 元/m^2，降低 19.54%。

表 4-12　不同类型透水基层建造成本测算

工程名称		透水水泥稳定碎石基层(水泥剂量 10%，厚 20 cm)	建筑垃圾再生透水水稳基层(水泥剂量 10%，再生料利用 70%，厚 20 cm)	金额增减/元	减少幅度/%
定额直接费/元		4279.41	4201.33	−78.08	1.82
直接费/元	人工费	48.81	48.81	0.00	0.00
	材料费	5613.52	4326.25	−1287.27	22.93
	施工机械使用费	434.01	434.01	0.00	0.00
	合计	6096.34	4809.07	−1287.27	21.12
措施费/元		41.78	41.14	−0.64	1.53
企业管理费/元		129.00	126.61	−2.39	1.85
规费/元		36.22	36.22	0.00	0.00
利润(7.42%)/元		330.20	324.19	−6.01	1.82
税金(9%)/元		597.02	480.35	−116.67	19.54
金额合计/元		7230.56	5817.58	−1412.98	19.54
单价/元		72.31	58.18	−14.13	19.54

4.6.2　降碳效益

水泥稳定建筑垃圾再生骨料基层施工过程包括原材料生产及运输、混合料拌和、混合料运输、混合料摊铺及碾压等施工环节，在碳排放计算方面，与一般水泥稳定碎石的差异仅体现在原材料生产和运输阶段。参考行业内的建筑材料碳排放因子，计算出了每吨透水型水泥稳定建筑垃圾再生骨料和一般水泥稳定碎石在原材料生产和运输阶段的碳排放量，如表 4-13 所示。

表 4-13　不同混合料在原材料生产阶段的碳排放量

混合料类型	材料	水泥	天然骨料	再生骨料	水
	碳排放因子/($kg\ CO_2e \cdot t^{-1}$)	1000	30	13	0.168
透水型水泥稳定碎石	用量/t	0.087	0.865	0	0.048
	碳排放/kg CO_2e	87.00	25.95	0	0.01
	总量/kg CO_2e	112.96			

续表4-13

混合料类型	材料	水泥	天然骨料	再生骨料	水
	碳排放因子 /(kg $CO_2e \cdot t^{-1}$)	1000	30	13	0.168
透水型水泥稳定建筑垃圾再生骨料料(再生骨料掺量70%)	用量/t	0.083	0.248	0.578	0.091
	碳排放/kg CO_2e	83.00	7.44	7.51	0.02
	总量/kg CO_2e	97.97			

由表4-13的计算结果可知，1 t透水型水泥稳定碎石混合料在原材料生产阶段的碳排放量为112.96 kg CO_2e，1 t透水型水泥稳定建筑垃圾再生骨料在原材料生产阶段的碳排放量为97.97 kg CO_2e，降低碳排放约13.3%，降碳效益显著。

4.6.3 环境效益

将建筑垃圾资源化，用于道路工程，一方面可节约土地资源，另一方面将大大减少对环境的破坏与污染，减少对山体和河道的开挖，符合我国生态文明建设和绿色发展的战略部署，也将助推湖南省建筑垃圾资源化利用水平走在全国前列。

减少天然矿石开采。利用城市建筑垃圾与道路改扩建或大修过程中产生的固体废弃物代替天然矿石资源，可以大量减少天然矿石的开采，从而减少矿山开采引起的山体自然环境破坏、森林与植被毁坏、水土流失甚至山体滑坡、堵塞水道河沟等现象，避免形成一连串的人为灾难和环境隐患。

减少土地占用和污染。有研究表明，1万t建筑垃圾大约需要667 m^2 土地来填埋。同时，建筑垃圾中的有害物质还会造成对周围土壤的污染。建筑垃圾对土地的污染按照1.5倍填埋场面积计算，1万t建筑垃圾可污染1000 m^2 土地。每资源化利用100万t建筑垃圾，即可减少占用土地66667 m^2，减少污染土地10万 m^2。

减轻水污染和空气污染。一方面，建筑垃圾长时间堆放经雨水作用，其中有害物质随着雨水流入周边水域或地下管道，对周边地表和地下水造成污染。另一方面，建筑垃圾在堆放过程中经高温、水分作用，部分有机物质发生分解产生有害气体，污染大气。将建筑垃圾制备成道路材料或建筑材料，利用胶结材料对其进行固化，可减少甚至避免污染物的外泄，减轻水污染和空气污染。

4.7 本章小结

本章对透水型再生水稳的骨料颗粒破碎、材料组成设计、力学性能、耐久性能、工程压实特性等进行了详细的室内外试验研究，采用近场动力学数值模拟手段从宏细观角度深入研究荷载作用下透水型再生水稳的损伤特性与微细观结构演变规律，为再生透水路面基层材料在轻交通道路工程中的应用提供了试验基础和理论模型。获得的主要结论如下。

①经过室内试验发现大多工况类型透水型再生水稳 7 d 无侧限抗压强度大于 3.5 MPa，透水系数均大于 4 mm/s，满足我国重交通、高速公路及透水型道路使用规范要求，因此本研究设计的透水型再生水稳混合料满足我国轻交通道路应用场景的要求。

②基于威布尔分布原理及损伤理论建立了透水型再生水稳在四点弯曲应力作用下的疲劳寿命预估方程，试验结果表明该方程可较好地预估透水型再生水稳混合料在不同应力大小及破坏概率下的服役寿命。

③基于智能颗粒监测和现场压实测试，获取了透水型再生水稳骨料颗粒在不同压实机械下颗粒的运动规律，并通过分析压实前后骨料级配特征得到了透水型再生水稳混合料在现场压实过程中骨料颗粒的破碎特性。

④基于所建立的再生水稳混合料随机骨料模型，建立孔隙网络模型(球棍模型)。通过渗流模拟建立了混合料孔隙结构特征与渗透性能之间的联系，为建立考虑混合料细观结构特征的损伤力学模型提供了技术支持。

⑤开展了大量的再生水稳混合料无侧限抗压强度试验的近场动力学模拟，通过综合分析荷载-位移曲线、应力应变云图、键的断裂、物质点的损伤、裂纹的扩展及能量的演化过程明确了加载速率、空隙率、颗粒级配、界面特性及再生骨料掺量对混合料无侧限抗压强度和破坏形态的影响，从细观层面揭示了混合料在单轴压缩荷载作用下的损伤与断裂机制，包括基体塑性变形、基体与颗粒脱黏、基体开裂及颗粒破碎等。

⑥通过开展不同应力强度比水平下再生水稳混合料疲劳试验的近场动力学模拟，探究得到重复荷载作用下的疲劳损伤演化规律，将模型计算得到的裂纹扩展路径及 S-N 曲线与试验结果进行对比验证了本章所提出的近场动力学疲劳模型的有效性。

⑦建筑垃圾再生骨料属于一种利用价值较高的材料，用其替代部分天然骨料应用于道路透水基层/底基层，能起到变废为宝的效果，具有较大的经济效益、降碳效益与环境效益。

第 5 章 钢渣沥青路面表面层应用技术

5.1 技术背景

近年来我国城镇化在快速发展的同时，矿山等自然资源的消耗同样在急剧增长，资源短缺现象已经十分明显。钢渣作为炼钢的副产品，全国钢渣年产量约为1亿t(如图5-1所示)，约占粗钢产量的10%~15%，目前累计存储量已达12亿t。如何高附加值地利用钢渣，将其变废为宝是亟待解决的问题。

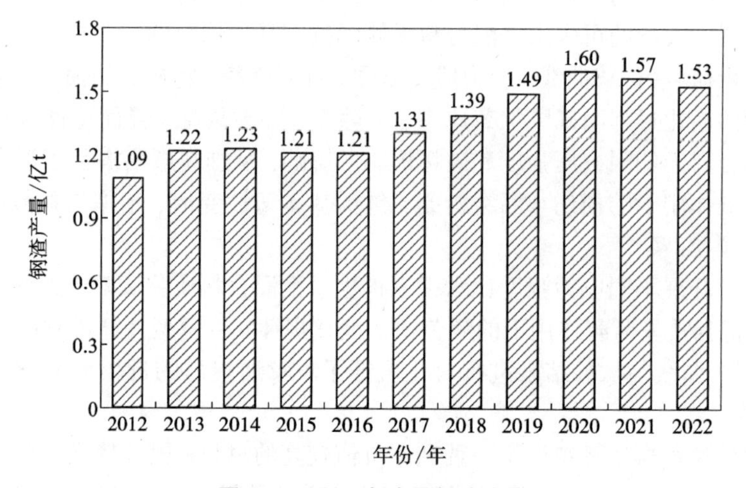

图 5-1　近 10 年全国钢渣产量

钢渣形成时温度高、时间短，其成分包括 f-CaO 和 f-MgO，上述两种物质遇水发生水化反应，造成体积膨胀；钢渣中的 C_2S(硅酸二钙)是一种多晶矿物，在钢渣冷却过程中，其晶型由 β 型向 γ 型转变，使体积增大。若不对其进行处理，直接将其应用于道路、建材等行业，可能会出现开裂现象。

钢渣的密度在 3.5 t/m^3 左右，是普通集料的 1.2~1.4 倍，这决定了在相同体积条件下，需要更多质量的钢渣。此外，不同区域、厂家炼钢产生的钢渣成分有差异，且物理力学性能也有所不同。这就对钢渣应用于道路工程时，提出了更高的原材料质量控制要求。

基于上述问题，拟开展钢渣原材料质量控制技术要求、钢渣沥青混合料关键技术研究、施工工艺优化及示范工程推广应用。

5.2　国内外研究现状

近年来我国工业在快速发展的同时，废弃物的量同样在急剧增长。其中钢渣作为炼钢过程中的副产品，其产量为粗钢产量的 10%～15%，每年全国钢渣年产量约为 1 亿 t，累计存储量已达 18 亿 t，引发了环境污染、占地过大、资源废置等一系列严重的问题，这与我国提倡的“绿色发展”理念相违背。如何高附加值地利用钢渣，将其变废为宝是亟待解决的问题。我国目前的公路改扩建正在大面积开展，对粗集料的需求也在增长，这为废弃钢渣资源的利用提供了良好的方向。

关于钢渣沥青路面技术的研究主要集中在钢渣安定性不良的解决方法以及钢渣沥青混合料路用性能提升方面。钢渣内部游离氧化钙和游离氧化镁的水化反应是造成体积安定性不良的主要原因，目前解决方法包括：首先，在钢渣熔融阶段采用工艺法或调质法进行活性物质调控。其次，对固化后的钢渣进行陈化处理，利用空气中的水分和 CO_2 进一步消解钢渣内部的游离氧化钙和游离氧化镁。吴少鹏在抑制钢渣集料体积膨胀方面进行了大量研究工作，发现酸碱中和法以及掺和料法对钢渣的体积膨胀抑制效果明显，能将钢渣的体积膨胀率降低 70%以上。为了提升钢渣沥青混合料路用性能，申爱琴基于灰靶决策理论确定了钢渣最佳掺量。刘黎萍等同样使用钢渣及钢渣粉对上面层的 AC-13 沥青混合料进行了配合比设计，对钢渣沥青混合料进行了一系列试验工作，如高温稳定性、低温抗裂性、水稳定性和弯曲疲劳性能，结果表明钢渣沥青混合料的各性能比传统沥青混合料的更好。卢发亮等通过大量试验确定了 AC-20 钢渣沥青混合料的最佳级配结构，并通过检测钢渣的各种物理化学性质确定了其能作为路用骨料。上述试验研究表明钢渣的力学性能优良，表现为耐磨、坚固、针片状含量小，可以用于替代沥青混合料中的玄武岩、辉绿岩，能够节省大量的天然石料。

已有的试验研究表明钢渣沥青混合料的路用性能指标普遍优于常规沥青混合料，故仅对配合比设计提出了一定的改良建议，但对于钢渣多孔特性对沥青混合料性能的影响的研究较少。基于离散元方法的钢渣沥青混合料的研究较少，且少有人对钢渣的多孔特性进行分析，多孔结构对钢渣沥青混合料低温抗裂性能的影响的研究也较少。由于钢渣孔隙率大，其断裂力学行为相较于普通碎石会有较大差异，且其可吸收更多的沥青。若钢渣孔隙未充分吸收沥青对钢渣沥青混合料性能影响的细观机理就不能得到充分揭示。

首先，针对上述不足，本章将构建可以体现钢渣开口孔隙及各细观界面的精细化钢渣沥青混合料 DEM 模型，研究可破碎钢渣颗粒及其多孔特性对钢渣沥青混合料低温抗裂性能的影响机理。其次，将研究不同孔隙率钢渣及孔洞内未填充沥青的极端条件对钢渣沥青混合料虚拟试样低温抗裂性能的改变，从而量化分析钢渣多孔特性对试样整体强度和细观断裂性能的影响规律及控制作用，为钢渣沥青混合料拌和工艺的优化设计提供理论指导。

5.3 钢渣单颗粒破碎试验与近场动力学模拟

5.3.1 钢渣颗粒形学态分析与单颗粒破碎试验

钢渣颗粒的形状复杂、表面粗糙多孔，其力学特性与常规沥青粗集料存在较大差异，为了探究钢渣在单轴压缩荷载作用下的破碎特性并对钢渣颗粒物理力学参数进行标定，分别采用颗粒材料形态获取与分析方法和如图 5-2 所示 MTS 试验系统对 37 颗粒径为 9.5~13.2 mm 的钢渣颗粒进行了形态分析与单颗粒破碎试验，并开展了与之配套的近场动力学模拟研究。

图 5-2　MTS 试验系统

开展单颗粒破碎试验前，首先采用 4.4.1 节中介绍的 OKIO 系列蓝光三维扫描仪对试验选取的 37 颗钢渣颗粒进行了扫描，并建立了钢渣颗粒的真实形状模型来进行形态分析，以及用于后续对单颗粒破碎试验数据的处理与近场动力学模拟研究。扫描所得不同角度颗粒表面形貌数据与拼接后的钢渣真实三维数字化模型如图 5-3 所示。由此可见，4.4.1 节中介绍的颗粒形态获取方法能够较清晰地表征钢渣颗粒的多孔特性。

进一步基于形态分析所得的长细比 $EI=I/L$ 和扁平度 $FI=S/I$，可将钢渣颗粒按照形状指标划分为盘状、块状、条状和刀片状四种颗粒形状。钢渣颗粒的形状分类结果如图 5-4 所示，其中Ⅰ、Ⅱ、Ⅲ、Ⅳ区域分别对应以 $EI=2/3$ 与 $FI=2/3$ 为分界线的Ⅰ-盘状、Ⅱ-块状、Ⅲ-条状、Ⅳ-刀片状四种颗粒形状。通常沥青常规集料

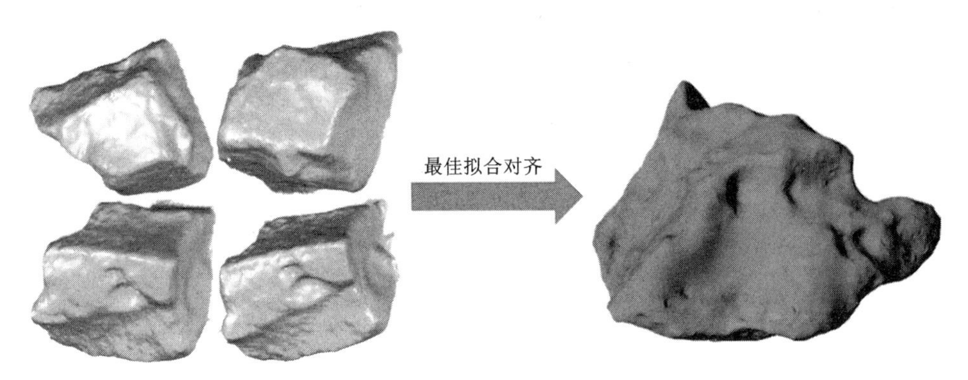

图 5-3　扫描所得不同角度颗粒表面形貌数据与拼接后的钢渣真实三维数字化模型

中块状、条状、盘状三种形状的颗粒数量相差不大，刀片状颗粒较少，但钢渣颗粒主要集中于块状颗粒，其余三种颗粒形状中，盘状颗粒较多，而条状与刀片状颗粒很少。

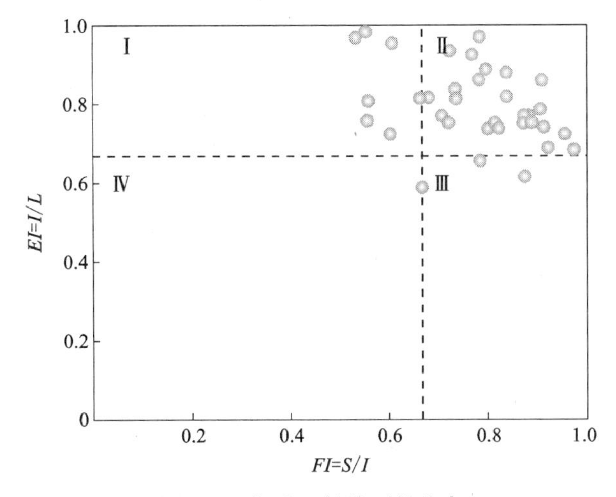

图 5-4　钢渣颗粒的形状分布

进行钢渣单颗粒破碎试验时，首先调整颗粒位置使其在放置台上保持稳定，加载速率设置为 0.3 mm/min，并记录荷载-位移曲线，当荷载-位移曲线有明显下降或钢渣颗粒出现明显的主体裂纹时停止加载。图 5-5 中展示了钢渣单颗粒破碎试验的荷载-位移曲线，其中，粗实线为钢渣单颗粒破碎荷载-位移曲线的典型结果，其峰值荷载与破碎时加载板位移接近该所有颗粒的平均值。可见，试验钢渣单颗粒平均破碎荷载在 3 kN，平均加载板位移为 0.6 mm，但由于钢渣颗粒为典型的多孔材料，其形态差异大且内部结构十分复杂，故试验所得荷载-位移曲线离散性较大。

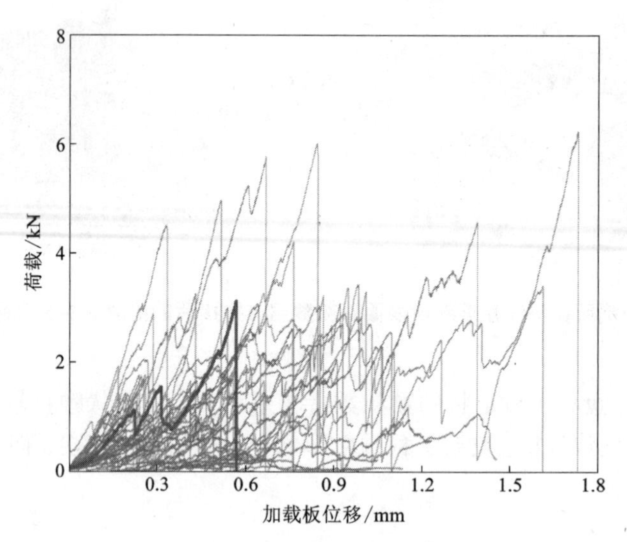

图 5-5 钢渣荷载-位移曲线

5.3.2 钢渣单颗粒破碎强度的统计分布规律

本研究采用 Weibull 模型对单颗粒破碎试验所得钢渣单颗粒破碎强度的统计分布规律进行了分析，McDowell 等先表明 Weibull 模型可用于颗粒破碎强度的统计分析，其表达式见式(5-1)。

$$P_s = e^{-(\sigma_c/\sigma_0)^m} \tag{5-1}$$

式中：σ_c 为每个再生骨料颗粒破碎时承受的强度；存活率 P_s 为在 σ_c 的应力作用下，颗粒未破碎的概率，即在应力 σ_c 作用下未发生破碎的颗粒数与颗粒总数的比值；σ_0 为粒径为 d_0 时颗粒存活率为 37%所对应的颗粒破碎特征强度，如图 5-6 所示，本研究中钢渣颗粒破碎特征强度为 15.7 MPa；m 为 Weibull 模量，一个与材料本身性质有关的经验常量，m 值越大，颗粒强度的离散性越小。

其中，再生骨料颗粒破碎时承受的强度 σ_c 可按式 5-2 计算：

$$\sigma_c = \frac{F_d}{d^2} \tag{5-2}$$

式中：F_d 为再生骨料颗粒的破碎荷载，本研究中选取颗粒压缩曲线上的最大峰值点作为破碎点，取此时对应的荷载作为破碎荷载；d 为再生骨料颗粒特征直径，本书选用通过形态分析得到的颗粒短轴长度作为再生骨料颗粒的特征直径。

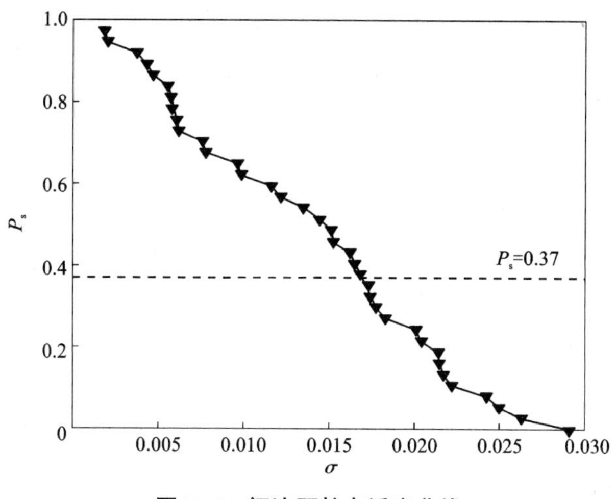

图 5-6　钢渣颗粒存活率曲线

将式(5-1)两边同时取二次自然对数得到式(5-3)：

$$\ln\left[\ln\left(\frac{1}{P_s}\right)\right]=m\ln\left(\frac{\sigma_c}{\sigma_0}\right) \tag{5-3}$$

根据式(5-3)，可以看出在双对数坐标系中颗粒破碎强度与颗粒存活率的倒数能够呈现出线性关系。图 5-7 为钢渣颗粒破碎强度的 Weibull 拟合线。

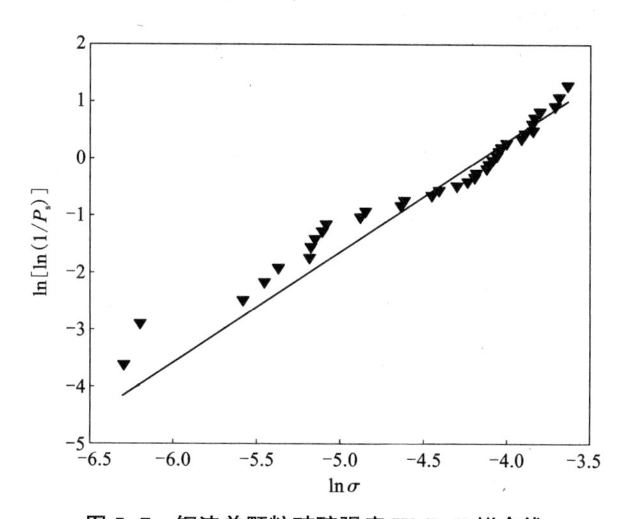

图 5-7　钢渣单颗粒破碎强度 Weibull 拟合线

由图 5-7 可知，除了低应力区的部分数据点偏离拟合线，其他数据点均在拟合线附近，且呈现出较好的线性关系，这表明钢渣的单颗粒破碎强度基本符合Weibull模型，拟合优度 $R^2=0.9630$。其中，拟合线斜率的绝对值即为Weibull模量 m 的值，而特征强度 σ_0 可由拟合线与 x 轴的截距得出，最终拟合所得的单颗粒破碎强度拟合参数Weibull模量 $m=1.9380$，特征强度 $\sigma_0=0.0157$ GPa。其中，与其他学者针对钙质砂、堆石料等材料的单颗粒破碎强度开展的研究相比，钢渣表征强度离散性的Weibull模量 m 偏小，这表明钢渣的单颗粒破碎强度离散性比常见的天然颗粒材料的更高。

5.3.3 钢渣单颗粒破碎近场动力学模拟

为了确定钢渣颗粒杨氏模量 E、临界能量释放率 Gc 等材料参数，并进一步探究钢渣颗粒破碎模式，选取了球形度较高且表面开口孔隙相对明显的块状钢渣颗粒开展了与单颗粒破碎试验配套的近场动力学模拟研究。

首先，采取体素化离散方案将颗粒离散为若干尺寸为 $dx\times dx\times dx$ 的立方体，选择每个立方体的中心作为物质点坐标，建立考虑颗粒真实形状的钢渣颗粒物质点模型用于模拟单轴压缩荷载作用下三维球形颗粒的破碎行为，选取的钢渣颗粒三维数字化模型与体素化离散结果如图5-8所示，用圆圈分别标注除了模型中一大一小两个表面开口孔隙，尽管体素化离散会造成钢渣颗粒表面开口孔隙形状发生变化，但足以体现出表面开口孔隙的影响。

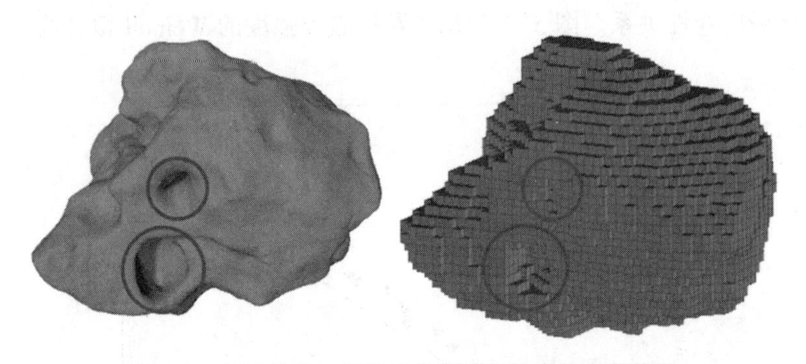

图5-8　钢渣颗粒三维数字化模型与体素化离散结果

模拟中，由于键基近场动力学的限制，材料泊松比为 $\nu=0.25$。为了实现荷载的施加，本研究中采取了位移边界条件的形式，在颗粒模型的顶部和底部分别附加了高度为 $3dx$、面积大于颗粒模型在水平面上投影面积的长方体区域作为加载板，将下加载板固定，上加载板采用位移控制模式施加压力，如图5-9所示。为了保证时间积分的数值稳定性，基于von Neumann条件计算了最大稳定时间步长 dt_{crit}，并在此基础上缩小0.7倍作为模拟时间步长 dt，即 $dt=0.7\cdot\sqrt{2/(\pi\delta^2\rho/c)}$。

模拟中选取的主要模型参数见表 5-1。

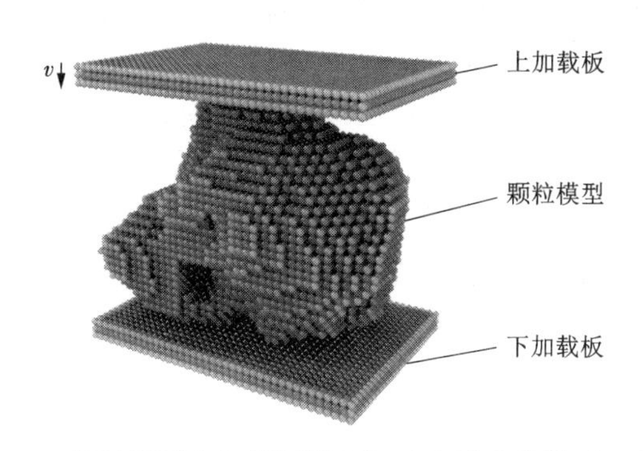

图 5-9　钢渣颗粒与加载板的近场动力学疲劳模型示意图

表 5-1　近场动力学数值模拟参数设置

模拟参数	数值
加载板密度 ρ/(kg·m^{-3})	8000
加载板杨氏模量 Eplaten/GPa	200
加载速率 v/(mm·min^{-1})	0.3
时间步长 dt/s	0.5×10^{-3}
物质点半径 dx/mm	3.0dx
近场影响范围 δ/mm	1.0dx
临界接触范围 dpi/mm	500

在键基近场动力学框架内，钢渣可视为微弹性脆性材料，其本构模型如图 5-10 所示。钢渣的物理力学特性主要通过密度 ρ、杨氏模量 E 与临界能量释放率 Gc 三个材料参数体现。其中，钢渣的密度 ρ 依据密度测试结果设置为 3500 kg/m^3、杨氏模量 E 可根据规范与相关文献获取，在本研究中钢渣的杨氏模量 E 设置为 70 GPa。临界能量释放率 Gc 作为表征材料损伤的唯一参数，需要结合室内试验结果进行标定。本书基于选取的表面开

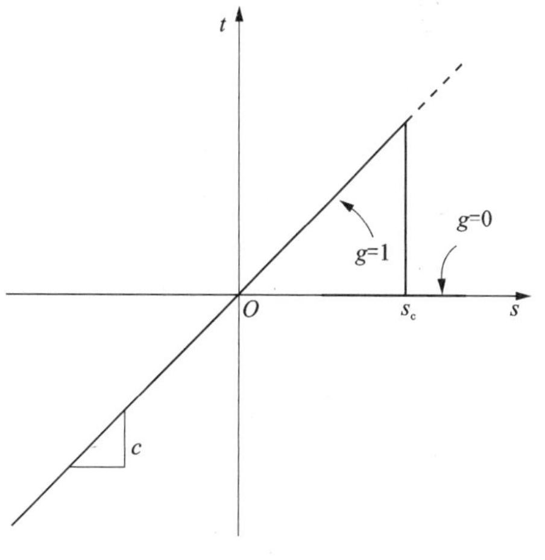

图 5-10　钢渣本构模型

口孔隙明显且球形度较高的钢渣颗粒模型开展了参数标定，通过改变临界能量释放率 Gc 使其荷载-位移曲线峰值与该颗粒试验结果保持一致，最终，确定了钢渣的临界能量释放率 $Gc=100\ \mathrm{J/m^2}$。

将模拟与试验所得的荷载-位移曲线绘制于同一坐标系内，如图 5-11 所示。可见，由于在键基近场动力学理论中颗粒模型被假设为均质、各向同性材料，而真实钢渣的内部结构复杂、形状多样，故试验与模拟所得荷载-位移曲线存在的差异不可避免，但按照如上参数开展的近场动力学模拟所得的钢渣单颗粒破碎荷载与加载板位移与试验结果十分相近，能够满足后续对钢渣沥青混合料的模拟需求。

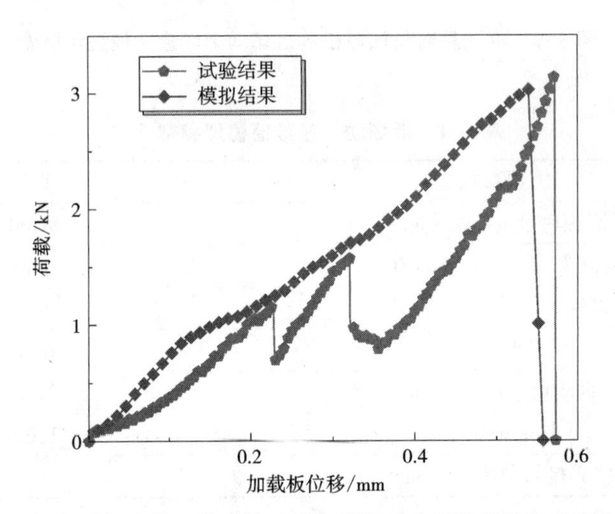

图 5-11　钢渣单颗粒破碎试验与近场动力学模拟结果对比图

为了探究钢渣单颗粒破碎过程中裂纹扩展方式与损伤机理，提取了钢渣颗粒破碎过程的损伤云图，如图 5-12 所示。为了更加清晰、直观地展现损伤加深与裂纹扩展的过程，认定物质点损伤值达到 0.99 的物质点处于完全失效的状态，在损伤云图中将其隐藏。

可见，在加载初期，钢渣颗粒上部物质点损伤首先发生在与上加载板接触的尖角区域，而钢渣颗粒底部由于加载板附近存在较大开口孔隙，在开口孔隙附近发生应力集中现象，物质点损伤首先发生在开口孔隙边缘的薄弱位置而非与下加载板直接接触的物质点处；随着进一步加载，物质点损伤加深，并在下加载板附近较大开口孔隙区域形成宏观裂纹，此时，颗粒的荷载-位移曲线达到峰值；随后，颗粒裂纹向颗粒中部扩展，裂纹的扩展路径同样受到表面开口孔隙的影响，颗粒底部裂纹贯穿底部较大开口孔隙后，向颗粒中部较小开口孔隙处发展，并最终与颗粒上

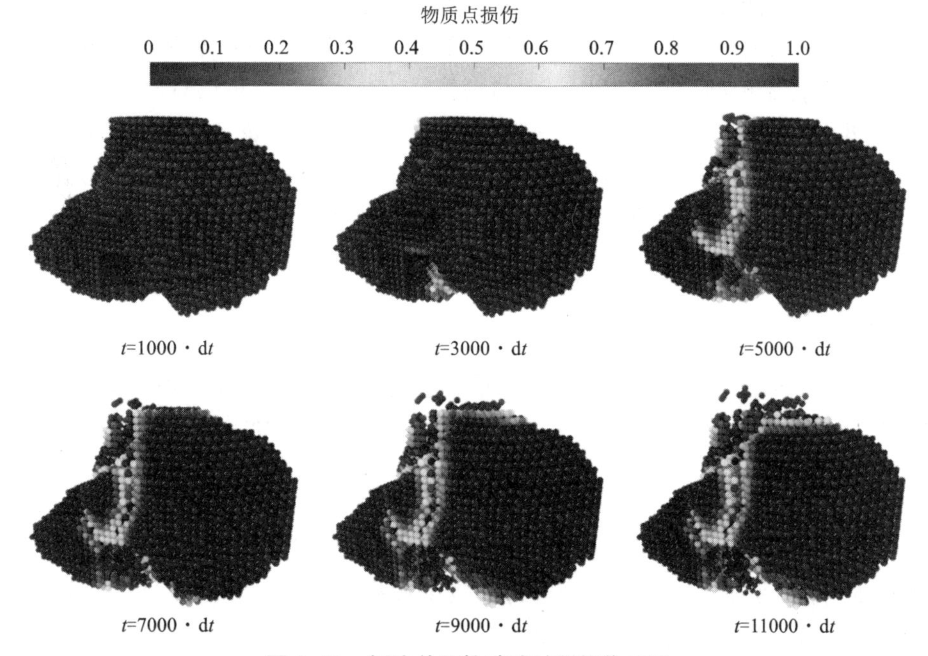

图 5-12　钢渣单颗粒破碎过程损伤云图

部裂纹交会，贯通整个颗粒。提取了颗粒破碎后体积大于母颗粒体积 3%的子碎片模型，并统计了各颗粒破碎后碎片体积与母颗粒体积之比汇总于图 5-13 中。

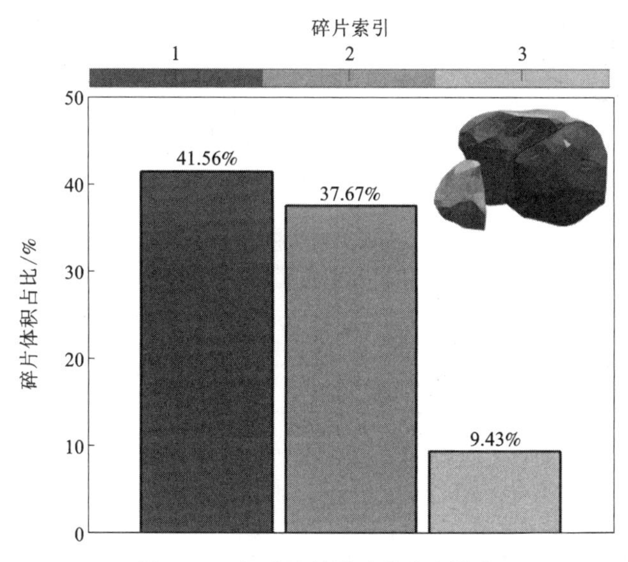

图 5-13　钢渣颗粒的碎片分布模式

所选钢渣颗粒破碎后形成了 3 个子碎片，其中，碎片 1 与碎片 2 的体积与形状比较接近，碎片 3 的体积远小于另外两颗碎片，仅占母颗粒体积的 9.43%。通过对比颗粒初始模型、颗粒损伤云图与颗粒碎片分布模式，可以看出，碎片 1、碎片 2 所处区域表面开口孔隙较少，裂纹主要沿颗粒轴线发展，与常见的颗粒材料破碎模式相近；但碎片 3 附近开口孔隙较多，在开口孔隙处出现了明显的应力集中现象形成薄弱环节，裂纹主要沿开口孔隙发展，导致出现了形状、大小均与另外两碎片存在较大差异的子碎片。

5.3.4 钢渣单颗粒破碎离散元模拟

由于离散元中仅在二维切片上对钢渣沥青混合料进行模拟，所以需要对钢渣单颗粒进行二维层面的等效模拟。具体步骤：①选取各分组情况下的各 9 条应力-位移曲线良好的钢渣三维数字扫描颗粒；②利用 MATLAB 对其外轮廓进行提取，并生成.dxf 文件；③利用等半径规则排列颗粒对二维轮廓进行填充，生成二维虚拟单颗粒模型，并采用 pb 模型进行胶结；④生成加载墙体，加载墙体刚度为 100 GPa，摩擦系数为 0.5，对其进行等效单颗粒破碎模拟。模拟过程及效果如图 5-14 所示。最终通过试错方法得到的钢渣单颗粒模拟参数如表 5-2 所示。

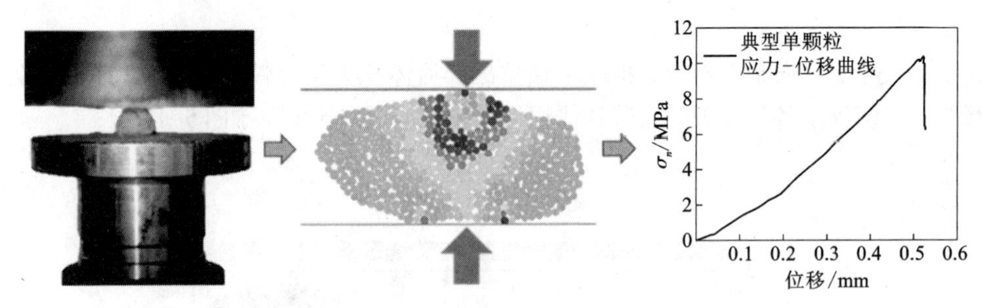

图 5-14　钢渣单颗粒破碎离散元模拟过程图

表 5-2　钢渣离散元模拟参数结果

模型参数	数值
接触点处的有效模量/GPa	70
法向刚度与剪切刚度之比	2.5
抗拉强度/MPa	48
内聚力/MPa	96
摩擦系数	0.6

5.4　钢渣沥青混合料配合比设计

对湖南华菱湘潭钢铁有限公司产出的钢渣进行现场取样，取样钢渣均经过一段时间的陈化，可以减少 f-CaO 含量。陈化处理成本低廉、操作简单，是目前国内外解决钢渣安定性问题最常用的方法。但陈化处理的缺点是所需时间较长，占地较广，容易造成污染，而且陈化后钢渣膨胀粉化，其活性也有一定程度的减弱。因此，陈化时间是影响钢渣安定性的重要因素，对于最佳陈化时间，当前没有明确的规定，多数研究者认为有 3~18 个月就足够了。

对取样的原材料进行相关指标检验，具体包括筛分、密度、压碎值、吸水率等试验。图 5-15 给出了压碎值试验的照片。钢渣压碎值试验结果小于 15%，满足规范技术要求。

(a)　(b)　(c)　(d)

图 5-15　钢渣压碎值试验

分别对两档钢渣（粒径分别为 2.36~4.75 mm、4.75~13.2 mm）及石灰岩（粒径为 2.36~4.75 mm）进行密度测试。试验结果见表 5-3——钢渣的表观相对密度和毛体积相对密度均高于石灰岩；此外，粒径为 2.36~4.75 mm、4.75~13.2 mm 钢渣的吸水率分别是 1.44%和 1.22%，且均高于石灰岩吸水率。

表 5-3　钢渣及石灰岩密度测试结果

材料	表观相对密度	毛体积相对密度	吸水率/%
钢渣（4.75~13.2 mm）	3.542	3.396	1.22
钢渣（2.36~4.75 mm）	3.518	3.348	1.44
石灰岩（2.36~4.75 mm）	2.712	2.663	0.67

对钢渣沥青混合料 AC-10 和 AC-13 进行级配优化(图 5-16)，表 5-4 列出了各档矿料比例，级配曲线如图 5-17 所示。通过比较不同油石比下钢渣沥青混合料的体积指标，最后确定钢渣沥青混合料 AC-10 和 AC-13 的最佳油石比分别为 5.0%和 4.8%。表 5-5 列出于钢渣沥青混合料 AC-10 和 AC-13 马歇尔试验体积指标。

表 5-4　钢渣沥青混合料矿料比例 %

混合料类型	钢渣 9.5~13.2 mm	钢渣 4.75~9.5 mm	钢渣 2.36~4.75 mm	石灰岩 0~2.36 mm	矿粉
钢渣沥青混合料 AC-10	—	56.0	11.0	28.5	4.5
钢渣沥青混合料 AC-13	35.0	32.0	6.0	22.0	5.0

图 5-16　钢渣沥青混合料级配优化

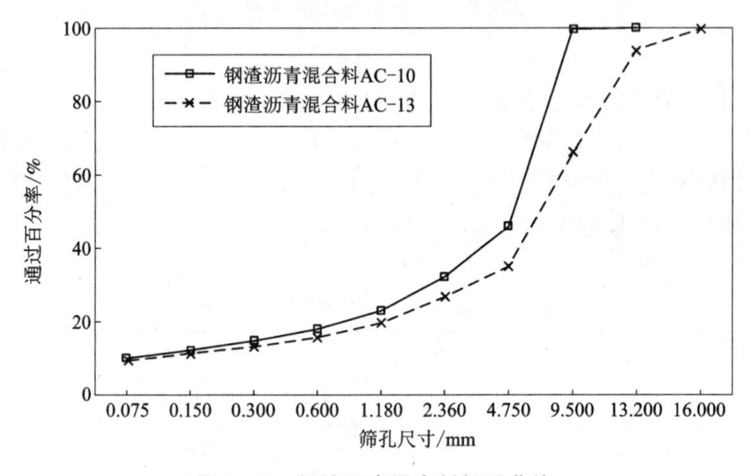

图 5-17　钢渣沥青混合料级配曲线

表 5-5　钢渣沥青混合料马歇尔试验体积指标

混合料类型	毛体积相对密度	空隙率/%	矿料间隙率/%	沥青饱和度/%
钢渣沥青混合料 AC-10	2.736	3.1	13.4	76.9
钢渣沥青混合料 AC-13	2.757	3.0	12.7	76.4

采用沥青混合料车辙试验(T 0719—2011)评价钢渣沥青混合料的高温性能。试验条件：试验温度为 60±1 ℃，轮压为 0.70±0.05 MPa。车辙试验结果如表 5-6 所示，动稳定度平均值为 9409 次/mm，高于规范中不低于 3200 次/mm 的技术要求。

表 5-6　车辙试验结果

级配类型	试验编号	动稳定度/(次·mm^{-1})
钢渣沥青混合料 AC-13	1	6300
	2	11250
	3	10677

分别采用浸水沥青混合料马歇尔稳定度试验(T 0709—2011)和沥青混合料冻融劈裂试验(T 0729—2000)试验评价钢渣沥青混合料的水稳定性，试验结果见表 5-7 和表 5-8。钢渣沥青混合料残留稳定度为 90.74%，满足规范不低于 85%的技术要求；劈裂强度比为 90.1%，满足规范不低于 80%的技术要求。

表 5-7　钢渣沥青混合料浸水马歇尔试验结果

级配类型	非条件(0.5 h)			条件(48 h)			残留稳定度 MS_0/%
	空隙率/%	稳定度/kN	流值/0.1 mm	空隙率/%	稳定度/kN	流值/0.1 mm	
钢渣沥青混合料 AC-13	2.777	22.42	5.28	2.770	19.35	4.45	90.74
	2.767	21.96	5.23	2.763	20.32	4.39	
	2.771	22.30	5.26	2.765	20.84	4.52	
平均值	2.772	22.23	5.26	2.766	20.17	4.45	

表 5-8 钢渣沥青混合料冻融劈裂试验结果

<table>
<tr><th rowspan="2">级配
类型</th><th colspan="2">非条件</th><th colspan="2">条件</th><th rowspan="2">劈裂强度比
TSR/%</th></tr>
<tr><th>空隙率
/%</th><th>劈裂强度
/MPa</th><th>空隙率
/%</th><th>劈裂强度
/MPa</th></tr>
<tr><td rowspan="3">钢渣沥青混合料
AC-13</td><td>2.797</td><td>14.44</td><td>2.807</td><td>13.00</td><td rowspan="4">90.1</td></tr>
<tr><td>2.813</td><td>14.03</td><td>2.801</td><td>13.34</td></tr>
<tr><td>2.815</td><td>14.85</td><td>2.820</td><td>12.71</td></tr>
<tr><td>平均值</td><td>2.808</td><td>14.44</td><td>2.809</td><td>13.02</td></tr>
</table>

采用低温弯曲试验(T 0715—2011)评价钢渣沥青混合料的低温性能，试验温度为-10 ℃，加载速率为 50 mm/min。试验结果见表 5-9。试验结果表明钢渣沥青混合料的平均破坏应变为 2959.8 με，高于规范中对于冬温区改性沥青混合料的技术要求。

表 5-9 钢渣沥青混合料低温弯曲试验结果

试件编号	最大荷载/kN	跨中挠度/mm	弯拉强度/MPa	劲度模量/MPa	破坏应变/με
#1	1.935	0.452	14.0	5642.6	2474.7
#2	2.163	0.691	15.1	3880.1	3886.9
#3	2.128	0.552	15.4	5164.4	2980.8
#4	1.839	0.466	14.0	5409.3	2586.3
#5	2.521	0.617	17.4	5031.2	3452.1
#6	2.057	0.425	15.1	6366.0	2377.9
平均值	2.107	0.534	15.2	5248.9	2959.8

5.5 数值模拟

5.5.1 基于离散元的数值模拟研究

首先，采取与 2.5.1 节中相似的随机骨料模型建立方法，运用颗粒流离散元软件 PFC 构建二维随机骨料模型。为了表征钢渣骨料表面多孔特性与钢渣对沥青的吸附效果，在建立的随机骨料模型中随机选取钢渣内部及外围 4.5%的颗粒并将其删除，即对二维钢渣表面开口孔隙内部及外表面的大孔洞进行等效模拟，并用沥青对孔洞钢渣表面开口孔隙进行填充，将此部分沥青计为无效沥青，如图 5-18 所示。从钢渣沥青混合料破坏界面可以看出，二维截面的钢渣有较多的内部孔洞，结合钢渣的表观相对密度及毛体积相对密度，可以得到钢渣内部闭口及开口外部的孔隙率约为 4.5%。

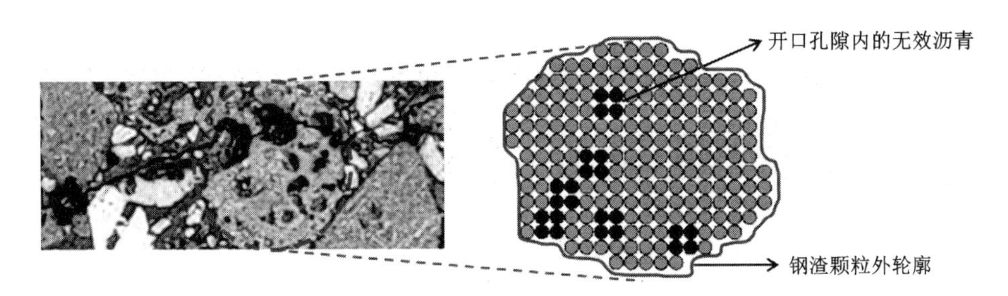

图 5-18　钢渣颗粒及无效沥青简化模拟图

离散元模型中，根据建模内容需要构建各骨料间、钢渣单元内部、石灰岩内部、沥青内部、无效沥青内部、钢渣-沥青砂浆界面、石灰岩-沥青界面及钢渣-无效沥青之间的 8 种接触模型。其中除各骨料间的接触定义为线性接触模型外，其余接触均定义为线性接触黏结模型，用来模拟混合料内部的胶结行为。线性接触模型的有效模量、刚度比和平行黏结模型的有效模量、刚度比与黏结强度等参数需要进行标定。模型中，沥青砂浆与天然骨料的相关参数设置与 2.5.1 节中保持一致，即假定沥青砂浆的抗剪强度是抗拉强度的两倍，界面处的力学参数大致为砂浆基体的 0.6~0.8 倍，视界面处的颗粒仍为砂浆并对其黏结强度进行衰减，界面处的胶浆强度设为沥青胶浆的 60%，而界面接触的有效模量保持不变。天然石灰岩骨料的模型参数如下：弹性模量为 55 GPa，法向切向刚度比为 2.5。从钢渣沥青混合料小梁断裂的情况来看，需要考虑其内部孔隙对强度的削弱，所以对钢渣进行了单颗粒破碎的试验数值模拟。最终确定了钢渣单颗粒细观参数：弹性模量为 70 GPa，法向切向刚度比不变。

值得注意的是，根据武汉理工大学杨超等的研究，钢渣表面及内部存在极其微小的孔洞（1~15 μm），其对沥青的吸收作用也最显著，对于此类微米级孔洞较难利用离散元进行真实尺度的模拟，所以仅对钢渣二维切片上的较大开口孔隙进行了真实尺度的模拟，而对于微米级孔洞对沥青的吸收及吸附作用则采用了在沥青与钢渣接触界面处的虚拟接触参数的改变，根据已有研究，钢渣对沥青的吸附作用明显高于普通天然碎石，所以对其与沥青之间的黏结强度及接触刚度进行了提升。由于在二维层面进行模拟，对于钢渣沥青混合料切面，极有可能出现钢渣在此切面上无较大开口孔隙的情况，模拟中通过随机选取钢渣内开口孔隙位置来实现这一效果。至此生成了包含骨料、沥青砂浆、界面接触和孔隙的多相非均匀质材料。图 5-19 展示了此非均质材料内部的细观接触分布情况。之后通过钢渣沥青混合料低温小梁弯曲试验的大量试算来对试验的应力-应变曲线结果进行拟合，最终得到了低温条件下钢渣沥青混合料的细观参数。

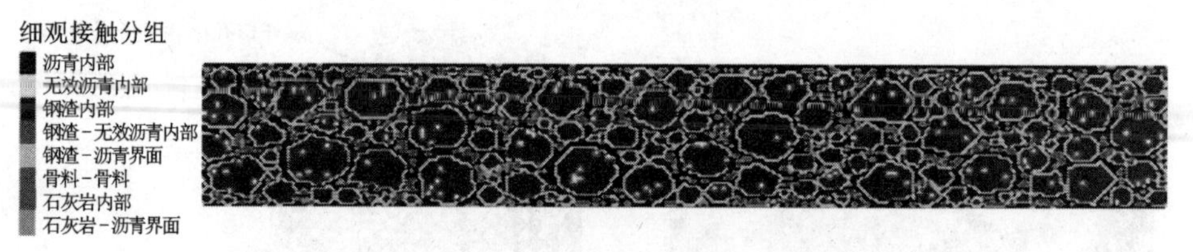

图 5-19　再生沥青混合料内部细观接触分组

建立尺寸为高 35 mm，宽 30 mm，长 250 mm 的小梁试件。在随机骨料生成完毕之后，对小梁内部各接触模型进行分组和赋值，并通过伺服原理，对小梁进行内部围压模拟，围压设置为 1×10^{2} MPa。随后在梁下端跨距为 200 mm 处设置虚拟试验装置，其中下部支座及上加载装置均用圆形墙体单元(wall)表示，试验时靠中间墙体向下匀速移动产生荷载，在梁上方中心处。每个步骤都要求不平衡力大小的平均值与接触力大小的总和的平均值之比小于 1×10^{-5} 确保整体模型达到平衡状态，最终的离散元模型如图 5-20 所示。

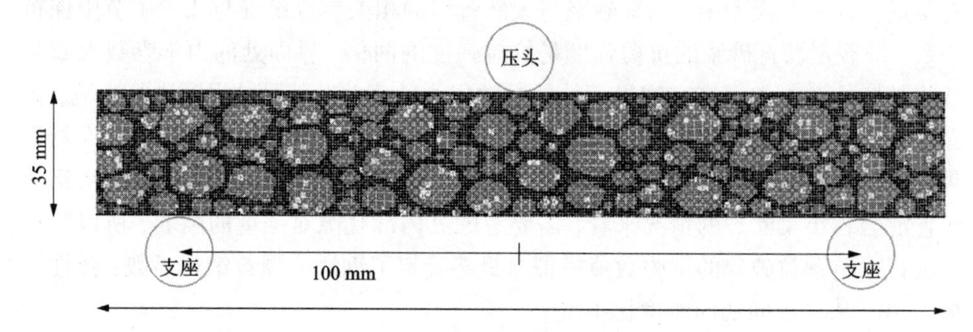

图 5-20　钢渣沥青混合料小梁模型尺寸及加载板位置

通过控制上加载墙体向下速度大小为 50 mm/min，并且固定底部墙体来模拟真实试验的加载过程，通过检测和统计上加载墙体的总接触力来获取加载力，通过编写 Fish 函数检测上加载墙体的竖向位移，并按照规范计算应力应变，绘制应力-应变曲线，最终标定结果如图 5-21 所示。数值模型获得的峰值应力为 15.3 MPa，破坏应变为 2932 με，与试验平均结果 15.2 MPa、2959.8 με 接近。

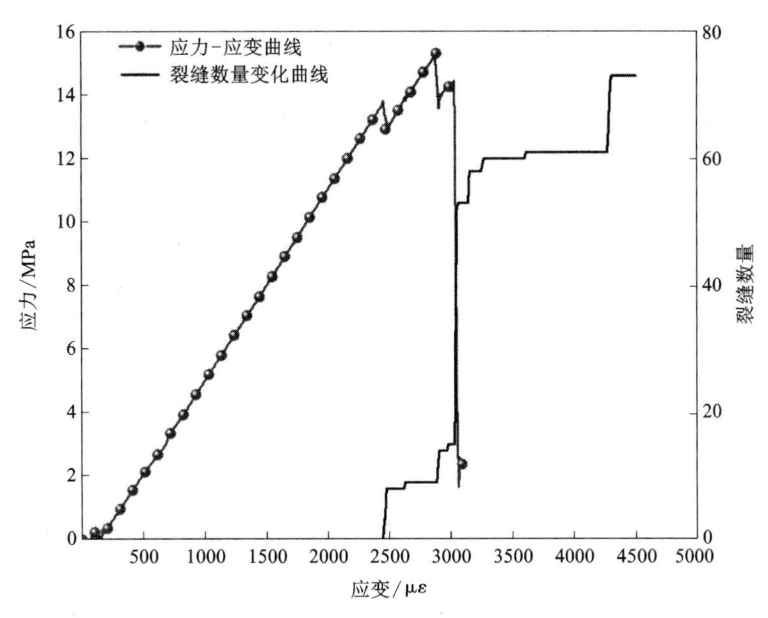

图 5-21　应力-应变曲线及裂缝数量-应变曲线

标定参数结果如表 5-10 所示，从表中最终标定结果来看，钢渣开口孔隙内部的无效沥青由于受到钢渣开口孔隙的吸附作用，其与钢渣内开口孔隙的接触界面处的强度得到了进一步提升，摩擦系数也有一定程度的上升，这与实际试验是一致的。

表 5-10　钢渣沥青混合料内部细观接触参数

接触种类	沥青砂浆	无效沥青	沥青-钢渣界面	无效沥青-钢渣界面	沥青-石灰岩界面
接触点处的有效模量/GPa	2.0	2.4	2.4	3.0	2.0
法向刚度与剪切刚度之比	3.0	3.0	3.2	3.3	3.0
抗拉强度/MPa	29.00	29.00	18.85	20.30	17.40
内聚力/MPa	58.0	58.0	37.7	40.6	34.8
摩擦系数	0.50	0.50	0.65	0.70	0.50

加载过程中的力链分布及裂纹扩展图如图 5-22 所示，可以看出在加载初期试件完整，整体呈现出上部受压、底部受拉的受力状态，顶部加载点和底部支撑点为主要受压区域，与室内小梁三点弯曲试验的受力分布状况一致。当底部裂缝

萌生后，试件内部的受力状态发生了较大变化，可以看出试件内部受拉区域逐渐沿着裂缝从试件底部向上移动，裂缝延伸的尖端是受拉最显著的区域，在此加载条件下产生的裂缝类型均为张拉裂纹，表明拉力是导致裂缝萌生和扩展的主要驱动因素。试件完全破坏后，无法继续承担更多的外界荷载，宏观表现为试件从跨中断裂，主裂纹贯穿到顶部，试件的有效承载面减小，加载点及支撑点不再承受更大的压力，内部受压区域分布在裂缝周围及试件顶部和底部，内部受拉区域则沿着梁中心线向两侧扩散，此时认为达到极限荷载，试件出现断裂破坏。

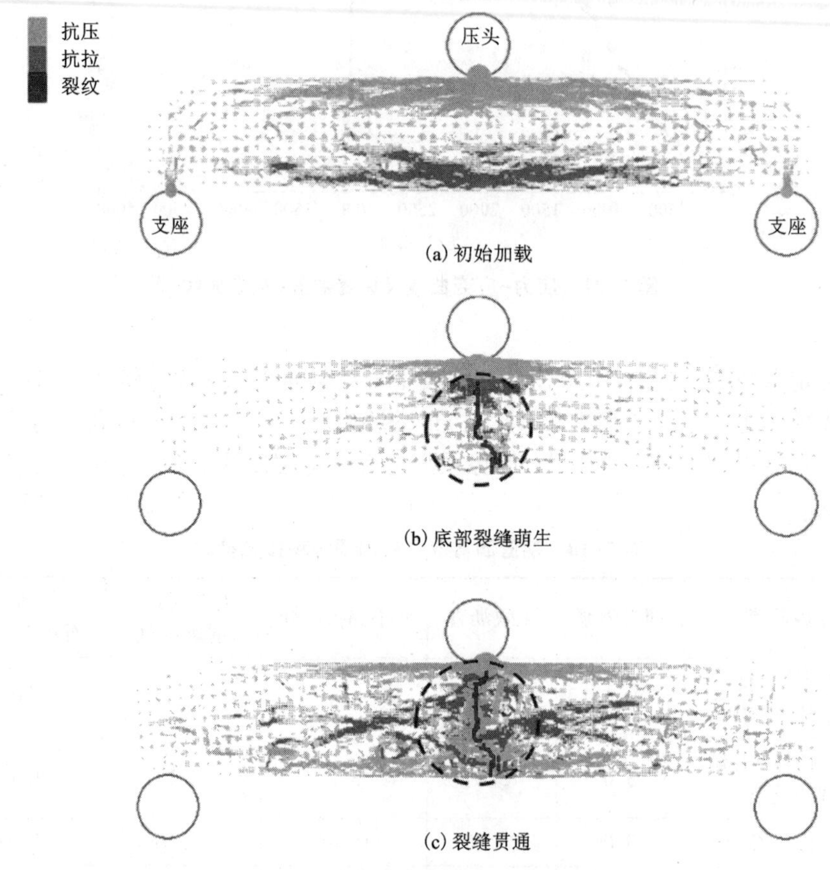

(a) 初始加载

(b) 底部裂缝萌生

(c) 裂缝贯通

图 5-22　小梁内部裂缝及力链演化图

定义大于平均接触力的力链为强力链，而小于平均接触力的则为弱力链，调取峰值荷载附近的力链分布图，可以清晰地看出，试样内部的强力链主要分布在梁底和梁上端，可知上部力链大部分为受压力链，而底部为拉力链，破坏主要是受拉引起，所以主要关注底部及中部的钢渣内部受力状态，分别取左侧支撑处及中部梁底进行细致分析，分析结果见图 5-23。可以看到，开口孔隙周围分布较多的强力链，钢渣内部出现明显的强力链集中现象，而内部的沥青受力则较弱；跨中底部的钢渣内部强力链集中现象更显著，且均为拉力链，这些开口孔隙部位是钢渣的薄弱部位，这合理解释了裂缝易在梁底部钢渣颗粒开口孔隙出现的现象。

为了更直观地观察断裂过程小梁内部应力分布及演变情况，可通过式(5-8)计算其内部等效应力 σ_e(von Mises 应力)，其中 σ_x、σ_y、τ_{xy} 分别为笛卡尔坐标系下 x、y 轴方向的正应力及切应力。

$$\sigma_e=\sqrt{[(\sigma_x+\sigma_y)^2-3(\sigma_x\sigma_y-\tau_{xy}^2)]} \tag{5-8}$$

图 5-23 展示了钢渣沥青混合料小梁内部的等效应力分布云图，可见在加载峰值时小梁内部应力集中分布在上加载板附近与小梁底部两支撑板之间位置处，其中，界面处的应力相对较大，沥青及骨料内部应力小，大致可以看出骨料外轮廓；并且对比沥青混合料模型图，可以清晰看到在小梁底部处钢渣内部开口孔隙中会出现明显的应力集中现象，且底部的应力为拉应力，而开口孔隙内部的沥青与钢渣的模量相差较大，致使二者之间的变形不协调，极易出现裂缝；当小梁底部出现宏观主裂缝后，裂缝两侧及小梁内部的应力迅速消散，降低为接近 0 MPa，同时，在裂纹尖端处呈现出明显的应力集中现象，应力向裂纹尖端区域转移，裂纹尖端处颗粒应力激增；最后，随着裂纹逐渐向上发展并最终贯穿整个试件，混合料内部各处应力基本降为 0 MPa(除裂缝周围)。

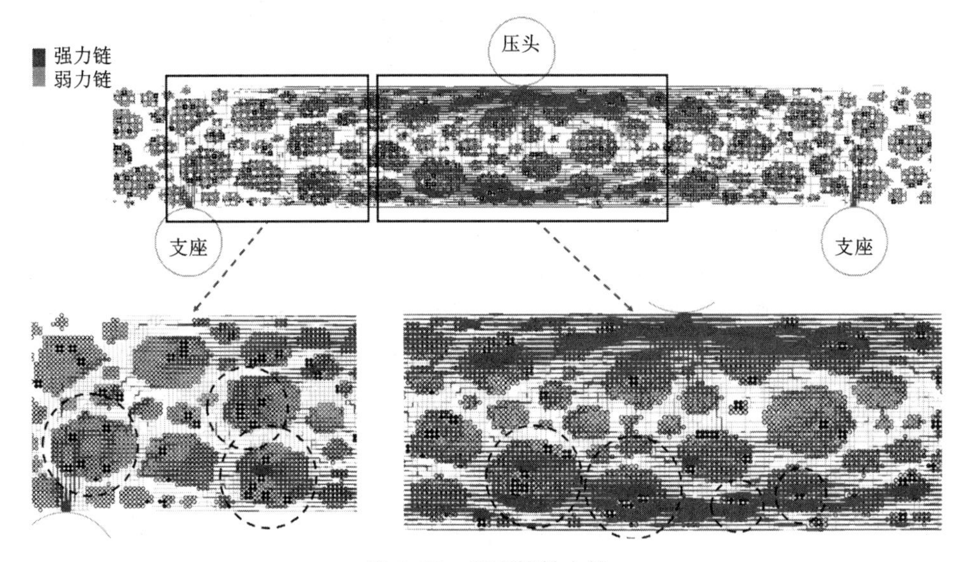

图 5-23　强弱接触力链

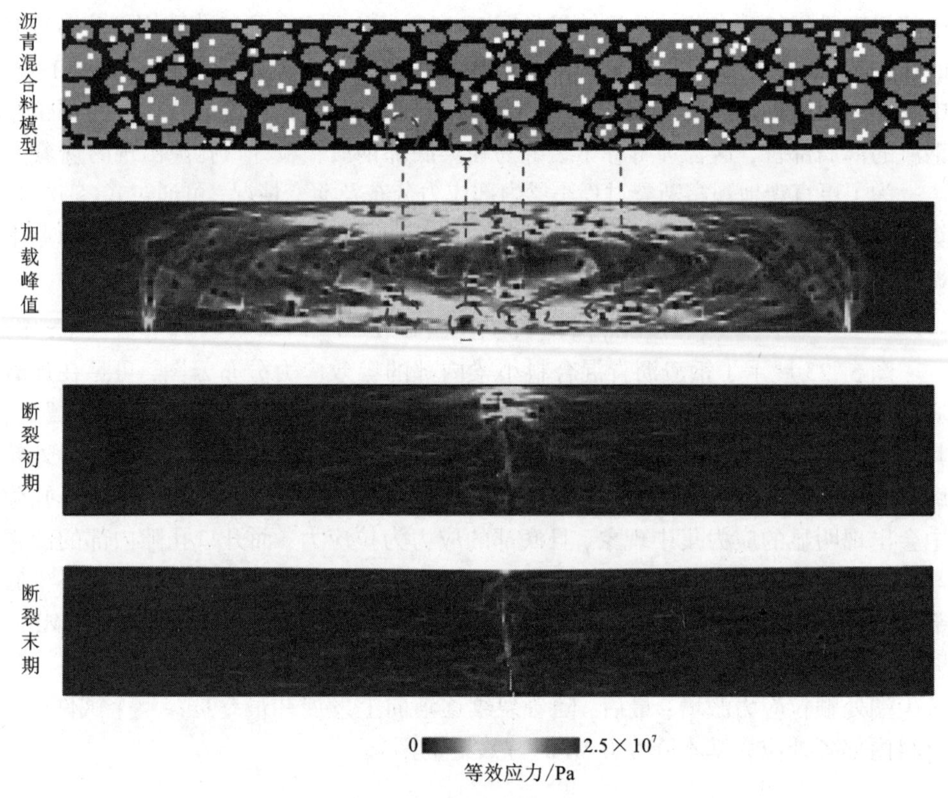

图 5-24　应力分布云图

为了明确钢渣内部较大开口孔隙对混合料性能的影响，通过改变其内部孔隙率，分别进行了钢渣内部孔隙率为 6.3%(高)、4.4%(正常)、2.5%(低)三种不同虚拟工况条件的钢渣沥青混合料小梁三点弯曲试验模拟工作，并且为了探究拌和时间对钢渣吸收沥青含量以及进入开口孔隙内的无效沥青对钢渣沥青混合料性能的影响，又在上述钢渣内部不同孔隙率条件下设计了三种极端工况条件，即钢渣表面开口空孔隙未被沥青胶浆填充。但值得注意的是，不考虑沥青填充作用时并没有改变钢渣外表面与沥青之间接触界面的属性，结合已有研究，其细微(微米级)开口孔隙对沥青也有较强吸附作用，若大开口孔隙内未填充沥青，相应的细微开口孔隙对沥青的吸收也较少，所以实际应该减小界面的黏结性能。在这种情况下沥青混合料性能会变得更差，因此并未进行处理。表 5-11 给出了各工况条件下的破坏应力及应变大小，具体工况有：高孔隙率(工况 A)；高孔隙率极端条件(工况 a)；正常孔隙率(工况 B)；正常孔隙率极端条件(工况 b)；低孔隙率(工况 C)；低孔隙率极端条件(工况 c)。从表 5-11 可以看出随着钢渣内部孔隙率的减小，其峰值应力和破坏应变均增大。对于各工况的极端条件，高孔隙率工况 A 对应的工况 a 的峰值应力降低幅度最大为 18.2%，其次是工况 B 对应的工况 b 峰值应力下降了 2.6%，而工况 c 由于跨中附近钢渣颗粒内部开口孔隙极少，所以峰值应力并无变化。所以可以看出更低的钢渣孔隙率的钢渣沥青混合料的低温性能更好；钢渣内部开口孔隙对沥青吸收的充分程度对其低温性能也有较大影响，尤其是孔隙率大的情况，若拌和不充分未使钢渣开口孔隙充分吸收沥青，其低温性能会有很大程度地降低。

表 5-11　各工况条件下的破坏应力及应变大小

工况	工况 A	工况 a	工况 B	工况 b	工况 C	工况 c
峰值应力/MPa	15.4	12.6	15.6	15.2	15.8	15.8
破坏应变/με	2678	2528	2828	2723	2820	2867

图 5-25 展示了不同孔隙率条件及相应极端条件下钢渣沥青混合料完全断裂后裂缝的出现位置。从图 5-25 可以看出当钢渣内部有较多开口孔隙时，裂缝会优先在内部无效沥青与钢渣开口孔隙表面接触处产生；而对于石灰岩，裂缝绝大部分均在石灰岩与沥青接触的外表面出现，况且由于使用的石灰岩粒径较小，所以部分裂缝贯通石灰岩发展，但整体仍呈现绕开石灰岩的情况。从图 5-25 还可以看出，在内部无较大开口孔隙钢渣附近，裂缝均沿着钢渣与沥青界面处发育。通过对裂缝出现位置的分析，可以明确钢渣的多孔特性对沥青混合料的裂缝发育位置有较大影响，在开口孔隙处易发生破坏；当处于开口孔隙内无沥青的极端情况下，裂缝出现的位置会出现很大改变，裂缝会尽量选择从钢渣内部开口孔隙处发育。如高孔隙率及正常孔隙率工况下，裂缝从底端开始的萌生路径均变化为直接从孔洞处开始，且在后续路径选择上也均在开口孔隙附近。观察裂缝数量随应变的变化情况，在峰值应力后，裂缝数量激增，随后应力迅速下降，这表明小梁沿跨中出现了较大的贯通主裂缝；而在这之前，由于钢渣颗粒内部开口孔隙的存在，在开口孔隙-无效沥青界面处会出现一定数量的非主裂纹，导致应力在峰值点前出现下降。

6 种工况在最终断裂后的裂缝总数分别为：高孔隙率(工况 A)，76 条；高孔隙率极端条件(工况 a)，38 条；正常孔隙率(工况 B)，68 条；正常孔隙率极端条件(工况 b)，67 条；低孔隙率(工况 C)，67 条；低孔隙率极端条件(工况 c)，71 条。从裂缝总数上并不能获取较多信息，因为裂缝的具体位置出现了较大的变化。

为了探究不同钢渣内部孔隙率及开口孔隙内部无效沥青对钢渣沥青混合料内部各组分断裂的具体影响。提取了各不同组分之间的接触失效情况，并定义了损伤变量 D_v，计算公式为：

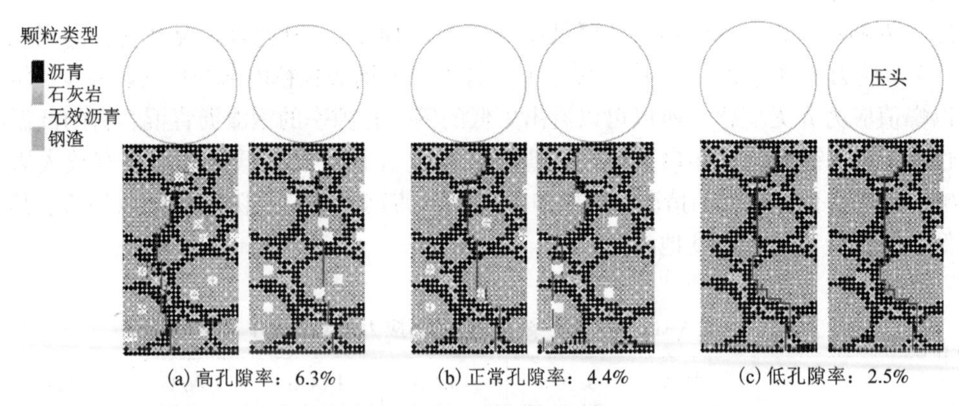

图 5-25　细观裂缝位置图

$$D_v = \frac{N_f}{N} \times 100\% \tag{5-9}$$

式中：N_f 为各组断裂接触个数；N 为所有断裂接触总数。

图 5-26 和 5-27 分别展示了不同钢渣孔隙率工况下(图 5-26)及对应的极端工况下(图 5-27)钢渣沥青混合料试件在三点弯曲试验中各组分损伤变量的演化规律。由图 5-26 可知，随着钢渣内孔隙率减小，沥青-钢渣界面的损伤率增长迅速，钢渣、石灰岩内及沥青-石灰岩界面的损伤率均有一定程度的减小，而沥青内部的损伤率增长较小，其中无效沥青的损伤率减小原因为无效沥青含量减小。综合分析可知，钢渣内部较大孔洞对内部损伤占比有较大影响，主要体现在沥青-钢渣外部的界面接触上，孔洞越少，其损伤破坏易在钢渣外轮廓发生。而随着界面的破坏增大，钢渣内部的破坏会减小，且由于内部受力改变较大，沥青-钢渣界面承担更多的外力，石灰岩及沥青-石灰岩界面的损伤破坏均有一定的减少。同时对比图 5-26 及图 5-27 可以看出，各极端工况条件下，钢渣内部的损伤明显增加，但随着钢渣孔隙率的减小，增加程度也随之减少，表明钢渣孔隙内填充沥青对钢渣内部的损失破坏有很好的抑制作用。

离散元模拟主要结论如下。

①基于离散元法和随机算法建立了随机骨料数值模型，并考虑了钢渣沥青混合料内部各不同材料及界面的精细化模型，通过参数反演校准了细观精细化模型参数。所构建的模型能够很好地表征钢渣沥青混合料的细观非均质性，可用于进一步的细观断裂仿真分析。

②钢渣孔隙率及孔洞内吸收的沥青含量对钢渣沥青混合料断裂过程中裂缝的萌生路径有很大影响，其路径会尽量选择在钢渣内孔洞附近，并且在孔洞内部无沥青的极端条件下，这种路径选择情况会更明显。

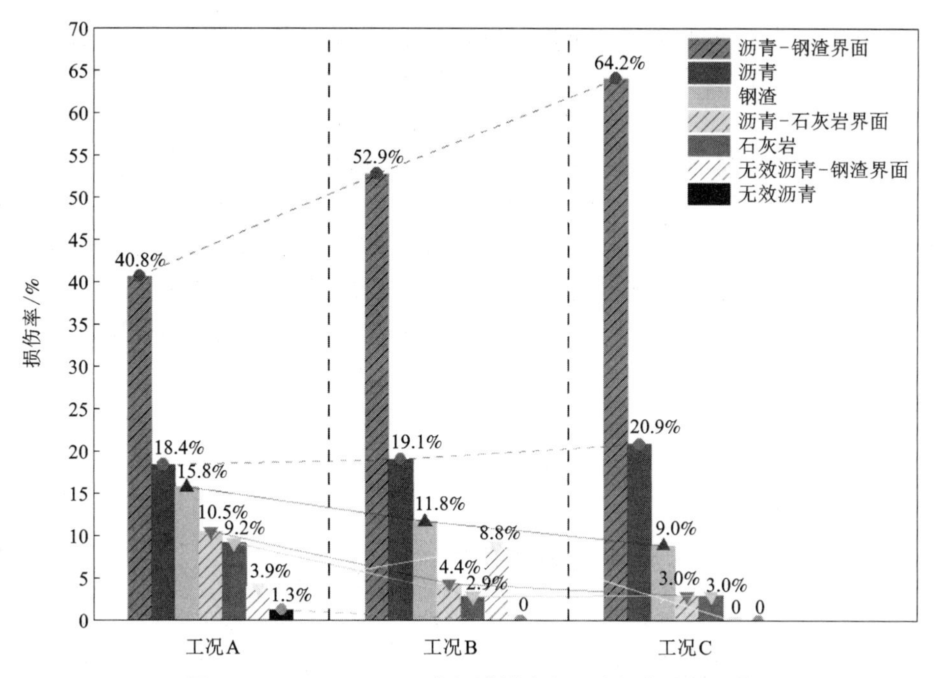

图 5-26　A、B、C 工况虚拟试样中各组分损伤演化规律

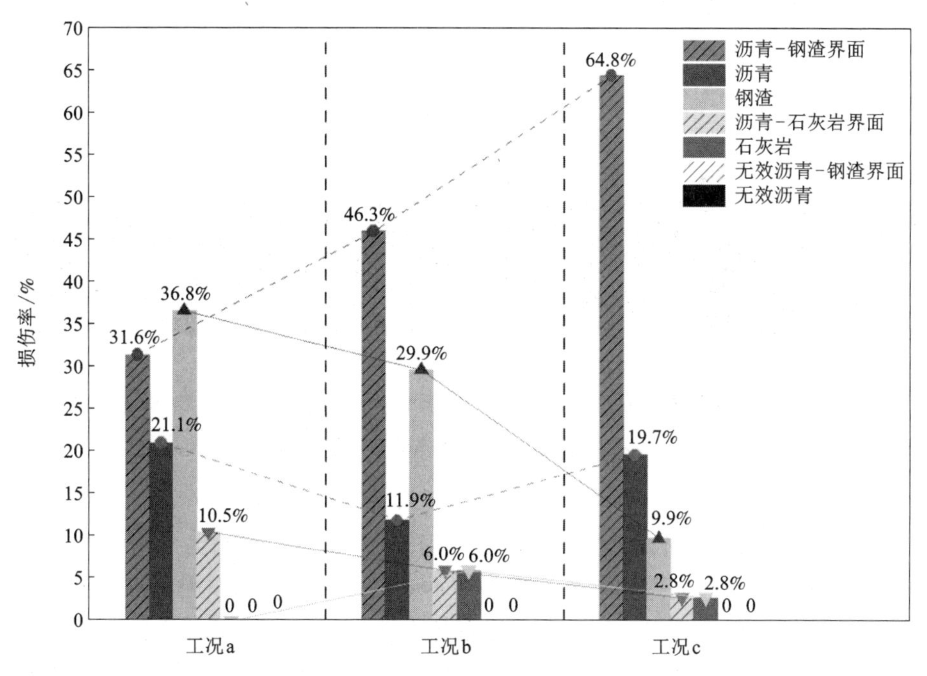

图 5-27　a、b、c 工况虚拟试样中各组分损伤演化规律

③钢渣对沥青的吸附作用会增强沥青-钢渣界面的黏结性能，但较大的开口孔隙会导致孔洞附近产生应力集中现象，这也是其裂缝极易在孔洞附近出现的原因。

④表面大的开口孔隙对内部损伤占比有较大影响，开口孔隙越少，其损伤破坏易在钢渣外轮廓发生，钢渣内部的破坏会减小，且由于内部受力改变较大，沥青-钢渣界面将承担更多的外力，石灰岩及沥青-石灰岩界面的损伤破坏均会有一定的减少。若开口孔隙内未填充沥青，钢渣内部的损伤会明显增加。

综合上述结论及各工况的峰值应力及破坏应变，建议在施工过程中，合理控制钢渣沥青混合料拌和的时间使钢渣孔洞充分吸收沥青，有益于提高钢渣沥青混合料的低温抗裂性能。

5.5.2 基于近场动力学的数值模拟

与2.5.3节中相同，本节中的近场动力学模拟中采取了与离散元模拟相似的随机骨料模型，并进行了相同的近场动力学化处理。同时，为了表征钢渣颗粒的表面开口孔隙，体现无效沥青胶结料的作用，在钢渣骨料内部及钢渣与沥青的界面附近区域随机选点作为钢渣开口孔隙的开孔位置，并将该点周边一定范围内的钢渣物质点转换为无效沥青物质点。本节中荷载施加方式及模拟参数设置同样与2.5.2节中保持一致，采取速度边界条件实现荷载的施加，并通过短程接触力模型与钢渣沥青混合料模型发生相互作用，近场动力学模拟中的模拟参数如表2-12所示，钢渣沥青混合料体素化离散模型如图5-28所示。

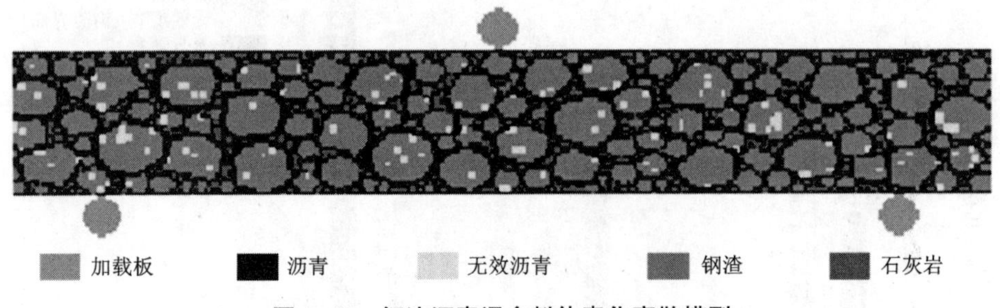

图5-28 钢渣沥青混合料体素化离散模型

可见，沥青钢渣混合料中存在沥青、钢渣、石灰岩三种组分，其中，被吸附进入钢渣的沥青为无效沥青。各组分内部与不同组分之间键的作用各不相同，根据键两端连接的物质点材料可将模型内部的键分为四类：作用于有效沥青内部的有效沥青键、作用于无效沥青内部且不会发生断裂的无效沥青键、作用于骨料内部的骨料键与用于表征沥青与骨料之间黏结作用的界面键。四种类型的近场键分布如图 5-29 所示。由于沥青混合料三点弯曲试验中骨料之间几乎不会发生接触，不同骨料间的相互作用不明显，同时，由于无效沥青被吸附进入钢渣内部，与石灰岩之间同样几乎不会产生相互作用，因此不同骨料间、无效沥青与石灰岩间均不存在键的作用。

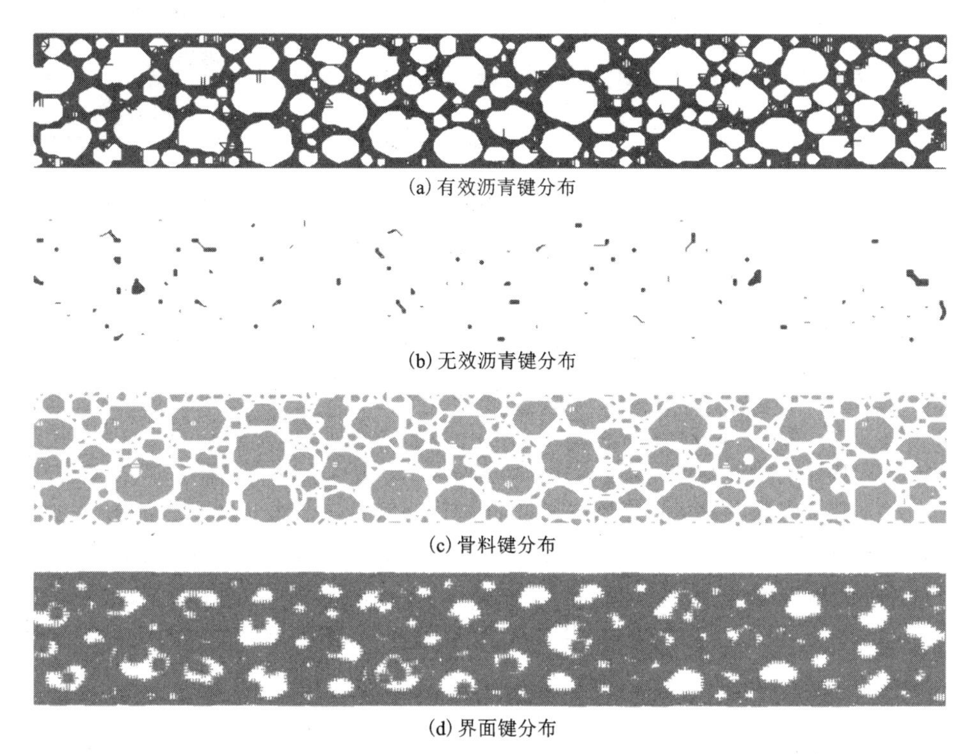

(a) 有效沥青键分布

(b) 无效沥青键分布

(c) 骨料键分布

(d) 界面键分布

图 5-29　模型内部各类型近场键分布

由于钢渣沥青混合料中的骨料除钢渣外还有粒径较小的石灰岩，但二者物理力学特性存在较大差异，且与沥青间界面特性也存在一定差异，故需要在模拟中分别设置不同参数，同时，有效沥青被吸附进入钢渣的无效沥青也需要分别处理。为了简化计算，无效沥青与有效沥青的物理力学参数设为相同值，且不考虑无效沥青内部近场键的断裂。因此，可进一步将混合料模型内部物质点之间的近场键划分为有效沥青-有效沥青、有效沥青-无效沥青、无效沥青-无效沥青、有效沥青-钢渣、有效沥青-石灰岩、无效沥青-钢渣、钢渣内部、石灰岩内部键八类，分别设置不同参数。钢渣沥青混合料模型中各类近场键的初始数量与占比展示于图 5-30 中。

由于本研究仅考虑钢渣沥青混合料的低温性能，刘文尧指出低温状态下沥青可视为理想弹塑性材料，受拉时物质点间相互作用力随伸长率变化而线性增长，

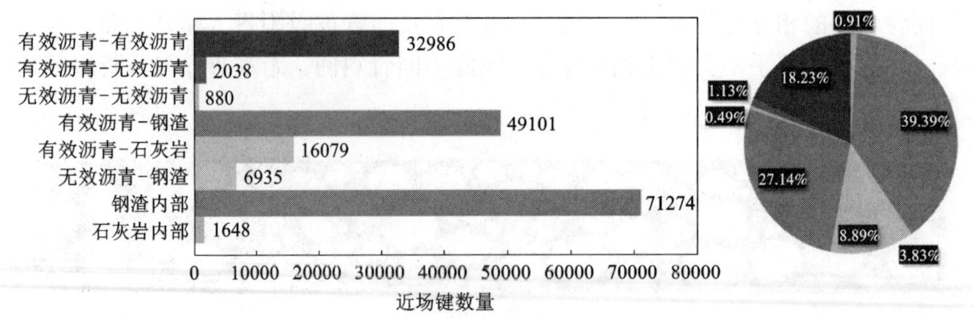

(a) 各类型近场键数量 (b) 各类型近场键占比

图 5-30 各类近场键初始数量及占比

受压时存在明显的塑性变形阶段，骨料则可视为微弹性脆性材料。而三点弯曲试验中沥青混合料的破坏形式主要为受拉破坏，几乎不会发生受压破坏，为了进一步简化计算，可将再生沥青混合料中各组分均视为微弹性脆性材料，钢渣单颗粒破碎模拟采取相同的本构模型，如图 5-31 所示。可见，在钢渣沥青混合料的近场动力学模拟中所需的材料参数主要为回弹模量 E、泊松比 v 与断裂能 G_c，由于键基近场动力学理论的限制，材料泊松比 v 被固定为 1/3。钢渣的物理力学参数已通过单颗粒破碎试验标定，其余组分的模拟参数则需要通过查阅相关规范与文献确定或者通过对比数值模拟与室内试验结果进行标定。最终的模拟参数归纳于表 5-12。

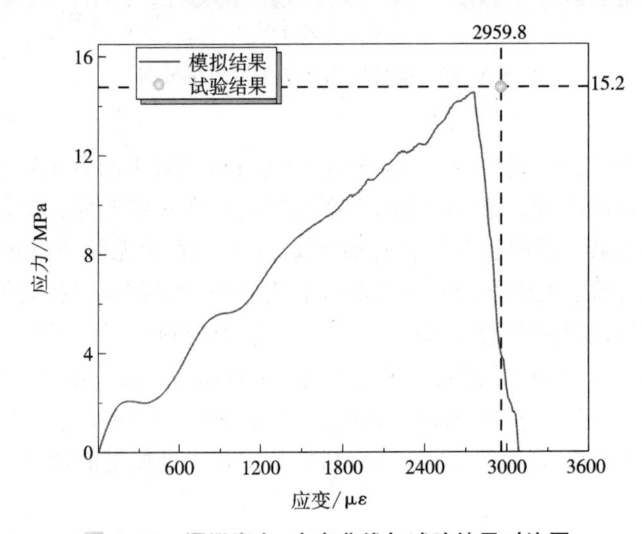

图 5-31 模拟应力-应变曲线与试验结果对比图

表 5-12　近场动力学模拟参数

参数	沥青	钢渣-沥青界面	石灰岩-沥青界面	钢渣	石灰岩
回弹模量 E/GPa	1	30	20	70	35
断裂能 G_c/(J · m^{-2})	1500	200	160	90	60

图 5-32 展示了如上参数模拟结果与试验结果的对比，可见，模拟所得钢渣沥青混合料弯拉强度与破碎应变相近，因此，标定所得参数能够满足模拟精度的要求。

为了进一步验证基于近场动力学理论模拟钢渣沥青混合料低温小梁弯曲试验的合理性，绘制了钢渣沥青混合料断裂后的裂纹示意图并与试验进行对比。可见，模拟与试验所得裂纹形式相似，从试件底面跨中位置产生裂缝并逐渐向上发展，其中，钢渣骨料发生了明显的破碎现象，原因为钢渣表面开口孔隙为薄弱环节，尽管开口孔隙内部吸附了一定无效沥青，但裂纹扩展过程中仍贯穿了钢渣表面开口孔隙，如图 5-32 所示。

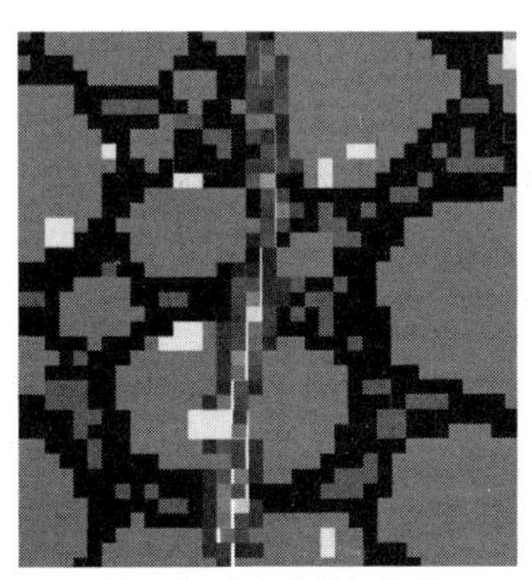
(a) 近场动力学模拟结果

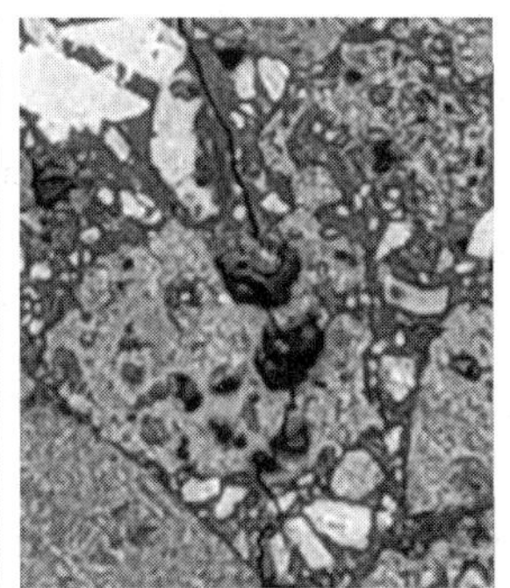
(b) 试验结果

图 5-32　模拟与试验裂纹对比

同时，统计了混合料断裂后各类近场键的断裂情况，如图 5-33 所示。可见，混合料内部的断键主要发生在钢渣内部、钢渣界面与有效沥青内部，而无效沥青与钢渣之间存在一定断键数。这说明裂纹扩展过程中穿过了含有无效沥青的钢渣表面开口孔隙，此外，石灰岩内部断键占比很小，但有效沥青与石灰岩之间存在较大占比的断键。这是由于混合料中仅掺了 0~2.36 mm 粒径组的石灰岩，在体素化离散模型中单个石灰岩骨料通常仅由几个物质点组成，且未考虑骨料间相互作用，因此石灰岩内部近场键数量很少，但其与沥青接触的表面积较大且与沥青间的黏结效果不如钢渣，因此有效沥青-石灰岩的断键占比并不在少数。

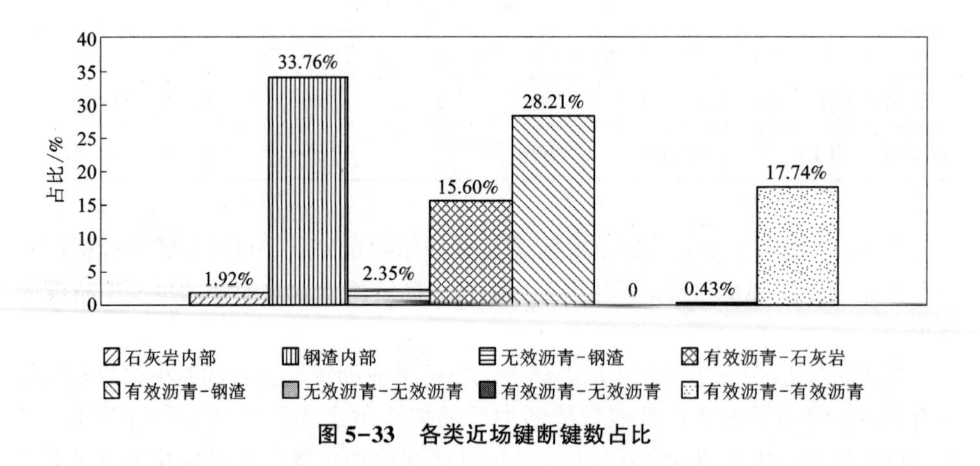

图 5-33　各类近场键断键数占比

为了进一步探究混合料内部裂纹萌生与发展微细观机理，从物质点损伤与应力分布两个细观角度对模拟结果进行了分析，图 5-34 展示了加载过程中的损伤云图与应力云图。应力云图中物质点应力取物质点的 von Mises 应力，按公式(5-8)计算。

可见，损伤发生前混合料内部应力主要分布在上加载板附近与混合料底部跨中位置，且沥青内部应力较小，同时，由于钢渣表面粗糙多孔的特性，沥青与钢渣间的黏结效果很强。因此，当 $t=160000$ dt 混合料临近出现损伤时，大量应力集中于混合料底部跨中位置的钢渣与沥青的界面处；随着荷载的增加，在 $t=240000$ dt 左右时底部跨中位置的部分近场键首先发生断裂，出现部分物质点损伤，损伤物质点应力向周边物质点分散，如图 5-34(b) 中红色圆圈标注区域，但此时仍未有宏观裂纹出现；随着近场键断裂数量的上升，物质点损伤加深，当物质点损伤达到 0.5 时，可认为该物质点一侧的近场键几乎已全部断裂，当混合料底部跨中位置一定区域内大量物质点损伤累积过度，混合料内部将产生宏观裂纹，裂纹周边损伤较大物质点应力也将迅速消散，降低为接近 0 MPa。同时，在裂纹尖端处的骨料内部呈现出明显的应力集中现象，应力向裂纹尖端区域转移，裂纹尖端处物质点应力激增，在 $t=320000$ dt 时，已有宏观裂纹生成，此时，裂纹尖端位于钢渣内部，且裂纹尖端临近钢渣内开口孔隙区域，因此 5-34(c) 中白色圆圈标注位置的开口孔隙周边也出现了明显的应力集中现象，导致裂纹向开口孔隙处发展；但由于开口孔隙内部含有无效沥青，无效沥青内部应力很小且无法发生断裂，最终裂纹沿无效沥青与钢渣界面处发展并贯穿整颗钢渣。当 $t=400000$ dt 时，物质点损伤已几乎贯穿混合料，但此时，在加载端仍有较大的应力，这是因为裂纹的扩展相对物质点损伤有一定的滞后性，即物质点损伤率先向上发展并逐步加深，当物质点损伤累积至一定程度后宏观裂纹才能继续扩展。最

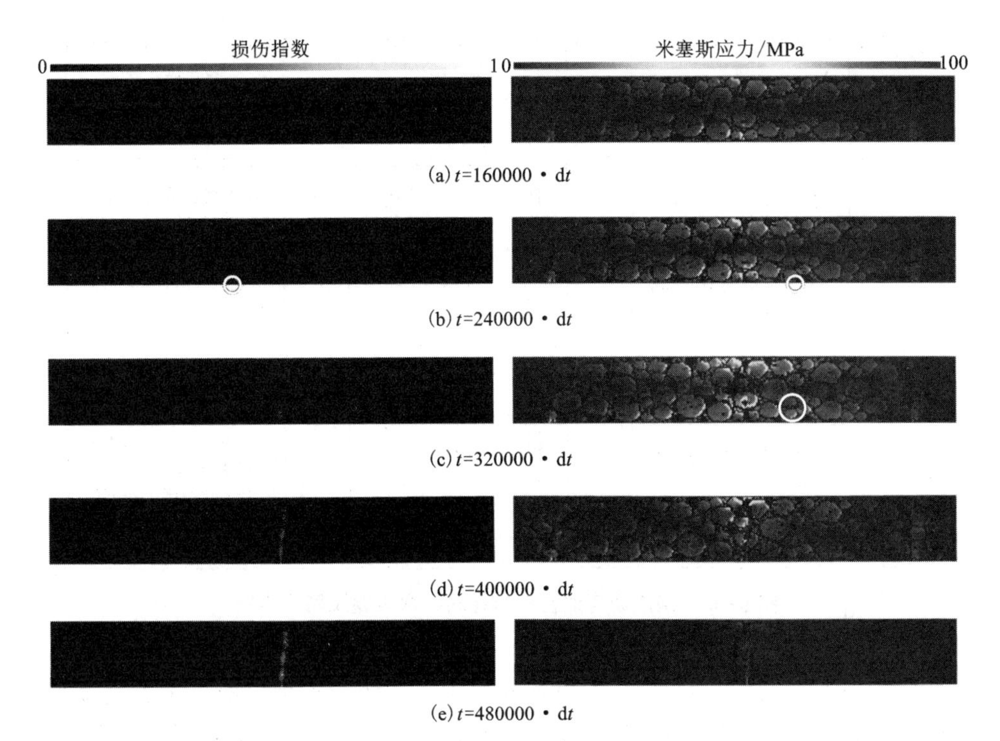

(a) t=160000 • dt

(b) t=240000 • dt

(c) t=320000 • dt

(d) t=400000 • dt

(e) t=480000 • dt

图 5-34　钢渣沥青混合料不同阶段的损伤云图(左)与应力云图(右)

终当 t=480000 dt 时，尽管裂纹仍未贯穿整个试件，但混合料内部应力已几乎全部消散，试件失效，应力-应变曲线降至零点。

5.6　钢渣沥青路面工艺技术

相较于天然集料，由于钢渣自身密度大、开口孔隙多等特点，造成钢渣沥青混合料仍存在一些技术难题，针对这些技术难题，本节将提出解决方案如图 5-35 所示。

首先，沥青混合料的级配设计理论为体积设计理论，而在实际工程中，则采用质量称量的方法控制级配，如果沥青混合料包含两种或两种以上集料(例如石灰岩和玄武岩)，通常容易忽略两种集料的密度差异。考虑到石灰岩和玄武岩的密度相差不大，采用质量称量对级配的影响不大。但由于钢渣和天然集料的密度相差较大，当混合使用钢渣和天然集料时，在对钢渣沥青混合料进行配合比设计时，如果将级配曲线的通过率理解为质量通过率，其级配曲线和天然集料的级配曲线势必有所不同。

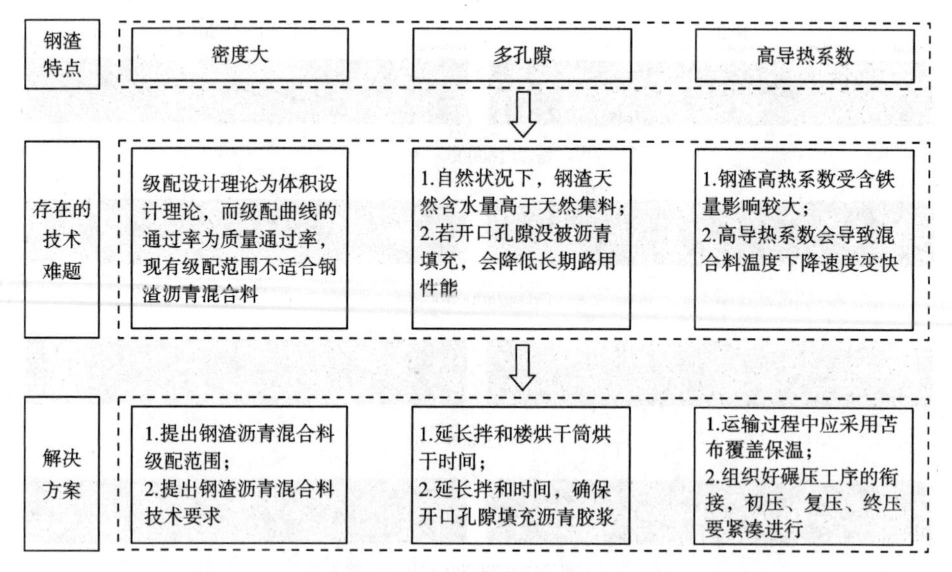

图 5-35　钢渣沥青混合料存在的技术难题及解决方案

其次，钢渣是多孔隙材料，在自然状况下，天然含水量一般高于天然集料。因此，钢渣用烘干筒烘干时往往需要更长的时间，以确保钢渣能够烘干。为了保证钢渣沥青混合料的路用性能，可延长拌和机湿拌时间 10~15 s。延长湿拌时间，有利于沥青充分填充钢渣表面的开口孔隙，提高沥青-钢渣的裹覆面积及黏结强度，进而可以有效防止水分进入沥青-钢渣界面，提高混合料的抗水损害能力及耐久性。

最后，由于钢渣成分比较复杂，且成分波动比较大，尤其当其含铁量比较高时，导热系数取值相对较高，宏观表现为更容易发生热传导。这对混合料运输过程中的保温措施及压实速率就提出了更高的要求。运输车辆在运输过程中应采用苫布覆盖，可起到对钢渣沥青混合料的保温作用。在碾压环节，应配备足够数量的压路机，组织好碾压工序的衔接，初压、复压、终压要紧凑进行，以防止混合料温度下降过快，而导致压实度不足的现象产生。

钢渣沥青路面表面层施工工艺流程如图 5-36 所示，主要工艺流程包括：原材料检验、配合比设计、洒布黏层油、拌和楼拌制、混合料运输、摊铺、碾压(初压、复压、终压)、验收、社会经济效益测算。

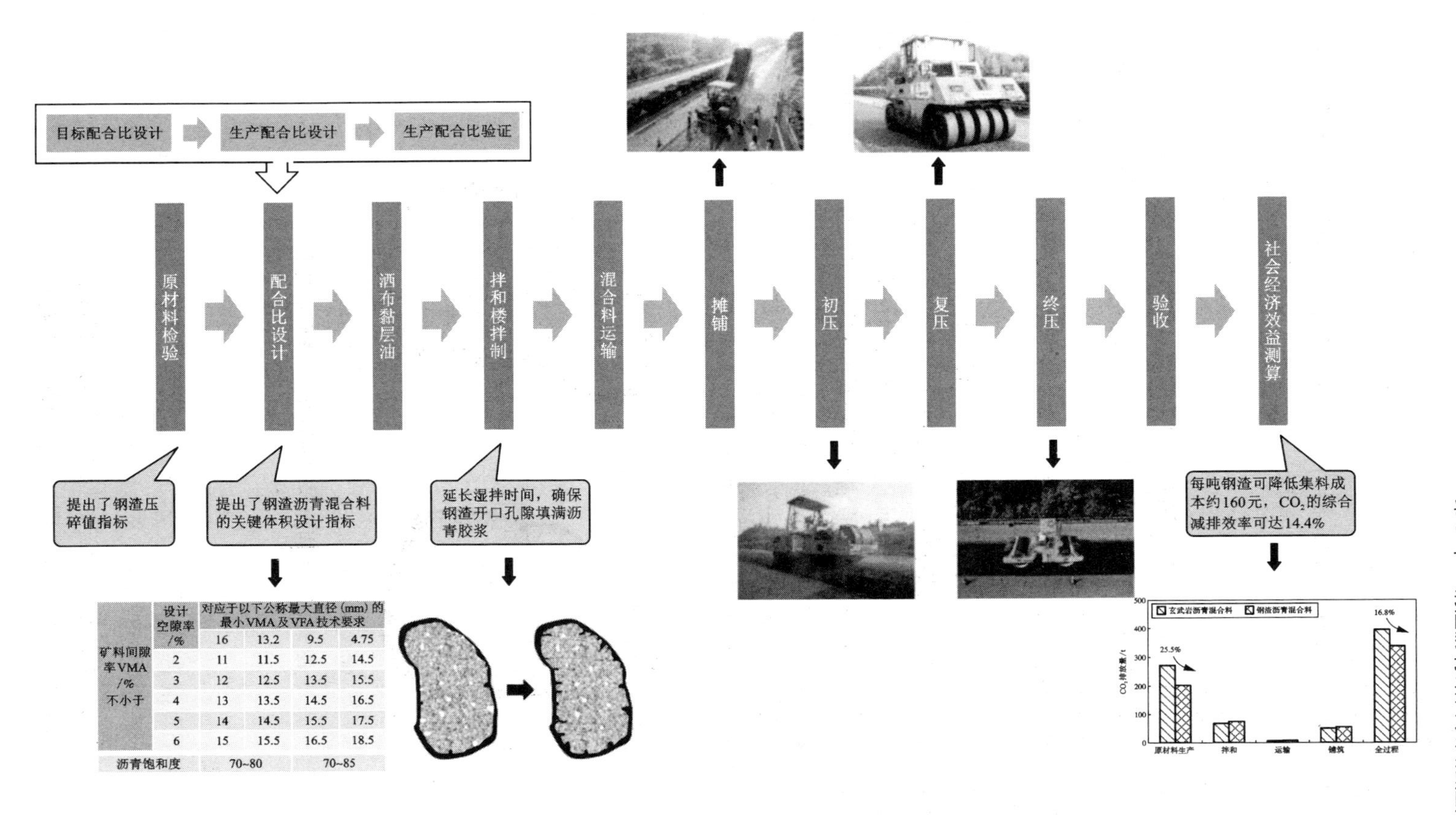

矿料间隙率VMA /% 不小于	设计空隙率/%	对应于以下公称最大直径（mm）的最小VMA及VFA技术要求			
		16	13.2	9.5	4.75
	2	11	11.5	12.5	14.5
	3	12	12.5	13.5	15.5
	4	13	13.5	14.5	16.5
	5	14	14.5	15.5	17.5
	6	15	15.5	16.5	18.5
沥青饱和度		70~80		70~85	

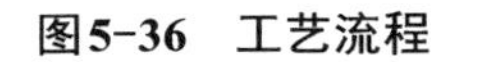

图5-36　工艺流程

具体操作要点如下。

(1)原路面铣刨

采用冷铣刨机对原路面进行铣刨后，采用路面清扫机清扫残余沥青回收料，然后施工人员采用吹风机除尘，清理界面。在原路面裂缝处，沿裂缝铺设抗裂贴。

(2)洒布黏层油

采用沥青洒布车喷洒黏层油，洒布速度和喷洒量应保持稳定，确保在路面全宽度内均匀分布成一薄层，不得有洒花漏空或成条状，也不得有堆积。喷洒不足的要补洒，喷洒过量处应刮除。黏层油喷洒后，严禁运料车外的其他车辆和行人通过。待乳化沥青破乳、水分蒸发完成后，紧跟着摊铺钢渣沥青混合料。

(3)拌和

拌和机按照生产配合比设计结果进行拌和楼试拌，并取样进行马歇尔试验，同时从路上钻取芯样观察空隙率的大小，由此确定生产用的标准配合比。由于钢渣具有开口孔隙多的特点，为了保证钢渣沥青混合料的路用性能，可延长拌和机湿拌时间 10~15 s。图 5-37 给出了常规拌和时间和湿拌时间延长 10~15 s 的沥青-钢渣裹附效果，可以看出，延长湿拌时间有利于沥青充分填充钢渣表面的开口孔隙，提高沥青-钢渣的裹覆面积及黏结强度，进而有效防止水分进入沥青-钢渣界面，提高混合料的抗水损害能力及耐久性。

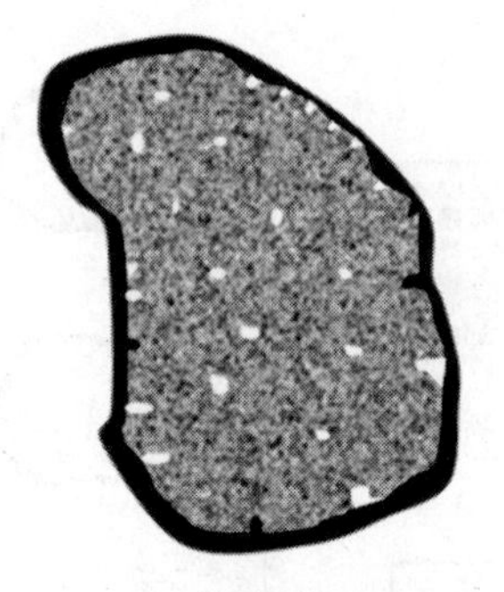

(a) 常规拌和时间

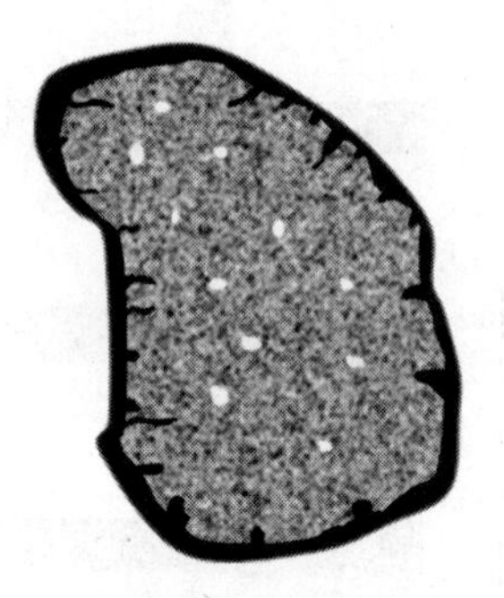

(b) 湿拌时间延长10~15 s

图 5-37　不同拌和时间沥青-钢渣裹附效果

(4)运输

由于钢渣沥青混合料密度高于采用玄武岩/石灰岩制备的沥青混合料，因此，运输过程中运料车不得超载运输，运力应稍有富余。

①在生产前对所有运输车辆进行检查，车辆两侧加装保温层，并配备覆盖油布，同时在装料前对运输车进行清理，车厢内部涂抹隔离剂。

②混合料装车过程中，运料车装料时按照后、前、中移动分三堆装料。

③运料车在运输过程中，运输车应用覆盖苫布的方式进行保温，覆盖基本到位。对料车内沥青混合料进行到场温度抽查并记录。

(5)摊铺

摊铺段落内，黏层表面干燥、无浮灰，符合摊铺条件。现场摊铺采用一台摊铺机进行梯队作业。现场测定摊铺机摊铺平均速度为2.5 m/min，料车供需应可以满足连续摊铺。从摊铺现场情况来看，铺面整体均匀性较好。

(6)碾压

初压采用双钢轮压路机，紧跟在摊铺机后进行。碾压平均速度为2.3 km/h，初压温度控制在145～150 ℃，平均碾压遍数为4遍。

复压采用胶轮压路机，平均速度为5.7 km/h，复压温度控制在132～138 ℃，平均碾压遍数为7遍。

终压采用双钢轮压路机，紧跟在复压后进行，平均碾压遍数为3遍。

(7)开放交通

钢渣沥青路面待表面温度降为50 ℃以下后，方可开放交通。开放交通前，对路面标志标线进行施划。

5.7　经济效益社会环境效益

5.7.1　经济效益

表5-13列出了钢渣沥青路面上面层AC-13原材料及施工成本。计算结果表明钢渣沥青路面上面层AC-13原材料及施工成本为42.0元/m^2，比粗集料采用玄武岩的沥青混合料减少了6.8元/m^2，费用降低百分比为13.9%。将钢渣替代玄武岩用于上面层的方案经济效益显著。

表5-13　钢渣沥青路面上面层AC-13原材料及施工成本

序号	原材料	单价	AC-13		AC-13(钢渣)	
			质量百分比/%	合价/(元·t^{-1})	质量百分比/%	合价/(元·t^{-1})
1	钢渣	86(元·t^{-1})	—	—	69.7	59.9
2	玄武岩	249(元·t^{-1})	64.8	161.3	—	—
3	石灰石	87(元·t^{-1})	26.7	23.2	21.0	18.3
4	矿粉	262(元·t^{-1})	3.8	10.0	4.8	12.5

续表5-14

序号	原材料	单价	AC-13		AC-13(钢渣)	
			质量百分比/%	合价/(元·t^{-1})	质量百分比/%	合价/(元·t^{-1})
5	SBS 改性沥青	4805(元·t^{-1})	4.8	228.8	4.6	220.1
6	混合料拌和	30(元·t^{-1})		30.0		30.0
7	混合料运输	0.7(元·t^{-1})		21.0		21.0
8	摊铺、碾压	2.5 元/m^2		25.6		22.9
9	合计/(元·t^{-1})			499.9		384.7
10	折算单价/(元·m^{-2})			48.8		42.0

5.7.2 社会环境效益

施工过程包括原材料生产、拌和、运输、摊铺、碾压等施工环节，各个施工过程中的碳排放列于表 5-14 中。相较于玄武岩沥青混合料，钢渣沥青混合料在全过程中 CO_2 的综合减排效率为 14.4%(图 5-38)，最主要的减排环节为原材料生产环节，减排效率为 25.5%。

表 5-14　1000 m^3 混合料生命周期全过程 CO_2 减排

施工工艺		不同阶段 CO_2 排放量/t				
		原材料生产	拌和	运输	摊铺	全过程
钢渣沥青混合料	机械能耗碳排放	202.7	73.99	5.87	3.43	286.0
	高温挥发碳排放	—	0.10	0.63	50.86	51.6
	合计	202.7	74.1	6.5	54.3	337.6
玄武岩沥青混合料	机械能耗碳排放	271.9	66.91	5.29	3.43	347.5
	高温挥发碳排放	—	0.09	0.57	46.00	46.7
	合计	271.9	67.0	5.9	49.4	394.2
减排百分比/%		25.5	-10.6	-10.2	-9.9	14.4

钢渣在热闷或长期堆放过程中，其所含的 CaO、MgO 等碱性物质首先会与空气中的水发生反应，生成钙、镁等离子；同时空气中的 CO_2 溶解在水中会生成碳酸根离子；最后钙、镁等离子与碳酸根离子发生酸碱中和反应，生成稳定的碳酸

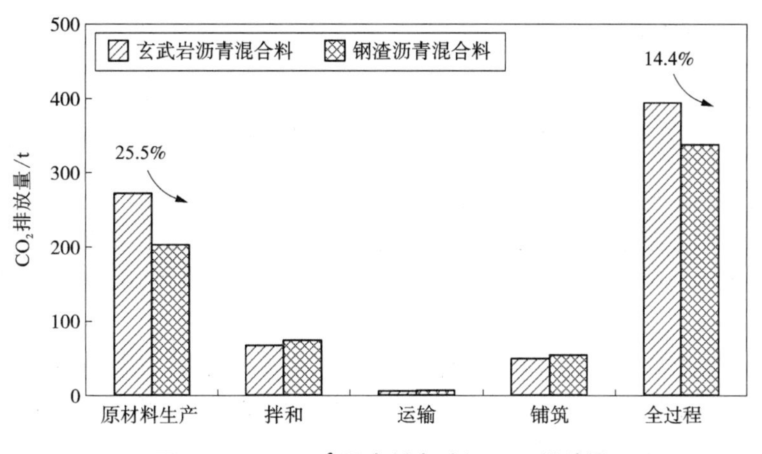

图 5-38　1000 m^3 混合料全过程 CO_2 排放量

钙、碳酸镁等物质。上述钢渣碳化反应的自由能均为负值，从热力学的角度来看，该反应可自发进行，因此钢渣自身具有固碳能力。但目前实验室中钢渣碳酸化率仍不高，一般低于 20%。可以预见，在自然环境条件下，钢渣的碳化速率会更加缓慢，其实际汇碳量远小于理论最大汇碳量，图 5-39 给出了 1000 m^3 沥青混合料 AC-13 在不同钢渣掺量及不同固碳率条件下的汇碳量，可以看出，当钢渣占混合料的质量比=70%，同时固碳率达到 20%时，可以吸收 152.9 t 的 CO_2。随着钢渣碳捕集与封存技术向高效、低成本及操作性强的方向发展，钢渣的汇碳量将十分可观。届时，钢渣沥青混合料有望成为零碳建材。

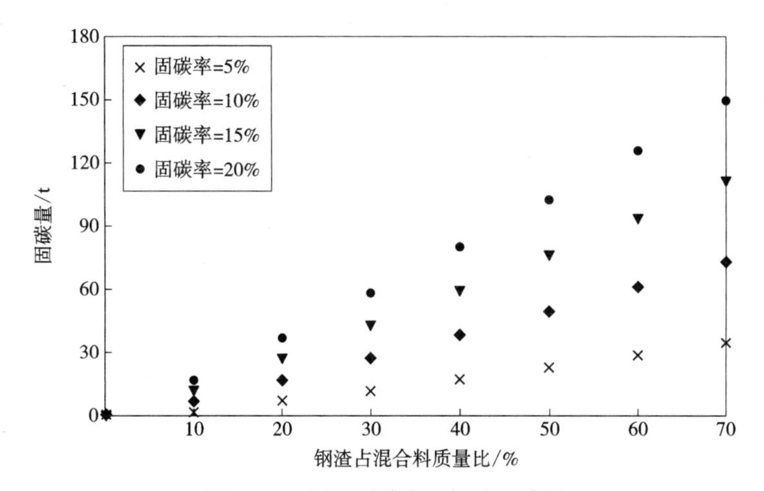

图 5-39　不同固碳率下钢渣固碳量

5.8 本章小结

本章首先开展了钢渣单颗粒破碎试验，并基于 Weibull 模型探究了钢渣单颗粒破碎强度的统计分布规律；随后，基于近场动力学理论开展了考虑钢渣颗粒真实形状的三维单颗粒破碎模拟，探究了表面开口孔隙对钢渣单颗粒破碎的裂纹扩展形式与碎片分布模式的影响，建立了考虑钢渣表面开口孔隙与钢渣对沥青吸附作用的随机骨料模型，基于单颗粒破碎模拟所得材料参数开展了钢渣沥青混合料低温小梁弯曲试验的数值模拟研究，从应力分布、物质点损伤、断键等角度揭露了钢渣沥青混合料内部裂纹萌生与扩展的细观机理。最后，通过示范工程优化了钢渣沥青混合料施工工艺，提出了钢渣沥青混合料理论分析、混合料设计、现场施工成套技术指标，本章主要研究结论如下。

①钢渣的单颗粒破碎强度符合 Weibull 分布，拟合所得 Weibull 模量 $m=1.9380$，特征强度 $\sigma_0=0.0157$ GPa，相较于常规沥青骨料、堆石料等常见颗粒材料钢渣的单破碎强度更高，但单破碎强度的离散性也更高。

②钢渣沥青混合料低温小梁弯曲试验的近场动力学模拟所得荷载-位移曲线能够与试验结果保持一致，根据模拟所得断裂形式与断键数可知，试件主要沿钢渣与沥青-钢渣界面发生断裂且贯穿了钢渣的开口孔隙，与试验结果相同。

③针对钢渣开口孔隙多、密度大等特点，提出了钢渣沥青混合料的关键体积设计指标，其中对于高温多雨地区重载交通的表面层，混合料的空隙率调整为2%~4%，沥青饱和度调整为70%~85%，实现了钢渣100%替代粗集料。

④与传统沥青混合料拌和工艺相比，本技术需要延长钢渣沥青混合料湿拌时间10~15 s，使沥青胶浆有效填满钢渣的开口孔隙，大幅提高了钢渣沥青混合料的路用性能，同时采用 LCA 分析方法测算得到钢渣沥青路面建设期 CO_2 排放量降低了14.4%。

第 6 章
粉状固废在道路工程中资源化利用技术

6.1　技术背景

随着近些年来对资源化利用技术不断的研究，对无机固废的处理逐渐资源化、精细化，对于无机固废深加工制备的粗骨料乃至细骨料的利用已经形成产业化；但对于微粉含量较高的粉状固废，依旧难以有效利用。与此同时，我国每年都有大量道路垃圾、建筑垃圾等无机固废产出，其处理已经成为比较急迫的问题。

在道路建设过程中，区域跨度较大，变化复杂，经常会遇到淤泥、高液限黏土等诸多不良土质。这些不良土质不能直接利用，通常需要经过换填或改良处理。换填存在大量道路渣土堆放难以处理的问题，而传统的水泥、石灰改良存在耐久性不佳的问题。与此同时，在当前国家不断加强生态保护的背景下，天然砂石料资源日益短缺。固化技术作为一种能够处理道路渣土，减少不可再生资源石料消耗的技术，具有极高的经济环境价值。

综合考虑上述因素，以固化技术为核心的多源粉状固废固化技术，能够利用固化剂活化粉状固废颗粒表面活性，实现道路粉状固废的原位再生利用，并且可以消纳其他粉状固废，如建筑垃圾等。固化技术在解决这些粉状固废去处的同时，通过合理的配比设计还能提升道路粉状固废固化性能，协同固化制备道路基层材料。

6.2　国内外研究现状

以固化技术为核心的粉状固废固化技术最为重要的是土壤固化剂的开发，如何激发粉状固废活性，提升固化材料性能是多源粉状固废固化技术中土壤固化剂开发的研究重点。

国外土壤固化剂的研究发展较快，种类繁多，并且已经有成熟完备的生产销售体系，并且规模不断扩大，在全球范围内进行了大量的应用。其中比较有代表性的土壤固化剂有澳大利亚的 CCSS 和 Roadbond，南非的 ISS，美国的帕尔玛、BS-100、TS-100、路邦 EN-1 等，日本的 ATST 等。随着研究的不断深入和时代的进步，除了固化性能，科学家们开始考虑环保、碳排放、固废利用等方面的内容。如 Mulatu Tamiru 研究了咖啡壳灰对膨胀土的改良作用。Y. F. Arifin 用轻质砖废料对红土、有机土和膨胀土进行了改良，结果表明，轻质砖废料的加入能够降低液限和塑性指数，提高土壤的抗剪强度。P. Chindaprasirt 对用乙炔生产过程的副产品电石残渣(CCR)稳定后的红土工程性能进行了研究，试验结果表明，随着固化时间的延长，CCR 稳定后的红土工程性能显著改善，证实了 CCR 中氢氧化钙与红土黏土组分的火山灰反应。Anjali Gupta 研究了用水泥、水泥-炉渣混合(1∶1)、水泥-钢渣混合(1∶1)稳定/固化的被污染疏浚土作为公路路基材料的适用性。Ergo Rikmann 采用油页岩火山灰和火山灰添加剂对泥炭土进行了固化。Angelo Magno dos Santos e Silva 研究了使用稻壳灰和磷酸混合稳定红土在不同固化龄期下的回弹模量和抗压强度。

我国的固化技术的发展可追溯到 20 世纪 90 年代，从美、日、澳等国家引入新型固化剂，开展了相应的本土化研究。1998 年，建设部发布了土壤固化剂行业标准。之后，我国针对固化技术开展了大量的研究。邢明亮等对离子型土壤固化剂在水中扩散规律以及与土拌和后的分布规律进行了研究。任瑞波等对水基聚合物掺量和失水养护温度、时间对固化土强度影响规律进行了研究。罗晓光等进行了生物酶土壤固化筑路技术在高速公路底基层中的应用研究。同时，我国自主研制了适合我国土壤土质的土壤固化剂。周永祥等采用钢渣粉、CFB 脱硫灰、稻壳灰等多种低品质固废作为无熟料胶凝材料制备流态固化土，并进行了相应试验。李新宇等用矿渣-粉煤灰基地聚合物作为固化剂，对临江软弱土进行了固化研究。孙仁娟等利用矿渣、粉煤灰和脱硫石膏等固废制备了粉土固化剂，研究了其路用性能。我国的固化技术逐渐成熟，但受环境、资源、技术条件等影响，所用固化材料仍较为传统，更加倾向于无机胶凝材料的研究应用，尤其是粉状固废的胶凝活化，能够响应国家对于固废资源化利用的号召，是近期的研究重点。

在双碳背景下，我国部分学者也开始响应环保、低碳等方面的要求，主要包括固废利用和重金属固化等方面。如 Mingli Wei 等开发了一种新的由草酸活化的磷酸岩、磷酸单钾(磷酸一钾)和活性镁(氧化镁)制成的固化剂，研究了其固化含有锌、铅污染物的土壤的酸中和能力、强度特性、浸水耐久性、弹性模量和孔径分布。Jianzun Lu 认为从固体废物中提取的非传统土壤固化剂有望通过某些物理、化学和生物处理制备成超疏水的土壤固化剂，并讨论了新型超疏水土壤固化剂的制备方法。Xufang Zhang 将盐渍土、矿渣、脱硫石膏和熟料混合制备了道路固化土。矿渣、脱硫石膏、熟料掺量为 14%时，试样抗压强度可达 6.11 MPa。

结合国内外固化土作为道路结构层的研究，目前还存在以下痛点，而解决这些行业痛点也是固化土应用技术发展的必然趋势。

①固化土在道路工程中主要应用于路基等较低层位中，缺乏针对道路基层中适用固化剂及固化土的系统研究。

②不同类型的固化剂适用的土壤性质和条件不同，缺乏针对不同类型土壤特性的固化剂机理分析。

③土壤固化剂掺量低能够降低成本，但同时也带来了均匀性难以控制的问题。在实际施工中，均匀性控制不佳会直接影响工程质量，这极大地影响了土壤固化技术的推广应用。

6.3　原材料性能

本节对长江中游地区几种典型的土壤进行了分析，同时对粉状建筑垃圾、锰尾矿渣进行了研究。红黏土、粉土质砾、洗沙余泥、巨粒质土、锰尾矿主要检测结果以及土的颗粒组成分别如表 6-1、表 6-2 所示。

表 6-1　长江中游地区典型土壤检测结果

项目	红黏土	粉土质砾	洗沙余泥	巨粒质土
液限 w_L/%	60.6	39.4	40.2	—
塑限 w_p/%	36.3	25.0	24.0	—
塑性指数 I_P	24.3	14.4	16.2	—
最大干密度/($g \cdot cm^{-3}$)	1.79	1.80	1.75	2.17
最佳含水率/%	15.4	18.4	15.5	6.4
取土位置	平益高速临时弃土场	宁韶高速鱼形山 C 匝道	宁韶高速弃土场	宁韶高速鱼形山 D 匝道
工程分类	含砂高液限黏土(CHS)	粉土质砾(GM)	含细粒土砂(SF)	卵石质土(SlCb)

表 6-2　土的颗粒组成

材料类型	通过下列圆孔筛径(mm)的质量百分比/%					
	10.000	5.000	2.000	0.500	0.250	0.075
红黏土	100	98.3	90.7	76.1	68.6	58.5
粉土质砾	100	66.4	37.4	17.1	11.6	1.4
洗沙余泥	100	99.9	99.8	97.6	88.2	13.1
粉状建筑垃圾	100	99.6	97.7	77.9	46.0	3.5

6.4　加州承载比

1. 试验方案

用于路基填筑时，力学性能的控制指标为 CBR(加州承载比)。选取因 CBR 较低无法直接作为填料的含砂高液限黏土作为研究对象，在土中掺配不同比例的水泥和固化剂。通过固化土的贯入试验，得到相应的 CBR 值，根据试验结果选择最佳的掺配比例，从而既能满足试验规范和设计要求，又能节约经济成本和时间成本。试验方案如表 6-3、表 6-4 所示。

表 6-3　加州承载比试验方案

试验方案	水泥掺量(占土重量的比例)/%	固化剂掺量(占土重量的比例)/%
1	3	0.01
2	2	0.01
3	1	0.01
4	3	0
5	2	0

表 6-4　浸水试验方案

试验方案	水泥掺量 (占土重量的比例)/%	固化剂掺量 (占土重量的比例)/%	时间/d
1	3.0	0.01	1、3、14
2	2.0	0.01	1、3、14

续表6-4

试验方案	水泥掺量 (占土重量的比例)/%	固化剂掺量 (占土重量的比例)/%	时间/d
3	1.5	0.01	1、3、14
4	1.0	0.01	1、3、14
5	4.0	0	1、3、14
6	3.0	0	1、3、14
7	2.0	0	1、3、14
8	1.0	0	1、3、14

2. 贯入试验(CBR)

贯入试验结果见表 6-5。

表 6-5　贯入试验结果汇总

试验方案	水泥掺量/%	固化剂掺量/%	93 区 CBR 值/%	94 区 CBR 值/%
1	3	0.01	151.4	151.9
2	2	0.01	124.1	124.4
3	1	0.01	19.5	19.6
4	3	0	25.7	26.3
5	2	0	15.1	16.0

由表 6-5 可知，固化土 CBR 值的范围为 15.1%~151.4%，远大于原状土 CBR 值 2.6%，满足规范和设计要求。随水泥用量的增加，CBR 值逐渐增大，水泥用量相同的情况下，掺固化剂的固化土 CBR 值比仅用水泥固化的固化土 CBR 值提高 5.9~8.2 倍，固化剂的添加对提高固化土 CBR 值具有非常明显的作用。

3. 浸水试验

制作 50 mm×50 mm 的试件，底部浸入水中，观察试件松散情况，具体的如表 6-6 所示。

表 6-6　浸水 1 d 后试件的状态

试验方案	水泥掺量(占土重量的比例)/%	固化剂掺量(占土重量的比例)/%	时间/d	浸水后状态	图片
1	3.0	0.01	1	稳固	
2	2.0	0.01	1	稳固	
3	1.5	0.01	1	较稳固	
4	1.0	0.01	1	局部松散	
5	4.0	0	1	稳固	
6	3.0	0	1	稳固	
7	2.0	0	1	局部松散、开裂	
8	1.0	0	1	大部分松散	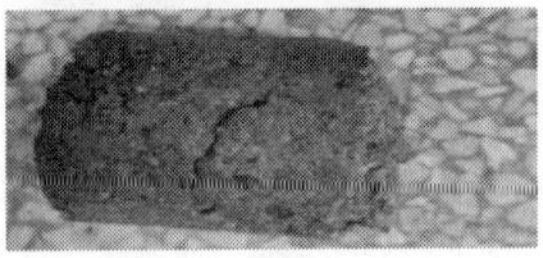

6.5　无侧限抗压强度及水稳定性

道路工程基层材料力学性能通常采用7 d无侧限抗压强度作为控制指标，本节对部分原材料单独及复合固化后的无侧限抗压强度进行了研究，具体的如表6-7所示。并考虑到耐久性的需求，对水稳定性也进行了研究。其中所用固化剂A、B及粉体固化剂均为市售固化剂，固化剂C由湖南省交通科学研究院有限公司研发。

表6-7　多源粉状固废复合固化无侧限抗压强度

<table>
<tr><th>序号</th><th>高液限黏土
/%</th><th>粉状建筑垃圾
/%</th><th>水泥
/%</th><th>固化剂
/%</th><th>7 d无侧限抗压强度
/MPa</th></tr>
<tr><td>1</td><td rowspan="8">100</td><td rowspan="8">0</td><td>0</td><td rowspan="5">0</td><td>—</td></tr>
<tr><td>2</td><td>6</td><td>1.1</td></tr>
<tr><td>3</td><td>8</td><td>1.8</td></tr>
<tr><td>4</td><td>10</td><td>2.4</td></tr>
<tr><td>5</td><td>12</td><td>2.8</td></tr>
<tr><td>6</td><td>6</td><td>固化剂B(0.03)</td><td>1.0</td></tr>
<tr><td>7</td><td>0</td><td>粉体固化剂(6)</td><td>0.3</td></tr>
<tr><td>8</td><td>0</td><td>粉体固化剂(10)</td><td>0.4</td></tr>
<tr><td>9</td><td rowspan="7">60</td><td rowspan="7">40</td><td rowspan="6">8</td><td>0</td><td>3.0</td></tr>
<tr><td>10</td><td>固化剂A(0.035)</td><td>3.4</td></tr>
<tr><td>11</td><td>固化剂B(0.035)</td><td>3.1</td></tr>
<tr><td>12</td><td>固化剂C(0.02)</td><td>3.1</td></tr>
<tr><td>13</td><td>固化剂C(0.035)</td><td>3.4</td></tr>
<tr><td>14</td><td>固化剂C(0.07)</td><td>3.5</td></tr>
<tr><td>15</td><td>12</td><td>固化剂C(0.035)</td><td>4.2</td></tr>
</table>

为测试多源粉状固废固化材料的水稳定性，按60%渣土+40%粉状建筑垃圾+8%水泥(外掺)配合比成型50 mm×50 mm圆柱形试件，标准条件下浸水养护，试验结果如表6-8所示。

表 6-8 浸水吸水量(g)

浸水天数	0% 对照组	0.02% 固化剂 C	0.035% 固化剂 C	0.07% 固化剂 C	0.035% 固化剂 A	0.035% 固化剂 B
1 d	0.20	0.20	0.20	0.20	0.20	0.15
7 d	0.80	0.70	0.60	0.30	0.70	0.60
28 d	1.20	0.95	0.90	0.70	0.90	0.85
60 d	1.40	1.30	1.25	0.85	1.10	1.10
120 d	1.60	1.50	1.30	1.05	1.15	1.20

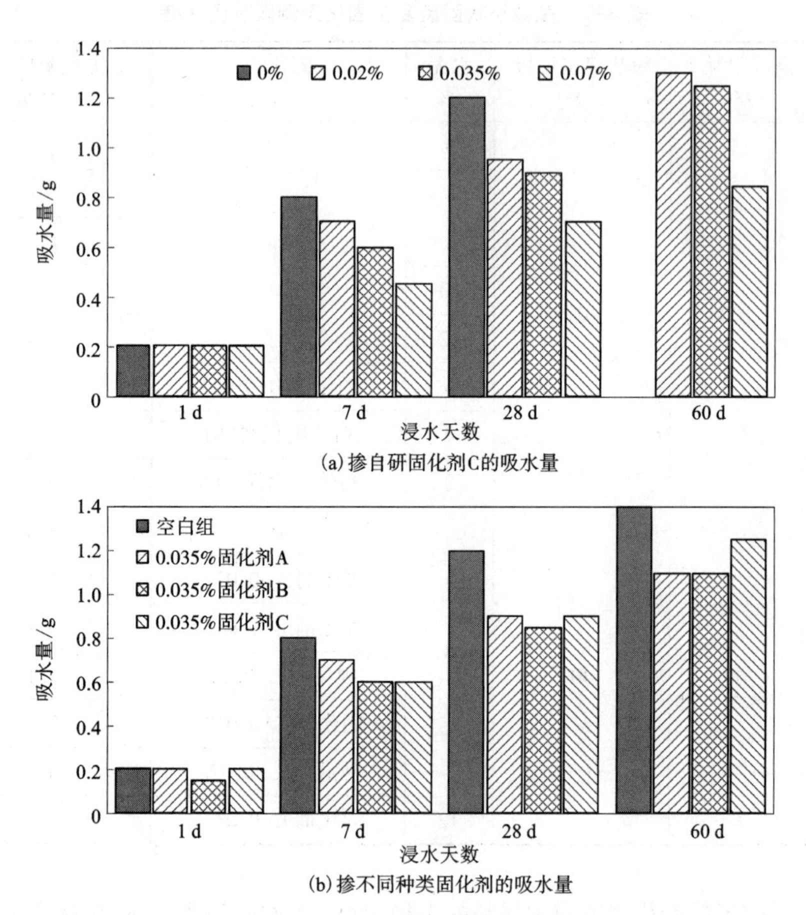

(a)掺自研固化剂C的吸水量

(b)掺不同种类固化剂的吸水量

图 6-1 浸水试验吸水量对比图

由图 6-1 可以看出，浸水两个月后试件表观均没有损坏，说明在 8%水泥掺量下，具有较好的水稳定性。但是通过对试件吸水量的跟踪记录，可以发现，随着固化剂的加入，吸水量会降低，抵抗水损害的能力会增强。可以预测固化剂的加入，可以提升耐水性能。通过对比三种固化剂可知：相同掺量下，吸水量基本持平，这反映出同类优异液体固化剂产品有相近的疏水性能。

为了进一步评估湖南省交通科学研究院有限公司研发的固化剂 C 的水稳定性能，参照《土壤固化外加剂》(CJ/T 486—2015)及《土壤固化剂应用技术标准》(CJJ/T 286—2018)，对三种不同土壤进行了固化试验，相关结果如表 6-9 所示。

表 6-9　无侧限抗压强度及水稳系数

土壤类别	水泥掺量/%	固化剂掺量/%	7 d 无侧限抗压强度(未浸水)/MPa	7 d 饱水无侧限抗压强度/MPa	水稳系数/%
粉土质砾	4	0.01	0.81	0.80	98.8
含砂高液限黏土	6	0.03	0.89	0.85	107.7
洗沙余泥	6	0.02	1.17	1.16	99.1

由表 6-9 可知，水稳系数均满足《土壤固化剂应用技术标准》(CJJ/T 286—2018)中水稳系数≥80%的要求。

6.6　较高含水率土壤固化研究

6.6.1　试验材料与方案

1. 试验材料

本文所用土料为高液限黏土，取自某高速公路服务区匝道土壤固化垫层项目附近取土点，物理性质如表 6-10 及表 6-11 所示；所用尾矿微粉取自郴州，为经过活化处理的钨尾矿微粉，颗粒级配如表 6-11 所示，含水率小于 1%；所用粉体固化剂为利用矿渣、脱硫石膏等为主要原料配制的粉状固化剂，主要成分如表 6-12 所示，含水率小于 1%；所用液体固化剂为有机-无机复合固化剂，物理性质如表 6-13 所示，需配合水泥或石灰使用；所用水泥为 P.O 42.5 水泥(含水率小于 1%)，物理化学性质如表 6-14 所示。

表 6-10　土料液限、塑限、塑性指数最大干密度及最佳含水率

液限 w_L/%	塑限 w_p/%	塑性指数 I_p	最大干密度/(g·cm^{-3})	最佳含水率/%
52.3	23.6	28.7	1.86	14.3

表 6-11　土料和尾矿微粉的颗粒组成

筛径/mm	10.000	5.000	2.500	1.250	0.630	0.315	0.160	0.075
土料通过率/%	100.0	98.3	90.7	82.7	76.1	68.6	62.3	58.5
尾矿微粉通过率/%	100.0	100.0	100.0	99.9	99.7	98.9	92.2	55.8

表 6-12　粉体固化剂氧化物组成

成分	CaO	SiO_2	Al_2O_3	SO_3	MgO	Fe_2O_3	Na_2O	TiO_2	K_2O	烧失量
质量百分比/%	41.19	24.25	10.27	8.29	5.09	0.93	0.63	0.60	0.51	7.81

表 6-13　液体固化剂主要指标

pH	溶解性	密度(20 ℃, g/cm^3)	固形物含量/%
7~11	完全溶解	1.24±0.03	25.0~35.0

表 6-14　水泥物理化学性质

标准稠度用水量/%	初凝时间/min	终凝时间/min	抗折强度/MPa		抗压强度/MPa	
			3 d	28 d	3 d	28 d
28.4	240	383	8.4	18.6	34.4	48.4

2. 处理方案

以某高速公路服务区匝道土壤固化垫层项目为例，在项目周边取土点取土，土质为高液限黏土。由表 6-10 可知，塑性指数为 28.7，最佳含水率为 14.3%，而经过检测，现场含水率为 20%~25%。按照相关规范要求，一方面需对土料进行改良处理，另一方面实际实施时需要降低现场土料含水率。由于建设时正处于多雨季节，可施工窗口期短，用翻晒方式降低含水率难度大。本文所用的高液限黏土若不经过固化处理，只靠碾压后减小土壤颗粒间空隙和细颗粒的团聚变得紧实，存在遇水易崩解的问题。考虑到采用固化处理的方式对土壤进行改良时，加入的固化材料会发生水化、离子交换等物理化学反应，理论上可适当放宽含水率的限制范围。本书针对较高含水率条件下的土壤进行不同方式固化处理，探索在成本可控、工艺可行时，较高含水率条件下土壤固化技术的应用方法。

根据土壤固化领域最新的研究进展和方向，基于环保和成本考虑，本文提供了以下三种处理方法。

①加入一定量的经过活化的尾矿微粉，通过加入大量细小、干燥的尾矿微粉颗粒平衡土料水分，填充土体空隙。前期加入少量的水泥保证早期强度，并激发其潜在水硬性，为后期提供强度增长。

②加入一种粉体固化剂，该粉体固化剂为利用固废制备的无机胶凝材料，利用其较好的活性，无须加入水泥，即可在早期进行水化以消耗大量的水分，考虑到该项目补充水分比降低含水率更容易操作，故可以用于土料含水率更大(40%~50%)的情况。

③加入一种液体固化剂，该液体固化剂为离子型固化剂，通过与土壤颗粒水膜双电层进行离子交换，能够减薄水膜厚度，使得土壤颗粒被碾压得更为紧实，但需配合水泥使用，方能板结形成强度。

不同处理方式示意图如图6-2所示。

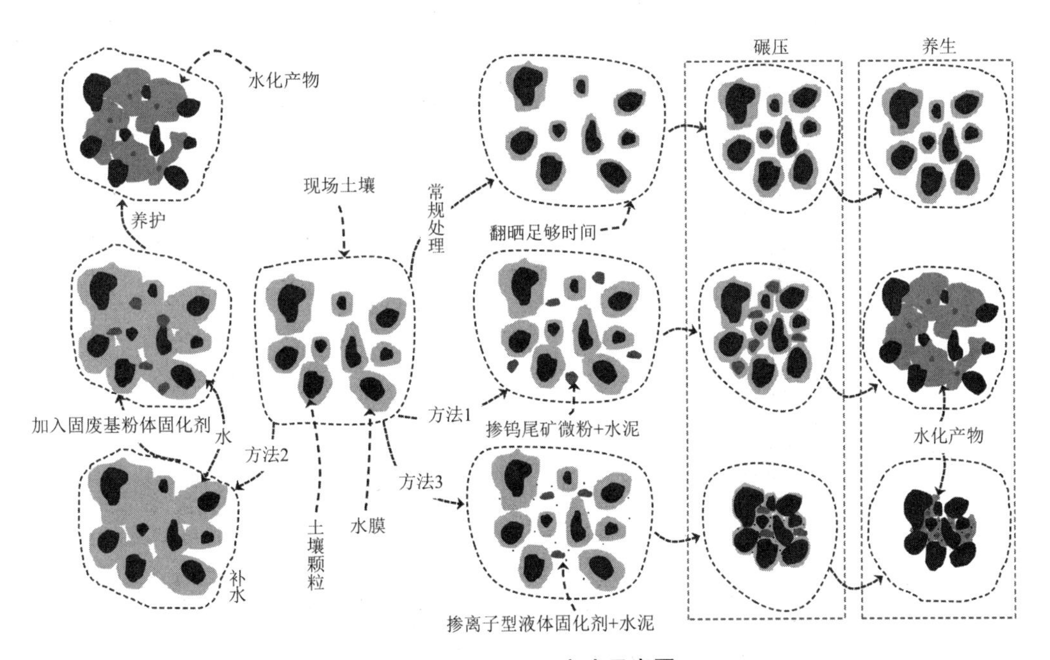

图6-2　不同处理方式示意图

3. 较高含水率土壤固化配合比设计

通过击实试验确定不同材料配比的最大干密度和最佳含水率，以便在后续试验控制含水率等参数，结果如表6-15所示。根据上述结果及现场土料含水率情况，设计试验分析高含水率条件下的固化土试验性能。并根据所用粉状固化剂的特性，补充了两组40%、50%含水率的试验，在此含水率条件下，无法采用常规的静压成型方式，故采用的是搅拌浇注成型方式。采用静压成型时，尽量控制压实度一致。成型直径 50 mm 圆柱体试件，标准条件养生 6 d 后浸水养生 1 d。采用路面材料强度试验仪进行无侧限抗压强度试验，加载速率为 1 mm/min，参照规范 JTG E51—2009 中 T0805 规定的方法执行。

表 6-15　配合比及相关参数

序号	土料：尾矿微粉：粉体固化剂：液体固化剂：水泥	最佳含水率/%	最大干密度/($g\cdot cm^{-3}$)	混合料含水率/%	成型方式	实际压实度/%
A	90：10：0：0：3	13.6	1.95	18.0	静压	96.1
B	80：20：0：0：0	12.3	1.99	18.0	静压	95.9
C-1	80：20：0：0：3	12.5	2.01	18.0	静压	96.0
C-2	80：20：0：0.02：3	12.5	2.01	18.0	静压	96.0
C-3	80：20：0：0.03：3	12.5	2.01	18.0	静压	96.0
D	80：20：0：0：5	12.6	2.00	18.0	静压	96.0
E	70：30：0：0：3	11.2	2.05	18.0	静压	96.0
F-1	95：0：5：0：0	15.9	1.89	15.9	静压	96.0
F-2	95：0：5：0：0	15.9	1.89	40.0	搅拌浇筑	—
G-1	90：0：10：0：0	16.3	1.93	16.3	静压	96.0
G-2	90：0：10：0：0	16.3	1.93	40.0	搅拌浇注	—
G-3	90：0：10：0：0	16.3	1.93	50.0	搅拌浇注	—
H-1	100：0：0：0：3	14.4	1.88	17.0	静压	96.0
H-2	100：0：0：0.02：3	14.4	1.88	17.0	静压	96.0
H-3	100：0：0：0.03：3	14.4	1.88	17.0	静压	96.0
I-1	100：0：0：0.03：5	14.5	1.90	17.0	静压	96.4
I-2	100：0：0：0.03：5	14.5	1.90	20.0	静压	95.9
I-3	100：0：0：0.03：5	14.5	1.90	23.0	静压	93.1
J-1	100：0：0：0.03：7	14.7	1.93	20.0	静压	95.9
J-2	100：0：0：0.03：7	14.7	1.93	23.0	静压	93.2
K	100：0：0：0.03：0	14.3	1.86	14.3	静压	96.0
L-1	100：0：0：0：0	14.3	1.86	18.0	静压	96.0
L-2	100：0：0：0：0	14.3	1.86	14.3	静压	96.1
L-3	100：0：0：0：0	14.3	1.86	40.0	搅拌浇注	—

6.6.2 结果与分析

1. 尾矿微粉处理结果

由于尾矿微粉的掺量较大，并且含水率小于 1%，故尾矿微粉掺量升高时土料的含水率也可以适当提高。结合现场土料 20%~25%的含水率情况，可控制混合料含水率一致而后再进行研究。本文控制的混合料含水率为 18%，试验结果如表 6-16 和图 6-3 所示。

表 6-16　7 d 无侧限抗压强度试验结果

序号	土料：尾矿微粉：粉体固化剂：液体固化剂：水泥	混合料含水率/%	土料含水率/%	强度
A	90：10：0：0：3	18.0	19.9	0.90
B	80：20：0：0：0	18.0	22.3	—
C-1	80：20：0：0：3	18.0	22.3	0.96
C-2	80：20：0：0.02：3	18.0	22.3	1.06
C-3	80：20：0：0.03：3	18.0	22.3	1.15
D	80：20：0：0：5	18.0	22.3	1.54
E	70：30：0：0：3	18.0	25.3	1.19
L-1	100：0：0：0：0	18.0	18.0	—

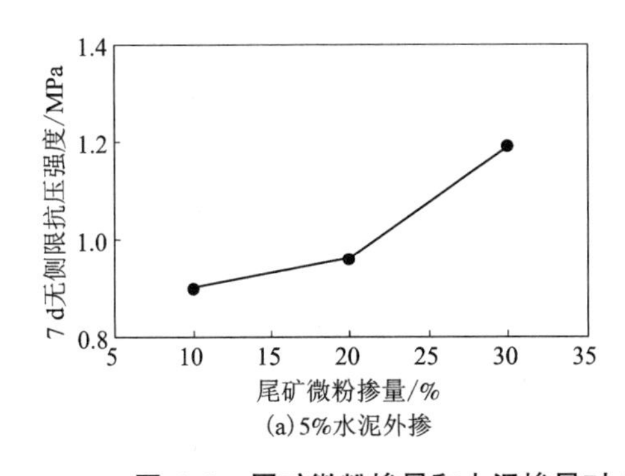

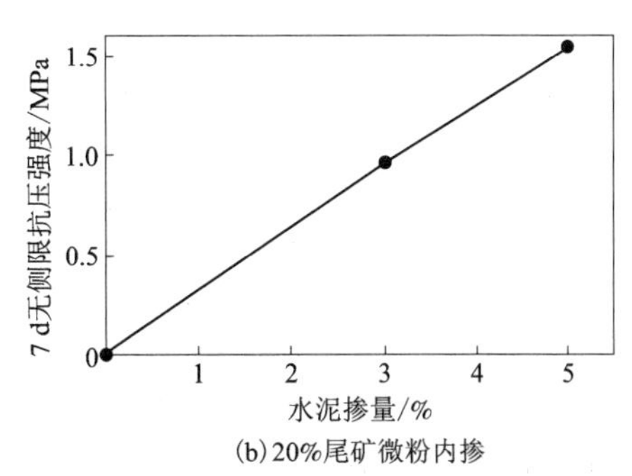

图 6-3　尾矿微粉掺量和水泥掺量对力学性能的影响(18%混合料含水率)

由图 6-3 可知，在混合料含水率和水泥掺量相同的情况下，7 d 无侧限抗压强度随着尾矿微粉掺量的增加而稳步上升，相对于尾矿微粉掺量 10%时的 7 d 无侧限抗压强度，尾矿微粉掺量为 20%、30%时，7d 无侧限抗压强度分别提升了 6.7%、32.2%。当掺 20%的尾矿微粉时，7 d 无侧限抗压强度随着水泥掺量的增加直线上升，水泥掺量为 5%时的 7 d 无侧限抗压强度相对于水泥掺量为 3%时的

7 d 无侧限抗压强度提升了 64.4%。结合上述结果可知，采用尾矿微粉进行处理，7 d 龄期时，强度主要由水泥水化提供。尾矿微粉的增强作用则体现在两方面，一方面是尾矿微粉的颗粒较细，能够填充土体空隙，使得土体更为致密。由表 6-15 可知，水泥掺量为 3%时，相对于不掺尾矿微粉，掺入 10%、20%、30%尾矿微粉时的最大干密度分别提升了 3.7%、6.9%、9.0%。另一方面则是水泥水化提供的碱性环境会对尾矿微粉起到碱激发的作用，促进尾矿微粉的水化。根据试验结果，在土料含水率超过 20%，水泥掺量不超过 5%的前提下，若需 7 d 无侧限抗压强度大于 1 MPa，则尾矿微粉的掺量需大于 20%，水泥掺量需大于 3%。

2. 粉状固化剂处理结果

采用粉状固化剂进行处理时，由于该固化剂的固化机理需要提供大量水分进行水化，故除了在最佳含水率条件下进行试验，还进行了 40%、50%含水率的试验，试验结果如表 6-17 和图 6-4 所示。

表 6-17　7 d 无侧限抗压强度试验结果

序号	土料：尾矿微粉：粉体固化剂：液体固化剂：水泥	混合料含水率/%	土料含水率/%	强度/MPa
F-1	95：0：5：0：0	15.9	16.7	0.14
F-2	95：0：5：0：0	40.0	42.0	0.30
G-1	90：0：10：0：0	16.3	18.0	0.60
G-2	90：0：10：0：0	40.0	44.3	1.89
G-3	90：0：10：0：0	50.0	55.4	0.96
L-2	100：0：0：0：0	14.3	14.3	—
L-3	100：0：0：0：0	40.0	40.0	—

由图 6-4 可知，不同的混合料含水率其 7 d 无侧限抗压强度结果不同。当掺入 10%的粉状固化剂时，7 d 无侧限抗压强度表现为随着混合料含水率的升高先上升后下降。这说明在现有的以最佳含水率静压成型的方式，其强度比浆体搅拌后直接浇筑的成型方式更低。但值得注意的是，在混合料含水率为 20%~40%时，既无法采用静压成型的方式，也无法采用搅拌浇筑的成型方式，故本方案最适宜采用的含水率为 40%。采用 40%含水率的混合料，对比不同粉状固化剂掺量对强度的影响，可以发现强度随着粉状固化剂掺量的增加而显著提升。相对于粉状固化剂掺量为 5%时的 7 d 无侧限抗压强度，粉状固化剂掺量为 10%时的 7 d 无侧限抗压强度提升了 530%。根据试验结果，若需 7 d 无侧限抗压强度大于 1 MPa，则粉状固化剂掺量需大于 5%，含水率需大于 40%小于 50%。

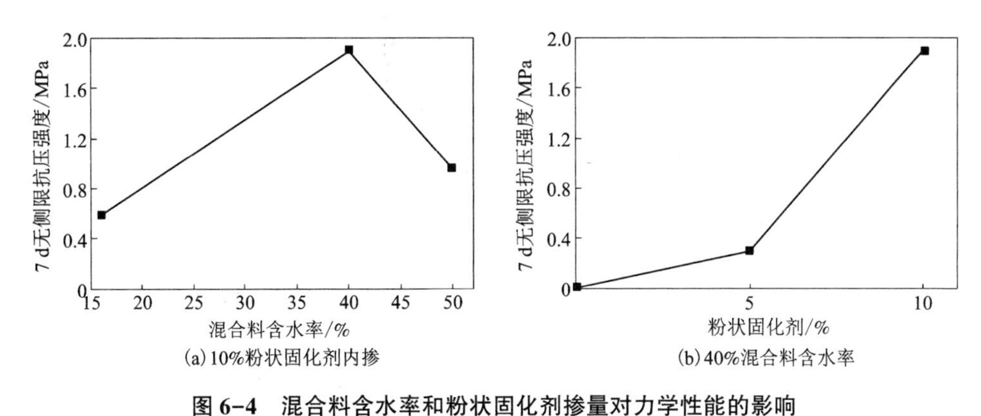

图 6-4　混合料含水率和粉状固化剂掺量对力学性能的影响

3. 离子型液体固化剂处理结果

本文研究了液体固化剂与水泥配合使用时混合料含水率对 7 d 无侧限抗压强度的影响，并掺入了 20%的尾矿微粉，研究了其在水泥和不同液体固化剂掺量的共同作用下的 7 d 无侧限抗压强度变化，试验结果如表 6-18 和图 6-5 所示。

表 6-18　7 d 无侧限抗压强度试验结果

序号	土料：尾矿微粉：粉体固化剂：液体固化剂：水泥	混合料含水率/%	土料含水率/%	强度/MPa
C-1	80：20：0：0：3	18.0	22.3	0.96
C-2	80：20：0：0.02：3	18.0	22.3	1.06
C-3	80：20：0：0.03：3	18.0	22.3	1.15
H-1	100：0：0：0：3	17.0	17.0	0.61
H-2	100：0：0：0.02：3	17.0	17.0	0.69
H-3	100：0：0：0.03：3	17.0	17.0	0.76
I-1	100：0：0：0.03：5	17.0	16.9	1.38
I-2	100：0：0：0.03：5	20.0	19.9	1.32
I-3	100：0：0：0.03：5	23.0	22.9	0.98
J-1	100：0：0：0.03：7	20.0	19.9	1.66
J-2	100：0：0：0.03：7	23.0	22.9	1.24
K	100：0：0：0.03：0	14.3	14.3	—
L-2	100：0：0：0：0	14.3	14.3	—

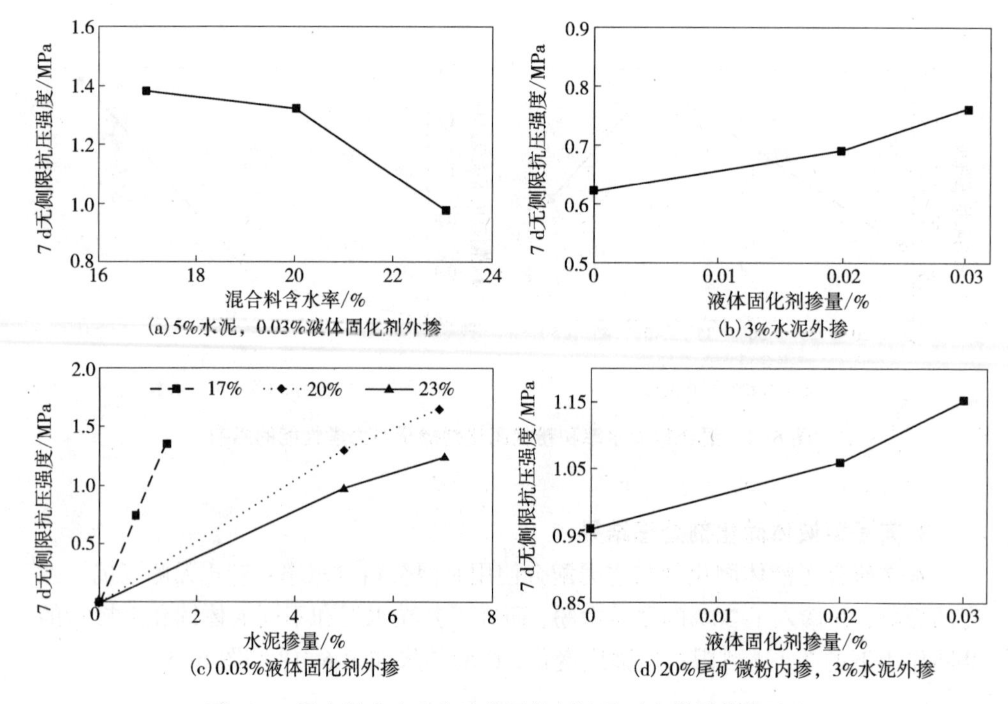

图 6-5　混合料含水率和液体固化剂掺量对力学性能的影响

由图 6-5 可知，在水泥掺量和液体固化剂掺量一定时，随着混合料含水率的升高 7 d 无侧限抗压强度逐渐下降，并且含水率越高，强度下降速率越快。当水泥掺量一定时，液体固化剂掺量的增加对强度有一定的提升作用。当液体固化剂掺量一定时，水泥掺量的增加对强度有明显的提升作用，并且混合料含水率越接近最佳含水率其提升效果越明显。当尾矿微粉、水泥掺量一定时，随着液体固化剂掺量的增加，强度也逐渐增加。根据试验结果，若需 7d 无侧限抗压强度大于 1 MPa，则水泥掺量需大于 3%，混合料含水率需小于 23%，液体固化剂掺量建议取 0.03%。

6.7　多源粉状固废高效利用装备

由于工艺各不相同，多源粉状固废固化处理目前仍没有形成较为统一的装备体系，而因为固化剂的掺量一般较低，故多源粉状固废固化技术对拌和均匀性的要求极高。目前多源粉状固废固化的针对性拌和装备以厂拌法为主，但厂拌法产量偏低，而路拌法相应的设备多为针对传统水泥稳定土及石灰稳定土的工程设备，对于多源粉状固废固化的拌和不太适用，缺乏针对性。尤其是路拌法施工工艺，混合料拌和装备及固化剂稀释喷洒装备作为最重要的两部分，仍有较大的提升空间。

1. 混合料拌和装备

针对现有路拌机及其存在的问题，在施工现场进行了大量的调研，发现虽大型机械液压驱动消耗动力大，但液压驱动有过载自动卸载的优点；旋耕机虽造价低但各项指标达不到要求。基于此，本文采用了一种小型路拌机进行研究，综合比较如表 6-19 所示。

表 6-19　综合比较

项目	国产大型路拌机	旋耕机	小型路拌机
行走方式	自走式	50 马力以上拖拉机牵引式	55~80 马力拖拉机牵引式
动力/hp	360~400	50~80	55~80
耗油量/(L·h^{-1})	35	9	10
拌和宽度/mm	2100~2300	1400~2000	1600~2200
拌和深度/mm	400	220(不满足施工要求)	300
拌和均匀性	好	差(不满足施工要求)	好
平均拌和粒径/mm	<13	>20(不满足施工要求)	<13
日消耗费用/元	5500	500	1000
价格	70 万元以上	6000 元左右	3 万元左右

该小型路拌机如图 6-6 所示，由表 6-19 可知试制的路拌机相对于国产大型路拌机，其性能指标相差不大，但是造价和使用成本大幅下降，具有显著的经济效益。

(a) 外观图

(b) 搅拌齿

图 6-6　小型路拌机实物图

2. 稳液喷洒系统

湖南省交通科学研究院有限公司自主研发了一套固化液喷洒装置。该稳液喷液系统是针对多源粉状固废固化材料自主设计研制的一套智能配料、搅拌、喷洒装置，该套装置考虑了多源粉状固废材料的特性、掺量及配比，能够智能控制配料、搅拌、喷洒，填补了市场上该类装置的空缺。其外观图如图 6-7 所示，工作页面如图 6-8 所示。

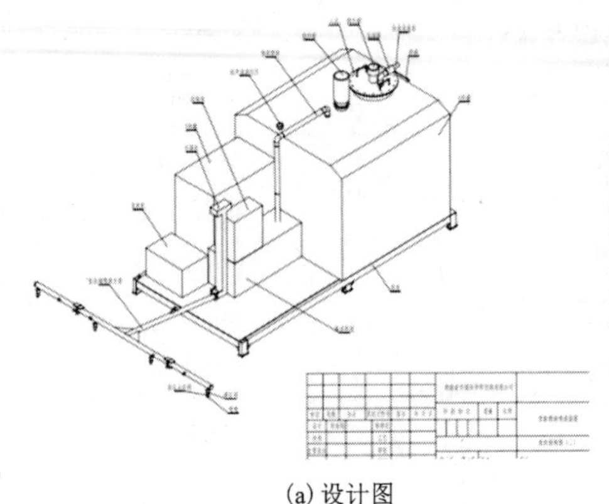

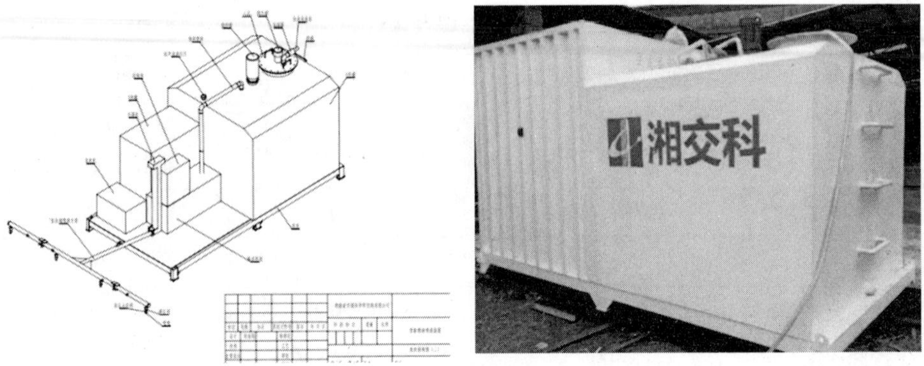

(a) 设计图

(b) 实物图

图 6-7　稳液喷液系统外观图

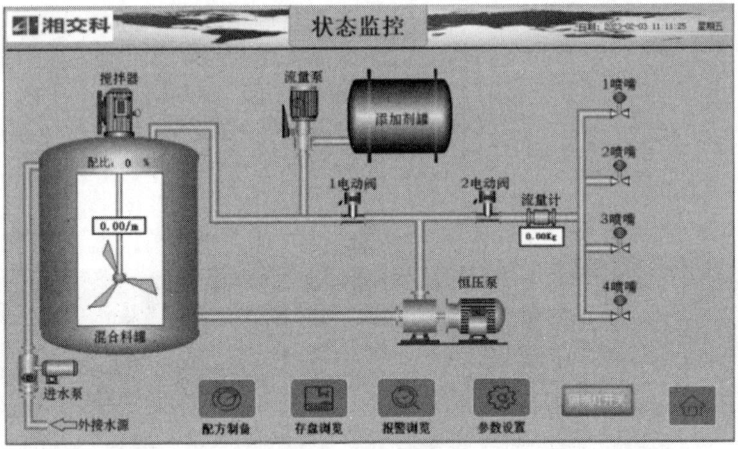

图 6-8　工作页面

6.8　工程示范

1. 工程概况

①工程部位：路基精加工层。

②桩号：湖南省伍市至益阳高速公路第十一合同段汨罗服务区匝道 BK0+560~BK0+640。

③工程量：720 m^2。

④示范工程路面结构与常规路面结构对比如表 6-20 所示。

表 6-20　示范工程路面结构与常规路面结构对比

结构	固化土精加工层路面结构	常规路面结构
上面层	4 cm SMA-13	4 cm SMA-13
中面层	6 cm AC-20C	6 cm AC-20C
下面层	8 cm AC-25C	8 cm AC-25C
封层	1 cm SBS 改性沥青同步碎石+透层	1 cm SBS 改性沥青同步碎石+透层
上基层	18 cm 5%水泥稳定碎石	18 cm 5%水泥稳定碎石
下基层	18 cm 5%水泥稳定碎石	18 cm 5%水泥稳定碎石
底基层	20 cm 建筑垃圾水泥稳定碎石	20 cm 4%水泥稳定碎石
精加工层	20 cm 固化土	20 cm 未筛分碎石
路基	土路基	土路基

2. 配合比

施工前，对用于路基填筑的土进行调查和取样试验，对施工区域取土点取土样进行标准击实试验、液塑限、筛分、CBR 等土工试验及无侧限抗压强度，试验数据及性能要求如表 6-21、表 6-22 和表 6-23 所示。

表 6-21　现场土壤性能参数(1)

液限/%	塑限/%	塑性指数	最大干密度/(g · cm^{-3})	最佳含水率/%	CBR/%
52.3	23.6	28.7	1.86	14.3	2.9

表 6-22　现场土壤性能参数(2)

粒径/mm	5	2	1	0.5	0.25	0.075
通过率/%	98.3	90.7	85.2	76.1	68.6	58.5

表 6-23　路基精加工层相关性能要求

CBR 值/%	压实度/%	无侧限抗压强度/MPa
≥8	≥96	≥1

根据以往工程经验，固化土制备路基精加工层试验时，充分考虑现场土体含水率较高，降低含水率困难等情况，综合考虑成本及性能，最终配合比方案为：100%土料，5%水泥，0.03%复合高强型土壤固化剂。该配合比下，测得无侧限抗压强度 1.4 MPa，CBR 可为 136.2%，满足性能要求。

3. 施工过程

(1)基底平整、施工放样

施工前，进行场地处理，清除树枝、石块等杂物，并对下层路基进行修整，保证路基平整度、压实度、横坡等符合要求。测量人员按 20 m 间距放出中、边桩，作为标高控制的依据。

(2)上土

路基填筑范围内按每车运输的方量用石灰现场布设方格网，再用自卸车将土运至施工现场后，由专人指挥倒入指定方格网内，并将不符合要求的填料清理出路基填筑范围。

(3)粗平

采用推土机或平地机沿路线纵向粗平至虚铺厚度，粗平后人工清理填料内的树根、杂草等有机杂物和粒径过大的孤石等，虚铺厚度按 30 cm 控制。

(4)摊铺水泥

粗平后，根据配比要求，计算每格方格网固化土需要的水泥剂量(水泥质量=方格网面积×厚度×最大干密度×水泥百分比)，本次采用袋装水泥，方格网内等间距摆放袋装水泥。

(5)干拌

采用路拌机拌和，拌和时控制行进速度，保证轮迹重叠。

(6)稀释和喷洒固化剂

根据配比要求，摊铺水泥则布设方格网，计算每格水泥用量，等间距布置。喷洒固化剂则计算固化剂用量，确定稀释倍数(>10)，并事先标定喷洒速率，确定喷洒遍数。

(7)再拌和

采用路拌机再拌和，将固化剂拌和均匀，确保填料拌和后颜色一致。

(8)精平

采用平地机精平，路基表面做成设计横坡，以利于排水。

(9)压实

碾压时先用压路机静压两遍后，然后遵循“先边后中、先慢后快、先静压后振压”的原则振动碾压，每次碾压的轮迹应重叠不小于30 cm。碾压过程中压路机的作业行驶速度控制在4 km/h以内，碾压4遍后现场检测压实度，若压实度不符合要求，需继续振压至符合要求。

碾压时，针对局部起弹簧、松散等现象，应翻开重新拌和碾压(加适量的环保型高强稳定固化土材料)或用其他方法处理，使其达到质量要求。

(10)养生

固化土层施工完成后，应洒水覆盖养生7 d以上。养生结束后，可适当开放交通，通行重型货车时，应有专人指挥，按规定的车道行驶，且车速应不大于30 km/h。

(11)检测

养生结束后，现场取芯检测，取芯情况如图6-9所示。

图6-9 现场取芯

6.9 经济社会效益

根据现有研究，多源粉状固废固化技术应用于城市道路结构层可实现路基不良土质改良，可替代垫层、基层和底基层。结构层实施时的综合成本主要包括了生产成本、运输成本和施工成本，未筛分碎石垫层、4%水泥稳定碎石底基层和5%水泥稳定碎石基层为对照，固化土的生产成本、运输成本和施工成本均有明显不同。以1 m^3 混合料计，固化土压实密度取1.8 t/m^3，水稳层压实密度取2.2 t/m^3，未筛分碎石层压实密度取2.0 t/m^3，材料组成及成本分析如表6-24～表6-27所示。

表6-24 原材料成本

水泥 /(元·t^{-1})	石灰 /(元·t^{-1})	天然集料 /(元·t^{-1})	未筛分碎石 /(元·t^{-1})	固化剂 /(元·kg^{-1})
650	600	110	90	120

表 6-25　不同结构层主要材料组成

结构层	材料类型	集料	水泥	固化剂
基层	5%水泥稳定碎石	100%	5%	—
	固化土	—	8%	0.03%固化剂
底基层	4%水泥稳定碎石	100%	4%	—
	固化土	—	6%	0.03%固化剂
垫层	未筛分碎石	100%	—	—
	固化土	—	4%	0.02%固化剂

表 6-26　生产成本对比

结构层	材料类型	原材料成本/(元·m^{-3})	其他成本/(元·m^{-3})	生产成本/(元·m^{-3})	生产成本节约/%
基层	5%水泥稳定碎石	284.02	11.66	295.68	44.24
	粉状固废固化(8%水泥+0.03%固化剂)	158.40	6.48	164.88	
底基层	4%水泥稳定碎石	271.13	11.66	282.79	49.97
	粉状固废固化(6%水泥+0.03%固化剂)	135.0	6.48	141.48	
垫层	未筛分碎石	180.00	—	180.00	34.5
	粉状固废固化(5%水泥+0.025%固化剂)	112.50	5.40	117.9	

注：其他成本指加工、损耗、水、外加剂等成本。

表 6-27　施工及运输成本参考

结构层	材料类型	施工成本/(元·m^{-3})	运输成本/(元·m^{-3})	综合成本/(元·m^{-3})	粉状固废固化综合成本相对降低幅度/%
基层(20 cm)	5%水泥稳定碎石	14.00	22.00	331.68	42.86
	粉状固废固化(8%水泥+0.03%固化剂)	17.80	6.84	189.52	
底基层(20 cm)	4%水泥稳定碎石	14.00	22.0	318.79	51.73
	粉状固废固化(6%水泥+0.03%固化剂)	17.80	6.48	153.88	

续表6-27

结构层	材料类型	施工成本/(元·m^{-3})	运输成本/(元·m^{-3})	综合成本/(元·m^{-3})	粉状固废固化综合成本相对降低幅度/%
垫层(20 cm)	未筛分碎石	5.00	20.00	205.00	30.73
	粉状固废固化(5%水泥+0.025%固化剂)	17.80	6.30	142.00	

注：施工成本含摊铺、拌和、养生、设备租赁、人工等成本。

运输成本：1 km 运费按 1 元/t 考虑，水泥稳定碎石、未筛分碎石、水泥、固化剂等材料运距按 10 km 考虑，粉状固废考虑就地利用，运距按 3 km 计。当粉状固废固化技术用于路基时，考虑到成本，仅限于不良土质改良，以平益高速 11 标高液限土改良为例，原设计改良方式为 7%石灰改良，采用粉状固废固化技术成本对比如表 6-28 所示。

表 6-28　路基不良土质改良成本对比

高液限土改良方式	水泥	石灰	固化剂	材料成本/(元·m^{-3})	粉状固废固化技术成本降低幅度
原设计	—	7%	—	75.6	10.71%
粉状固废固化技术	3%	—	0.015%	67.5	

计算结果表明，粉状固废固化技术可以有效降低工程成本。用作不良土改良时，综合成本可降低 10%～15%，用作垫层及以上结构层时，综合成本可降低 30%～50%，经济效益巨大。

使用粉状固废固化应用技术可以减少大量的砂石料的开采，对渣土的就地利用也可省去材料的运输成本。以 1 m^3 为标准，水泥碳排放取 1000 kg/t，石灰碳排放取 1080 kg/t，砂石料开采碳排放(50%产出)取 1.3 kg/t，固化剂碳排放取 200 kg/t，材料运输取每 100 公里 16.48 kg/t，运距取 100 km。粉状固废固化用于路面结构层时，1 m^3 可减少碳排放 14.3～24.02 kg，降碳幅度可达 10.2%～19.1%。如表 6-29 所示。

表 6-29　粉状固废固化碳排放分析(1 m^3 混合料)

结构层	材料类型	水泥/石灰/固化剂碳排放	砂石料开采碳排放/kg	运输碳排放/kg	总计/kg	粉状固废固化降碳幅度/%
基层	5%水泥稳定碎石	99.00	5.15	36.26	140.41	10.2
	粉状固废固化(8%水泥+0.03%固化剂)	126.11	—	—	126.11	
底基层	4%水泥稳定碎石	84.61	5.15	36.26	126.02	19.1
	粉状固废固化(6%水泥+0.03%固化剂)	102.00	—	—	102.00	

6.10　本章小结

本章以道路固化技术为基础，研究了粉状固废在道路工程中的应用。重点研究了不良土质改良、建筑垃圾等粉状固废协同固化和粉状固废专用设备开发等内容，以 CBR、无侧限抗压强度、耐水性等指标为主要考察点，还分析了含水率等因素对土壤固化的影响。同时就粉状固废固化技术在平益高速的应用情况进行了介绍，并有以下结论：

①不良土、建筑垃圾等粉状固废可协同固化，用作路床精加工层，具有较好的经济效益、社会效益。

②粉状固废还可固化用作道路基层，相对于传统的水泥稳定碎石基层综合成本可降低 30%~50%，降碳幅度可达 10.2%~19.1%。经济效益、减碳效益明显。

③施工含水率极大影响施工效果，根据现场含水率的情况灵活选用固化剂十分必要。

④为保证拌和均匀性，一般建议采用厂拌法施工。采用路拌法施工时，对施工设备有较高要求，并且每层厚度不宜太厚，建议厚度 15~20 cm。

第 7 章
尾矿在道路工程中资源化利用技术

7.1　技术背景

尾矿是矿山企业在选矿中分选出的有用目标组分含量较低而无法用于生产的部分。根据行业划分，尾矿主要分为金属尾矿和非金属尾矿，其具体分类如图 7-1 所示。

常见的黑色金属尾矿主要包括铁尾矿、锰尾矿和铬尾矿等。

黑色金属以外的金属称为有色金属，有色金属主要分为轻金属、重金属和稀贵金属。轻金属尾矿包括铝尾矿、镁尾矿等；重金属尾矿包括铜尾矿、铅锌尾矿等；稀贵金属尾矿包括金尾矿、钨尾矿、钼尾矿、银尾矿等。

非金属指通常状况下没有金属特性的固体或液体。非金属尾矿包括硼尾矿、大理石尾矿、石灰石尾矿、花岗岩尾矿等。

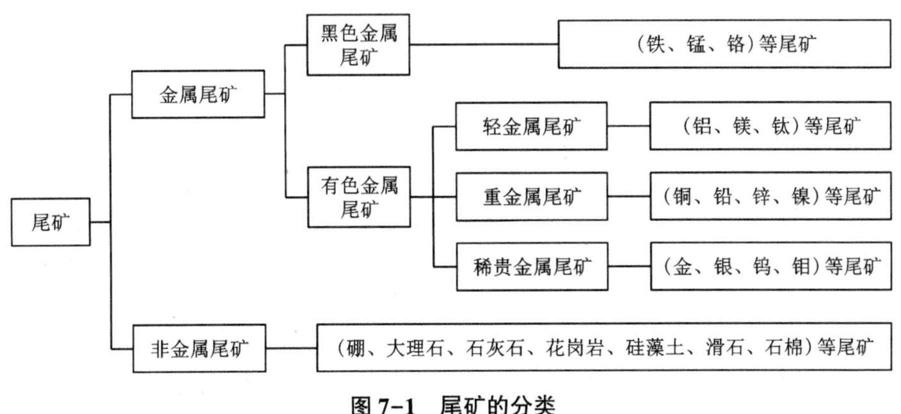

图 7-1　尾矿的分类

我国是矿石储备和开采大国，开采过程中产生的尾矿长期堆积在矿山周围，尾矿中的细粉尘颗粒随风飘散，造成了严重的大气粉尘污染，且尾矿中往往含有大量的易溶性盐和重金属元素，会随着雨水冲刷流入附近的水源，各元素进入土壤后，不仅对周围水土环境造成影响，而且会经食物链进入动物和人的体内，严重危害人类身体健康。

根据生态环境部《2020 年全国大、中城市固废污染环境防治年报》统计，我国重点工业企业尾矿产生量为 10.3 亿 t，综合利用量为 2.8 亿 t，综合利用率为 27.0%；行业分布如图 7-2 所示，产生量最大是有色金属矿和黑色金属矿采选业，分别占尾矿总量的 44.5%和 42.5%，产生量分别为 4.6 亿 t 和 4.4 亿 t，综合利用率分别为 27.1%和 23.4%。至 2020 年底，我国尾矿堆积量已达 222.6 亿 t，其中 2020 年尾矿产生量为 12.75 亿 t，但是尾矿的利用率仅为 31.8%左右。

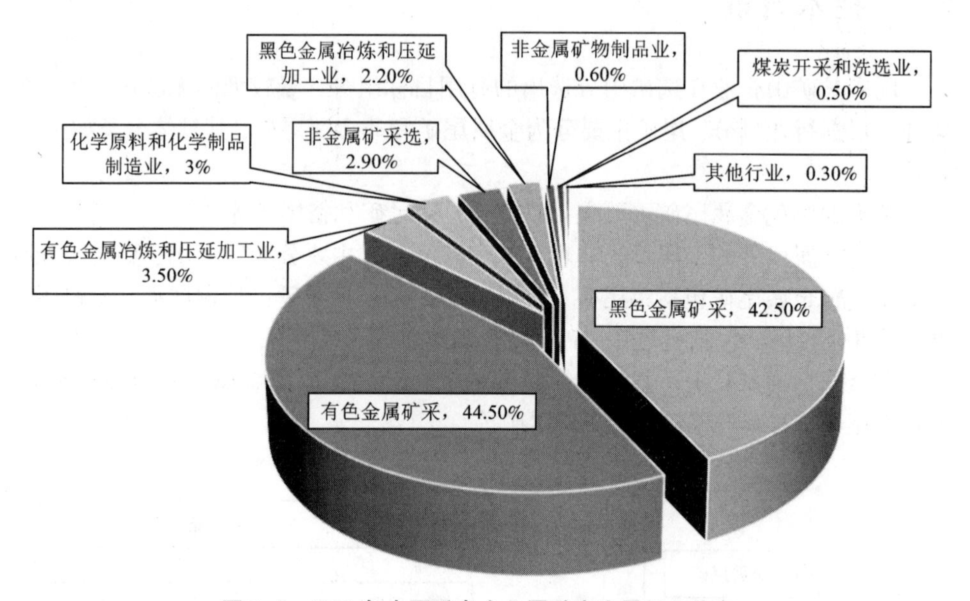

图 7-2　2019 年中国重点企业尾矿产生量行业分布

目前，我国主要是建立尾矿库对尾矿进行集中堆积处理或回填。在长期的自然风化作用下，堆积的尾矿极易释放出重金属至周边土壤中，对当地造成严重的重金属污染，严重损害周边水域和生态环境。因此，尾矿的资源化利用极为迫切。

7.2　国内外研究现状

近年来，国外非常重视尾矿的综合利用研究，北美洲、澳洲等矿业较发达地区，以及日本、欧洲等资源匮乏但经济技术发达地区，在尾矿资源化利用方面投入了大量的人力物力，兴建了“二次原料工业”。目前这些地区尾矿的资源化利用水平较高，尾矿利用率均在 60%以上，德国尾矿利用率更是在 80%以上，正在朝着无废矿山的目标发展。

在日本、美国以及少数东欧国家，目前约有 60%的尾矿用于制备建筑材料，主要用于制造微晶玻璃，并投入工业化生产中，产品广泛应用于建筑装饰等领域。部分地区还利用尾矿制造铸石产品，如管材、板材和其他铸件，该类产品因具有很好的耐磨性、耐腐蚀性、低导热性等优点在许多领域得到了广泛应用。

我国幅员辽阔，矿产资源种类齐全、储量丰富，是我国工业发展的物质基础。但由于我国贫矿多、单一矿少、共伴生矿多的情况，因此矿石组成复杂，难选冶矿多，且经过多年的开采，易选矿石消耗殆尽，矿石难选问题日益突出。与此同时，我国多数矿山建设在 20 世纪 50 至 60 年代，选矿设备陈旧、选矿工艺落后现象普遍，导致选矿回收率低，矿产资源无法充分利用。据统计，我国 80%的现有矿山有用矿物以共伴生矿的形式存在，其综合利用率低于 20%，有用矿物总回收率为 30%左右。随着国家和各级政府固废资源化政策的落地，部分大型国有矿山企业开展了尾矿的资源综合利用，但仍有 80%以上的矿山没有进行尾矿资源化利用，大量矿产资源进入了尾矿之中。

目前尾矿的处置方式主要有以下几种：

(1)地表尾矿库堆存

除小部分尾矿被资源化利用外，目前绝大部分尾矿存放在矿山尾矿库中。据统计，全球在用尾矿库和工业废料库约有 20 万座，国内现有尾矿库共 1 万多座，主要分布在有色金属、冶金、化工、核工业和建材行业等矿山，总库容量达 500 亿 m^3。其中，有色金属和冶金行业的尾矿库数量占 80%。

(2)干式堆存

尾矿干式堆存是一种新兴的尾矿处置方法，尾矿经过脱水、浓缩工艺后，得到一种高浓度/膏体尾矿砂，采用干法输送和堆存设备，干式堆存于地表或运输到尾矿场堆积，然后用推土机推平压实，就形成了不饱和致密稳固的尾矿堆，不需尾矿库。该方法可以在峡谷、低洼、平地、缓坡等地形条件下堆存，具有基建投资少、维护简单、综合成本低的优点。

(3)井下排放

对于采用空场法和有未处理的空区、废旧巷道和硐室的矿山，利用井下空区排放尾矿是一种行之有效的方法。尾矿井下排放在国内矿山已经得到了应用。山东金岭铁矿、铜陵狮子山铜矿、南京栖霞铅锌银矿、河北西石门铁矿等矿山正在研究或已经利用地下采空区排放尾矿。

(4)采空区充填

尾矿充填与尾矿井下排放是两个不同的概念。井下排放仅是将井下空间作为尾矿的储存地，排放过程与采矿工艺无关。尾矿充填是在井下采矿过程中，随着矿石不断地采出至地表，利用废石、尾砂、河砂等惰性骨料或者在骨料中加入胶凝材料，填充采空区，以保证采矿作业的进行，是采矿过程中的一个工艺环节。

(5)制备建筑或道路材料

随着尾矿库容量的日益减少，将尾矿用于制备建筑、道路材料的研究和应用逐渐增多。尾矿可用于制备砖块、加气混凝土、干混砂浆、胶固剂和再生陶粒等建材，具有比较高的经济附加值，但因该类型建材市场容量较小，对尾矿的消纳量有限。另外，尾矿还可以用于道路工程，作为道路路基、垫层或基层材料使用，这种利用方式可大规模消耗尾矿存量，从根本上解决尾矿的处置和资源化问题。

7.3 尾矿分布及特性分析——以湖南省为例

7.3.1 湖南省尾矿分布情况

湖南省成矿地质条件优越，矿产资源丰富，资源远景潜力较大，素有“有色金属之乡”和“非金属矿产之乡”之称。根据《湖南省矿产资源总体规划(2021—2025年)》，全省已发现矿产121种，占全国69.94%；探明资源量的矿产88种，占全国54.32%。现有矿产地3000余处，已上表矿区1226处，中型以上规模矿床占比30.42%，锑、铋、锰、钒、钨、锡、锌、普通萤石、隐晶质石墨、重晶石等矿产保有资源量全国领先。

湖南省主要矿产年开采总量分别为铅锌金属20万t、锡金属3万t、锑金属3万t、金8万t和钨($WO_3$65%)金属3万t，以上几种有色金属尾矿的产量可以代表湖南省的尾矿产量。通过湖南省有色金属年产量情况，得到湖南省年产尾矿约为1200万t。根据各市州不完全统计及抽样调查情况来看，郴州市尾矿约占全省尾矿产生总量的40%，湘西州尾矿约占全省尾矿产生总量的32%，这两个城市的尾矿占比70%以上，基本决定了湖南省的尾矿产量。娄底市占比7%左右，怀化市和衡阳市各占比5%左右，岳阳、邵阳和益阳各占比2%~4%，长沙和永州各占比1%以内，常德市以煤矿和化工矿山为主，尾矿占比极少，张家界、湘潭和株洲工业固废以电力和化工为主，基本没有尾矿。湖南省各市州尾矿产量情况如图7-3所示。

根据湖南统计年鉴，湖南省有色金属采选业规模以上企业为114家，如图7-4所示，对其中93家湖南省矿山企业进行了调研，所调研企业尾矿总产量为1099.5万t，因此，按调研企业数量和调研尾矿产量计算调研覆盖率分别为81.6%、91.6%。

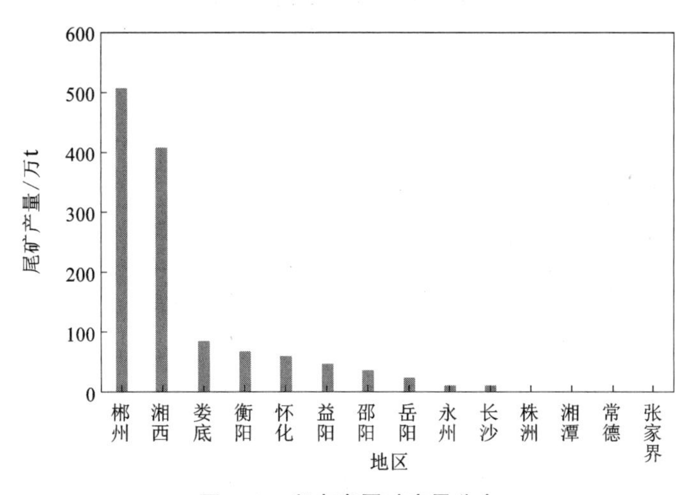

图 7-3　湖南省尾矿产量分布

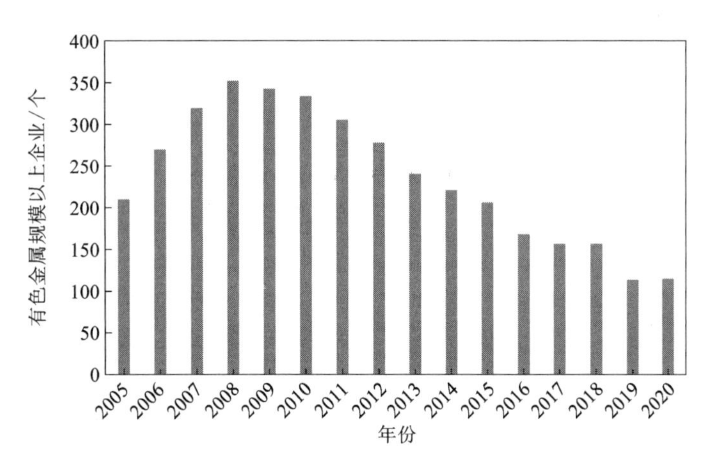

图 7-4　湖南省有色金属规模以上企业

湖南省的铅锌矿主要分布在衡阳和郴州(湖南省铅锌矿区规划表如表 7-1 所示)，对湖南省的铅锌工业产生重大影响的矿山有水口山、黄沙坪、宝山、柿竹园等。其中衡阳市有大小矿床 30 余处，总储量 262 万吨，居全国之首。郴州市铅锌储量分别居全国第三、第四位。

据湖南省尾矿库基本情况及包保责任人名单，2020 年湖南省主要尾矿库共有 529 个，主要集中在株洲市(43 个)、岳阳市(71 个)、郴州市(103 个)、怀化市(58 个)、湘西州(126 个)，尾矿库的设计类别主要为五等库，湖南省尾矿库分布情况如表 7-2 所示。

表 7-1 湖南省铅锌矿区规划表

名称	所在市	主要矿产
临湘市桃林铅锌多金属矿矿区	岳阳	铅锌
花垣县鱼塘寨李梅铅锌矿矿区	郴州	铅锌
浏阳市七宝山铜多金属矿矿区	长沙	金铜铅锌
祁东县清水塘铅锌多金属矿矿区	衡阳	铅锌
常宁市水口山铅锌多金属矿矿区	衡阳	铅锌金
郴州市苏仙区柿竹园钨锡多金属矿矿区	郴州	钨锡钼铋铅锌
桂阳县坪宝铅锌矿矿区	郴州	铜铅锌钨

表 7-2 湖南省尾矿库分布情况

单位：个

地区	数量	三等库	四等库	五等库
长沙	10	1	3	6
株洲	43	1	6	36
湘潭	1	0	0	1
岳阳	71	4	3	64
郴州	103	13	18	72
衡阳	24	5	10	9
娄底	8	2	1	5
邵阳	32	4	8	20
怀化	58	0	8	50
永州	30	0	4	26
益阳	18	2	5	11
常德	5	0	0	5
湘西	126	9	16	101
总计	529	41	82	406

7.3.2 湖南省尾矿特性

1. 污染性

湖南省是我国的有色金属之乡，截至 2020 年 5 月，湖南省尾矿库统计总量多达 529 座，重金属污染情况十分严重，不容乐观。首先，以废石场和尾矿库为代表的采选废弃地缺乏有效的管理措施，极易成为重金属污染的重要污染源；其次，对采选废弃地的重金属污染现状调查尚不完善，缺乏对土壤污染源的解析和必要阻控措施。因此采选废弃地亟待采取必要修复措施，从源头阻断重金属污染扩散，进行环境综合治理，恢复矿山生态环境。

2018 年，央视财经《经济半小时》栏目报道了湖南省湘西土家族苗族自治州花垣县私营企业在青山绿水间肆意打洞开矿，几十个含有重金属污染的尾矿库，严重毁坏了当地的农田，污染了当地的水源(如图 7-5 所示)。

图 7-5　铅锌尾矿库污染现状

常宁市水口山矿区以铅锌煤矿区为主，开采历史悠久。水口山铅锌矿最早开采于宋朝，正式建矿于 1896 年，距今已有 120 余年历史。早年间开采品位较高，导致低品位矿物未能分离，长时间氧化容易造成环境生态风险，因此存在众多历史遗留的矿山环境问题。近年来人们对水口山的成矿特征和周边环境污染调查逐渐增多，而对矿区内重金属分布研究较少，水口山矿区周边流域污染仍严重。湘江流域水口山段水环境污染分析表明，针对 As、Cd、Cr^{6+}(六价铬)、Ni、Zn、Pb、Cu、NH_3-N、Hg 和氟化物共 10 种典型污染物，发现水体中 As(0.0021～0.0181 mg/L)、Cd(0.0005～0.0111 mg/L)、Pb(0.0110～0.0193 mg/L)和 Hg(0.0001 mg/L)是主要污染物，并且 Cd、As、Cr^{6+}和 Ni 通过饮水途径引起的成人总致癌风险值超过国际辐射防护委员会(ICRP)所推荐的最大可接受水平。湘江表层沉积物的重金属空间分布研究表明，重金属污染程度依次为 Cd>Pb>Zn> Cu>As>Cr。湘江衡阳段重金属在水体、悬浮颗粒物及沉积物中的分布研究表明沉积物中重金属含量明显超过湘江沉积物背景值，并且 Cd 的富集达到 60 倍。

矿区周边土壤和农作物中均检出不同程度的重金属污染。水口山铅锌矿区及其周围地区的污染评价表明，当地土壤受到严重的Cd、Pb和Hg污染，Zn和As污染程度为轻度；该地区总体上植物群落和结构简单，物种多样性水平较低，生态较为脆弱。湖南省不同地区稻米中重金属(As、Pb和Cd)含量研究表明，衡阳常宁市稻米的重金属含量最高，并且谷壳中的重金属(Pb)含量(97.87 mg/kg)远超过饲料卫生标准值(5.0 mg/kg)，有进入食物链的生态风险。这说明水口山铅锌矿区及矿工业引起的重金属污染向周边土壤扩散，带来的毒性响应和生态风险不容忽视。水口山矿区污染严重，亟待进行有效的环境修复。

2. 理化特性

通过对水口山铅锌矿、柿竹园临武县石子冲矿业有限公司、郴州市永盛矿业有限公司等公司的尾矿取样，进行化学成分分析和毒性分析。

(1)水口山铅锌矿

对水口山铅锌矿山的产排特性和处置利用情况及成分分析已完成。

通过调研衡阳市水口山铅锌矿山，了解其公司的生产量力、尾矿处理流程和去向，并对采集的尾矿进行粒径分析、化学成分分析、尾矿毒性分析和尾矿放射性分析，如表7-3~表7-6所示。

表7-3 尾矿粒度分布

粒度范围/mm	+0.154	-0.154~+0.074	-0.074~+0.045	-0.045~+0.038	-0.038
比例/%	10.45	19.9	10.91	4.83	53.91

表7-4 尾矿化学成分

尾矿成分	比例/%	尾矿成分	比例/%
O	49	Ti	0.1
Na	0.06	Cr	0.03
Mg	1.54	Mn	0.11
Al	3.26	Fe	2.52
Si	33.1	Cu	0.02
P	0.06	Zn	0.08
S	1.48	As	0.07
K	0.99	Pb	0.21
Ca	7.35	其他	0.04

表 7-5　尾矿毒性测试

检测项目	检测结果	计量单位	GB 8978—1996
PH	8.85	mg/L	6~9
氟化物	0.32	mg/L	20
总氮	ND	mg/L	—
总磷	ND	mg/L	—
氰化物	ND	mg/L	10
铜	ND	mg/L	0.5
锌	ND	mg/L	2
锰	ND	mg/L	2
硒	0.0089	mg/L	0.1
汞	0.0001	mg/L	0.05
镉	ND	mg/L	0.1
总铬	ND	mg/L	1.5
六价铬	ND	mg/L	0.5
砷	0.0529	mg/L	0.5
铅	ND	mg/L	1
镍	ND	mg/L	1
银	ND	mg/L	0.5

注：ND—未拾出。

表 7-6　尾矿放射性检测

<table>
<tr><td>样品来源</td><td colspan="3">放射性比活度/(Bq · kg^{-1})</td></tr>
<tr><td rowspan="4">尾矿</td><td>镭-226</td><td>钍-332</td><td>钾-40</td></tr>
<tr><td>190.51</td><td>39.73</td><td>221.46</td></tr>
<tr><td colspan="3">内照射指数 I_{Ra} = 0.548(±13.03%)</td></tr>
<tr><td colspan="3">外照射指数 $I\gamma$ = 0.423(±14.10%)</td></tr>
<tr><td>备注：</td><td colspan="3">参照国家标准 GB 6566—2010</td></tr>
</table>

采用筛析和激光粒度分析仪测定尾矿颗粒的粒度分布，全尾矿粒径分级：0.074 mm(200 目)以下占 69.63%，0.038 mm(400 目)以下占 53.95%，属较细尾矿。通过 X 荧光分析对尾砂组分检测，尾矿的主要组分是富含 SiO_2、$CaCO_3$、Al_2O_3 等资源矿物。通过毒性与辐射性实验，结果表明可满足建材行业要求。

(2)临武县石子冲矿业有限公司

临武县石子冲矿业有限公司开采矿种为：铅矿、锌矿，综合回收银、钨。开采方式为地下开采，开采规模为 3 万 t/年，尾矿产生量为 2.3 万 t/年，尾矿通过管道自流进入雷富岭尾矿库内堆存，尾矿库的总容积为 54.6 万 m^3，尾矿的成分分析如表 7-7 所示。尾矿浸出毒性实验结果，如表 7-8 所示。从测试结果可知，选矿尾砂毒性浸出鉴别都不超过标准，尾砂属一般工业废物，不属于危险废物。

表 7-7　尾矿成分分析表

成分	检测结果/%	成分	检测结果/%	成分	检测结果/%
W	0.079	Pb	0.3	Fe	5.6
Ca	7.761	S	4.5	Zn	0.5
F	1.559	Si	29.31		

表 7-8　尾矿浸出毒性实验结果

名称	监测项目及结果/($mg \cdot L^{-1}$)					
	pH	铅	锌	铜	镉	砷
选矿尾砂	6.32	1.0	1.24	0.321	0.092	0.437
危险废物浸出毒性鉴别标准	—	5	100	100	1	5

(3)永盛矿业有限公司

郴州市苏仙区永盛矿业有限公司年处理原矿 9 万 t，年排放尾矿 7.5 万 t，尾矿库位于选矿厂东南面，尾矿库总库容 81.2 万 m^3，有效库容 68.11 万 m^3，服务年限 18 年。主要产品为铁精矿、硫精矿、铅精矿及锌精矿，同时综合回收锡、铋和萤石。尾矿浸出毒性分析如表 7-9 所示。

表 7-9　尾砂毒性浸出试验结果

浸出方法	检测项目	单位	检测结果	《危险废物鉴别标准 浸出毒性鉴别》(GB 5085.3—2007)
酸浸	pH	无量纲	8.57	—
	砷	mg/L	0.0022	5
	铅	mg/L	0.1	5
	镉	mg/L	0.005	1
	铜	mg/L	0.02	100
	锌	mg/L	0.005	100
	镍	mg/L	0.005	5
	铬	mg/L	0.05	15
	氟化物	mg/L	2.84	100
浸出方法	检测项目	单位	检测结果	《污水综合排放标准》(GB 8978—1996)一级标准限值
水浸	pH	无量纲	8.38	—
	砷	mg/L	0.0001	0.5
	铅	mg/L	0.1	1.0
	镉	mg/L	0.005	0.1
	铜	mg/L	0.02	1.0
	锌	mg/L	0.005	5.0
	镍	mg/L	0.002	1.0
	铬	mg/L	0.05	1.5
	氟化物	mg/L	2.10	10

由表 7-9 可知，项目尾砂属第Ⅰ类一般工业固废。

7.4　尾矿在道路工程中的资源化利用技术

7.4.1　锰尾矿利用技术

1. 技术现状

锰矿是我国一种极其重要的矿产资源，其利用价值高、储量丰富。锰是一种多价态元素，锰矿物的形成决定于环境因素，在锰矿床的原生带中，Mn 多数以 Mn^{2+}离子形式存在，而氧化带中却以 Mn^{4+}为主。在自然水域通常的 pH(6~9)范围内，溶解的主要为二价锰。由于 MnO_2 的溶解度很低，需要较为严格的酸性条件才能浸出，通常在 pH 为 3～10 的水域里检测不出溶解的四价锰。可溶性锰具有毒性，其排放有严格限制，需将其固化。目前对锰离子固化的检测主要参考标准《固体废物 浸出毒性浸出方法 硫酸硝酸法》(HJ/T 299—2007)。判别依据主要参考《污水综合排放标准》(GB 8978—1996)及《危险废物鉴别标准 毒性鉴别》(GB 5085.3—2007)。标准中对浸出 Mn^{2+}的限值为 2～5 mg/L，而通常未处理的锰尾矿渣 Mn^{2+}浸出浓度会超出几十倍甚至几百倍。目前常用的金属离子螯合剂、络合剂、水质软化剂等，很难用于锰尾矿渣中锰离子的处理，因为这类试剂会和 Ca^{2+}、Fe^{3+}、Mg^{2+}等进行反应，且优先级更高。

目前，关于锰尾矿渣利用的研究很多，可以分为三大类。第一类是对锰再提取制备化工产品。如将其再利用生产电解金属锰，利用锰尾矿和钛白废硫酸生产电池级硫酸锰等。第二类是用于废水废气处理。如用于去除印染废水中锑、利用电解锰尾矿渣烟气脱硫。第三类是将其固化制备制备砖或陶瓷。如制备锰尾矿透水砖、利用锰矿尾矿渣为主要原料制备黑釉瓷、制备低吸水率陶瓷砖等。

上述研究均有一定的可行性，但存在以下三个方面的问题：一是锰尾矿渣中锰的含量相对较少、且有差异性，锰的提取及利用效率低，且利用后的残渣可能仍存在污染性；二是对锰尾矿渣的煅烧、熟化等锰离子固化处理手段能耗高、效率低；三是上述处理方法的应用场景及用量较少，难以真正解决锰尾矿渣的利用问题。

与此同时，无论是主要成分还是颗粒级配，从广义上来讲锰尾矿渣都可以看作一种特殊的土，故锰尾矿渣具有用于路基填筑材料的潜质。若能以较低成本进行处理及固化，便能够大规模地解决锰尾矿渣的去处问题。

但仍存在至少以下问题：①可溶性锰具有毒性，容易浸出污染环境，需进行处理，而固化、钝化、阻迁等处理难度及成本较高。②锰尾矿渣直接填筑时，其板结性、耐水性差。采用传统的水泥、石灰固化，掺量少时固化效果不理想，掺量高时成本不可控，且不利于环保。以石灰为例，目前掺量通常在 8%以上，用作路基处理成本过高。③用于路基填筑时，处理工艺不可太复杂，否则实际实施时不具备可操作性。

鉴于此，有必要提供一种基于锰尾矿渣的路基填筑材料及其制备方法和应用，以解决或至少缓解上述可溶性锰容易浸出的技术问题；并将其进行固化改良，解决板结性、耐水性差的问题；以及简化处理工艺，使其用于路基填筑变得可行。

2. 锰尾矿毒性分析

本研究锰尾矿渣取自湖南省湘西自治州古丈县锰尾矿库，对锰尾矿渣进行成分分析，根据元素全分析结果对可能超标的有害元素进行浸出毒性分析，结果如表 7-10、表 7-11 所示。

表 7-10　锰尾矿 XRF 检测结果

元素	含量/%	元素	含量/%
O	46. 3	Ti	0. 222
Si	21. 5	Ba	0. 129
Al	7. 251	Zn	0. 0375
S	6. 39	Cl	0. 013
Ca	5. 35	Sr	0. 0115
K	3. 505	Cu	0. 0104
Fe	3. 348	Pb	0. 009
Mn	1. 132	Cr	0. 007
Mg	0. 511	Zr	0. 0063
P	0. 415	Rb	0. 0056
Na	0. 288	—	—

表 7-11　锰尾矿渣浸出毒性检测结果

<table>
<tr><th>检测项目</th><th>检测值</th><th>单位</th><th>检测依据</th></tr>
<tr><td>Mn</td><td>224. 30</td><td>mg/L</td><td>GB 5085. 3—2007(附录 A)</td></tr>
<tr><td>NH_3-N</td><td>8. 02</td><td>mg/L</td><td>CJ/T 51—2018</td></tr>
<tr><td>Ba</td><td>54. 5</td><td>μg/L</td><td rowspan="5">GB 5085. 3—2007
(附录 B)</td></tr>
<tr><td>Cr</td><td>0. 10</td><td>μg/L</td></tr>
<tr><td>Cu</td><td>9. 83</td><td>μg/L</td></tr>
<tr><td>Pb</td><td>0. 48</td><td>μg/L</td></tr>
<tr><td>Zn</td><td>369</td><td>μg/L</td></tr>
</table>

参考《危险废物鉴别标准 毒性鉴别》(GB 5085.3—2007)及《污水综合排放标准》(GB 8978—1996)，该锰尾矿中 Mn 元素浸出毒性超标，如表 7-12 和表 7-13 所示。

表 7-12 检测值与限值对比(1)

检测项目	检测值/($mg \cdot L^{-1}$)	《危险废物鉴别标准 毒性鉴别》(GB 5085.3—2007)限值/($mg \cdot L^{-1}$)	是否超标
Mn	224.30	5	是
Ba	0.0545	100	否
Cr	0.0001	1	否
Cu	0.00983	100	否
Pb	0.00048	5	否
Zn	0.369	100	否

表 7-13 检测值与限值对比(2)

检测项目	检测值/($mg \cdot L^{-1}$)	《污水综合排放标准》(GB 8978—1996)限值/($mg \cdot L^{-1}$)			
		第一类污染物	第二类污染物		
			一级	二级	三级
Mn	224.30	—	2	2	5
NH_3-N	8.02	—	15	25	—
Cr	0.0001	1.5	—		
Cu	0.00983	—	0.5	1	20
Pb	0.00048	1	—		
Zn	0.369	—	2	5	5

3. 有害成分固化

锰尾矿渣为锰矿选矿后的残渣，常为粉状，呈弱酸性，含有较多的可溶性锰，浸出毒性严重超标，直接用于路基填筑时可能对环境有较大污染，因此还需进行固锰处理。根据锰尾矿渣浸出毒性情况，针对性开发了一种锰离子固化剂，固化效果明显。

在纯锰尾矿渣中加入少量的锰离子固化剂，静压成型 50 mm×50 mm 试件，标准养护 7d 后取出送样。试验过程和试验结果如图 7-6 和表 7-14 所示。

图 7-6　锰尾矿渣固化试件

表 7-14　酸浸结果

项目	锰尾矿原料	锰尾矿固化试件
Mn 检测值	224.3 mg/L(超标)	3.43 μg/L(合格)
限定值	2 mg/L	

4. 锰尾矿渣应用研究

对锰尾矿渣进行了含水率、筛分以及液塑限分析，锰尾矿渣如图 7-7 所示。含水率为 30.2%，其他结果如表 7-15 和表 7-16 所示。纯锰尾矿渣固结能力差，对固锰效果及路基填筑性能有较大影响，需引入其他材料进行复合改良，考虑到级配、均匀性控制等要求，还需对粒径进行一定控制。

图 7-7　锰尾矿渣

表 7-15　颗粒分析

圆孔筛径/mm	5	2	1	0.5	0.25	0.075
通过率/%	98.6	86.0	77.4	67.8	60.9	37.4

表 7-16　液塑限

液限 w_L/%	塑限 w_P/%	塑性指数 I_p
45.7	34.6	11.1

本研究通过引入低液限细粒土对锰尾矿渣进行改良，并通过加入合适的固化剂及助剂，保证固化后的力学性能、耐久性能。试验结果如表 7-17 所示。

表 7-17　锰尾矿渣固化试验结果

编号	最大干密度/($g \cdot cm^{-3}$)	最佳含水率/%	CBR 值/%	7 d 无侧限抗压强度/MPa	水稳系数/%	Mn 离子浸出浓度/($\mu g \cdot L^{-1}$)
1	1.58	18.8	121.7	1.02	91.3	0.27
2	1.64	17.1	133.8	1.32	98.2	0.17
3	1.64	17.1	129.3	1.28	93.5	0.21
4	1.74	16.3	111.2	1.35	93.7	0.03

将锰尾矿渣视为一种含有可溶性锰的特殊土和低液限细粒土配合，以这两种固废为主要原料，采用特殊的锰离子固化剂，实现“复合土壤”固化，达到将锰尾矿渣应用于路基填筑材料的目的，实现锰尾矿渣的大批量应用，具有显著的经济和环境效益。

本技术路基填筑材料，无须采用煅烧等热处理方式，也无须破碎、粉磨等物理活化手段，大大减少了能耗和碳排放。所用特殊的锰离子固化剂，兼顾锰离子固化和“复合土壤”固化的双重功能，在实现显著降低锰离子浸出浓度的同时，能够提升锰尾矿渣与低液限细粒土混合料的力学性能、耐水性能，具有极佳的固化效果。且本路基填筑材料与常规的水泥稳定土、道路固化技术施工工艺类似，所用机具均是路基施工时常见的施工机具，极大降低了施工难度和工程成本，具有极高的可行性。

7.4.2　钨钼尾矿利用技术

1. 技术现状

根据《中国矿产资源报告》的记录，目前我国钨矿资源储量居世界第一位，主要分布在湖南、江西两省，超过全国钨矿储量的一半。我国钨矿品位较低，且常与钼矿伴生，选矿工艺复杂，回收率低，尾矿产生量较大。我国每年排放钨钼尾矿约40万t，堆存量最高为1000万t，占用了大量土地，造成了严重的资源浪费和环境污染，制约了矿山的可持续发展，同时也给国家的经济发展带来损失。

我国钨钼尾矿资源主要特点有：

①尾矿中主要含有大量有用矿物(钾、铝、钼、铋等)，需进一步提取，以提高资源利用率。

②数量巨大，需研究有效方法大规模消耗钨钼尾矿。

③化学性质稳定，硬度大。

④粒度较细，泥化严重。

⑤部分尾矿中含有重金属(镉)，需妥善处理。

2. 技术方案

针对钨钼尾矿、粉煤灰、高炉矿渣、脱硫灰等固废的特征，通过多源固废协同制备路面基层、垫层材料。钨钼尾矿、脱硫灰等尾矿和冶炼矿渣经过处理后可产生一定胶凝活性，可代替粉煤灰、矿粉等作为活性掺和料，经过多源固废协同，可以具有以下特点：①强度高，可在5 MPa以上，超过规范规定的一级公路及高速公路基层强度标准(3~5 MPa)。②固废利用量大，可降低水泥用量甚至不使用水泥作为胶凝材料，利用特色技术可充分发挥各种工业固废的复合协同效应，优势互补，工业固废的添加量可为97%-99%。③工艺简单，固废预处理或简单预处理和同类道路施工工艺类似。④成本有优势，较普通水泥稳定碎石成本降低15%以上。⑤环境友好，对活化处理后的钨钼尾矿中可能超标的重金属(镉等)进行酸浸法检测，其浸出结果远低于限定值，可以放心使用。钨钼尾矿微粉如图7-8所示，试验过程和结果如表7-18~表7-20和图7-9。

表7-18　尾矿微粉的颗粒组成

方孔筛径/mm	4.75	2.36	1.18	0.6	0.3	0.15	0.075
通过率/%	100	99.97	99.91	99.66	98.91	92.21	55.80

表7-19　酸浸结果

项目	检测值/(mg·L^{-1})	限定值/(mg·L^{-1})
Cd	0.0001	0.1

表 7-20　最大干密度和最佳含水率

类型	最大干密度/(g·cm^{-3})	最佳含水率/%
90%土+10%尾矿微粉	1.93	13.4
80%土+20%尾矿微粉	1.99	12.3
70%土+30%尾矿微粉	2.05	11.2

图 7-8　钨钼尾矿微粉

图 7-9　钨钼尾矿固化土试件

3. 工程应用

2022 年 4 月，采用自主开发的钨钼尾矿固化技术用于平益高速公路垫层试验段施工，如图 7-10 所示。

施工 7 d 后，经现场取芯，取出完整的芯样(如图 7-11 所示)，强度达到设计要求。

图 7-10　尾矿微粉示范应用现场

图 7-11　现场取芯

7.4.3　石煤提钒尾矿利用技术

1. 技术现状

石煤是一种重要的钒矿资源，其含钒量按 V_2O_5 计算约占国内总钒量的 87%，因此从石煤中提取 V_2O_5 具有明显的优势和良好的应用前景。但石煤是一种典型的炭质页岩，钒品位一般不足 0.8%，属于难选难冶复杂矿物。目前石煤提钒主要通过酸浸法处理，按 V_2O_5 回收率 80%计算，每生产 1 t V_2O_5 将至少产生 120 万 t 尾矿[13]。

针对石煤提钒尾矿，目前尚缺乏切实可行的资源化利用技术，所以当前提钒尾矿的处置方式主要还是尾矿库堆放。大量钒尾矿的排放堆积给矿山企业造成了沉重的经济负担，并且还可能引起环境污染。因此，需要探索出一条合适的途径，实现石煤提钒尾矿的资源化利用。

目前我国在石煤提钒尾矿的资源化利用方面，研究较多的是将其制备成免烧砖、免烧陶粒、地聚合物或水泥熟料。将石煤提钒尾矿制备成免烧砖或免烧陶粒，虽然操作简单、成本低，但免烧砖或免烧陶粒的市场规模小，对提钒尾矿的消耗量有限，不能从根本上解决提钒尾矿的资源化利用问题。其次，将石煤提钒尾矿用于制备地聚合物或水泥熟料，其生产过程中均需要高温煅烧，能耗高且不环保，不符合我国“碳达峰、碳中和”的长期发展目标要求。

2. 技术方案

首先对钒渣成分进行分析，荧光分析结果如表 7-21 所示。对可能超标的重金属(Cr)进行酸浸法检测，如表 7-22 所示，检测结果远低于限定值。由于石煤提钒过程中采用了酸浸工艺，尾矿酸性较高且含碳量较高，不利于后续的资源化利用。通过与长沙矿冶研究院合作，制定了石煤提钒尾矿的浮选脱碳脱酸方案。采用“以废治废”的处置思路，将石煤提钒尾矿与各类工业废渣、建筑垃圾协同处置，可降低生产成本，且能够有效节约自然资源并最大限度地消耗固体废弃物。具体工艺流程如图 7-12 所示，一方面，将石煤提钒尾矿经过脱酸、脱碳、活化处理后与其他废渣微粉制备成新型固化剂，替代传统的水泥、石灰等无机结合料；另一方面，利用呈碱性的电石渣和骨架性能更好的建筑垃圾再生粗集料，弥补石煤提钒尾矿酸性强、颗粒细的不足，可将其协同处置固化，用以生产道路基层材料。利用本技术方法处理石煤提钒尾矿，工艺简单、成本低且不污染环境，既可以提高石煤提钒尾矿的附加值，又能实现其大规模的资源化利用。除此之外，本技术还可以大幅度减少水泥、天然矿石的使用，对于减少环境污染、促进碳达峰碳中和具有重要意义。

表 7-21 钒尾矿成分分析

元素	含量/%	元素	含量/%
C	4.2	V	0.036
O	37.7	Cr	0.0565
Na	0.054	Fe	0.49
Mg	0.023	Ni	0.003
Al	1.11	Cu	0.008
Si	38.4	Se	0.004
P	0.088	Rb	0.002
S	0.831	Sr	0.0163
K	0.943	Cr	0.0027
Ca	0.015	Ba	2.79
Ti	0.154	—	—

表 7-22 酸浸结果

项目	检测值/(mg·L^{-1})	限定值/(mg·L^{-1})
Cr	0.0001	1.5

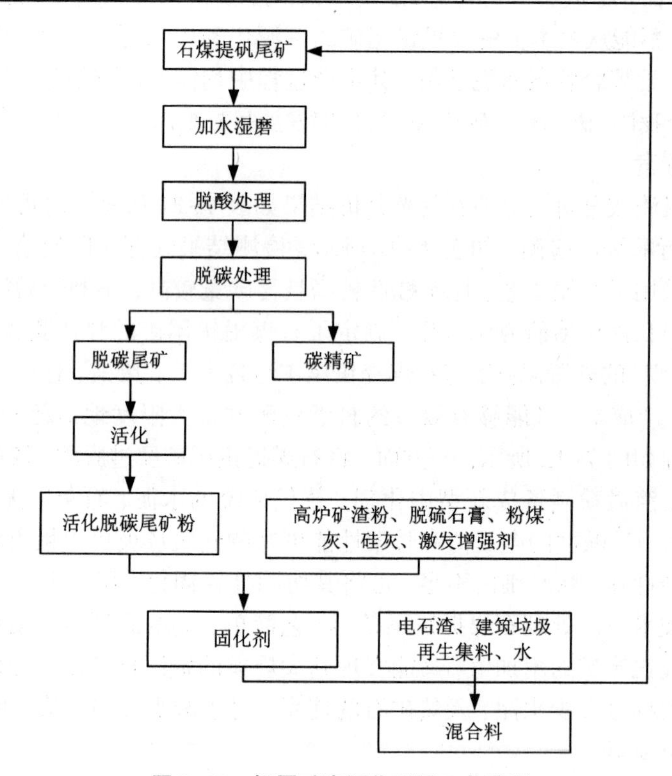

图 7-12 钒尾矿资源化利用工艺流程

3. 研究结果

采用以上技术方案，表 7-23 列出了不同配比下的固化剂和混合料力学性能。

表 7-23 固化剂和混合料强度试验结果

编号	固化剂胶砂 3 d 抗压强度 /MPa	固化剂胶砂 3 d 抗折强度 /MPa	固化剂胶砂 28 d 抗压强度 /MPa	固化剂胶砂 28 d 抗折强度 /MPa	混合料 7 d 无侧限抗压强度 /MPa
1	14.51	2.75	34.53	5.56	2.62
2	15.07	3.00	36.67	6.23	3.05
3	14.49	2.69	35.02	5.88	3.51
4	14.32	2.93	35.69	6.04	3.42
5	15.03	2.79	36.77	6.35	3.01
6	14.87	2.85	37.08	6.47	3.17

由表 7-23 可知，本技术得到的固化剂性能良好，抗压强度及抗折强度均达到了 32.5 级水泥的强度要求，利用石煤提钒尾矿制备的道路基层材料均满足二级及二级以下公路底基层、城镇次干路及支路基层和底基层强度要求。

7.5 本章小结

本章以湖南省为例，对尾矿的分布及特性进行了调研及分析，并提供了锰尾矿利用技术、钨钼尾矿利用技术及石煤提钒尾矿利用技术在道路工程中的应用案例。主要结论如下：

①湖南省矿藏丰富，相应的具有较大的尾矿处理压力。主要类型以铅锌、锡、锑、金、钨尾矿为主，湖南省年产尾矿约为 1200 万 t，并且 70%集中分布在郴州市和湘西州。

②铅锌尾矿作为湖南省代表性尾矿，具有较强污染性，对环境的压力极大，因此铅锌尾矿的利用是湖南省尾矿利用的关注重点。根据调研，部分铅锌尾矿具备应用于建材行业或道路工程的潜质。

③锰尾矿、钨钼尾矿、石煤提钒尾矿等无毒性或毒性较弱的尾矿经过实践，具备应用于道路工程的条件，经过合理的技术手段，能够变废为宝，实现尾矿在道路工程中的资源化利用。

参考文献

[1] ANTHONISSEN J, VAN DER BERGH W, BRAET J. Review and environmental impact assessment of green technologies for base courses in bituminous pavements[J]. Environmental Impact Assessment Review, 2016, 60(14): 139-147.

[2] 李雪连，崔之靖，吕新潮，等. 就地热再生沥青混合料均匀性的细观评价指标研究[J]，中国公路学报，2020，33(10)：254-264.

[3] 齐小飞，邹晓翎，阮鹿鸣，等. 高 RAP 掺量下热再生混合料水稳定性影响因素研究[J]. 中外公路，2018，38(2)：248-252.

[4] AL-QADI I L, ELSEIFIFI M, CARPENTER S H. Reclaimed Asphalt Pavement—A Literature Review, 2007.

[5] 徐金枝，郝培文，郭晓刚，等. 厂拌热再生沥青混合料组成设计方法综述[J]. 中国公路学报，2021，34(10)：72-88.

[6] RASHADUL ISLAM M, VALLEJO M J, TAREFDER R A. Crack Propagation in Hot Mix Asphalt Overlay Using Extended Finite-Element Model[J]. Journal of Materials in Civil Engineering, American Society of Civil Engineers, 2017, 29(5): 04016296.

[7] MUN S, GUDDATI M N, KIM Y R. Fatigue Cracking Mechanisms in Asphalt Pavements with Viscoelastic Continuum Damage Finite-Element Program[J]. Transportation Research Record, 2004, 1896: 96-106.

[8] BAEK J, AL-QADI I L. Finite Element Method Modeling of Reflective Cracking Initiation and Propagation: Investigation of the Effect of Steel Reinforcement Interlayer on Retarding Reflective Cracking in Hot-Mix Asphalt Overlay[J]. Transportation Research Record, 2006, 1949(1): 32-42.

[9] HU S, ZHOU F J, WALUBITA L F. Development of a Viscoelastic Finite Element Tool for Asphalt Pavement Low Temperature Cracking Analysis[J]. Road Materials and Pavement Design, 2009, 10(4): 833-858.

[10] WANG L, YANG X C. Analysis of Optimal RAP Content Based on Discrete Element Method[J]. Advances in Materials Science and Engineering, 2022, 2022: 1-7.

[11] YAO H, XU M, LIU J, et al. Literature Review on the Discrete Element Method in Asphalt Mixtures[J]. Frontiers in Materials, 2022, 9: 879245.

[12] 栾英成, 陈田, 马涛, 等. 基于精细化 DEM 建模的冷再生混合料断裂性能分析[J]. 中国公路学报, 2021, 34(10): 125-134.

[13] HARTMANN P, THOENI K, ROJEK J. Ageneralised multi-scale Peridynamics-DEM framework and its application to rigid-soft particle mixtures[J]. Computational Mechanics, 2023, 71(1): 107-126.

[14] GURRIES R A. Resonant system support: United States, 4320807[P]. 1982-03-23.

[15] Resonant Technology Company. Resonantly driven pavement crusher: United States, 4402629[P]. 1983-09-06.

[16] 共振碎石化[EB/OL]. [2023-10-09]. http://www.resonantmachines.com/.

[17] 黄伟. 共振破碎机振动系统的动力学研究[D]. 西安: 长安大学, 2015.

[18] 王海荣. 水泥混凝土路面共振碎石化设计与实践[J]. 上海公路, 2010(2): 4.

[19] 洪斌, 张灵军, 丁宇平, 等. 共振碎石化技术在白改黑工程中的应用[J]. 筑路机械与施工机械化, 2009(11): 3.

[20] 黄琴龙, 庞腾科, 王邦国, 等. 全浮动共振破碎技术在四川 G212 线水泥路面改建中的应用[C] //中国公路学会养护与管理分会. 中国公路养护技术大会论文集, 2012: 167-172.

[21] 曾智勇. 全浮式共振碎石化技术在国道 G325 路面改造工程中的应用[J]. 公路交通技术, 2017, 33(2): 11-14, 18.

[22] 黄琴龙, 杨壮, 余路. 高速公路旧水泥混凝土路面共振碎石化技术的应用与效果评价[J]. 交通科技, 2017(1): 31-33.

[23] 陈可弟. 全浮动式共振破碎机振动系统动力学性能研究[D]. 徐州: 中国矿业大学, 2019.

[24] CHEN P, QIU X, ZHU Q, et al. Mechanics Mechanism Analysis of Concrete Pavement ResonantRubblization[J]. Key Engineering Materials, 2015, 667: 365-369.

[25] 史仍超. 旧水泥混凝土路面板固有频率及其在共振碎石化技术中的应用研究[D]. 西安: 长安大学, 2016.

[26] 李剑. 分析旧水泥混凝土路面共振碎石化及沥青加铺技术[J]. 智能城市, 2019, 5(19): 159-160.

[27] 喻峥嵘, 张迅. 大厚度旧水泥砼路面共振碎石化应用研究[J]. 湖南交通科技, 2023, 49(1): 28-32, 37.

[28] 闫宏亮. 建筑垃圾循环再利用处理工艺改进研究[D]. 长春: 吉林大学, 2019.

[29] 葛婷. 再生骨料混凝土应用现状及发展趋势综述[J]. 广东建材, 2017, 33(3): 15-18.

[30] 《中国公路学报》编辑部. 中国路面工程学术研究综述 · 2020[J]. 中国公路学报, 2020, 33(10): 1-66.

[31] 许岳周, 石建光. 利用建筑垃圾生产混凝土的性能研究[J]. 混凝土, 2008(12): 4.

[32] RAHAL K. Mechanical properties of concrete with recycled coarse aggregate[J]. Building & Environment, 2007, 42(1): 407-415.

[33] SHICONG K, CHISUN P, DIXON C. Influence of fly ash as cement replacement on the properties of recycled aggregate concrete[J]. Journal of Materials in Civil Engineering, 2007, 19(9): 709-717.

[34] THOMAS C, SOSA I, SETIEN J, et al. Evaluation of the fatigue behavior of recycled aggregate concrete[J]. Journal of Cleaner Production, 2014, 65(FEB. 15): 397-405.

[35] XIAO J, HONG L, YANG Z. Fatigue behavior of recycled aggregate concrete under compression and bending cyclic loadings [J]. Construction & Building Materials, 2013, 38 (none): 681-688.

[36] THOMAS C, SETIEN J, POLANCO J A, et al. Fatigue limit of recycled aggregate concrete [J]. Construction and Building Materials, 2014, 52(2): 146-154.

[37] MOLENAAR A, NIEKERK A V. Effects of Gradation, Composition, and Degree of Compaction on the Mechanical Characteristics of Recycled Unbound Materials[J]. Transportation Research Record Journal of the Transportation Research Board, 2002, 1787: 73-82.

[38] AKENTUNA M. Characterization of recycled concrete aggregates(RCA) from an old foundation structure for road pavement works. [D]. Southern Illinois University at Carbondale., 2013.

[39] 徐驰. 利用再生集料的半刚性基层抗裂性能研究[D]. 广州: 华南理工大学, 2013.

[40] 胡力群, 沙爱民. 水泥稳定废粘土砖再生集料基层材料性能试验[J]. 中国公路学报, 2012, 25(3): 8.

[41] 周新锋, 徐希娟, 李晓娟. 水泥稳定建筑垃圾再生材料用于道路基层的性能研究[J]. 筑路机械与施工机械化, 2016, 33(8): 4.

[42] 刘陵庆. 水泥稳定再生集料的性能及设计研究[D]. 西安: 长安大学, 2014.

[43] MOHAMMADINIA A, ARULRAJAH A, SANJAYAN J, et al. Laboratory Evaluation of the Use of Cement-Treated Construction and Demolition Materials in Pavement Base and Subbase Applications[J]. Journal of Materials in Civil Engineering, 2015, 27(6): 04014186.

[44] 肖杰, 吴超凡, 湛哲宏, 等. 水泥稳定砖与混凝土再生集料基层的性能研究[J]. 中国公路学报, 2017, 30(2): 8.

[45] 王舒永, 陈国新, 徐宇晗, 等. 水泥稳定钢渣混合料离散元模型参数反演及断裂损伤研究[J]. 金属矿山, 2023(3): 266-273.

[46] 李伟, 王成元, 王达, 等. 钢渣沥青混合料路面层间剪切力学性能试验研究[J]. 公路, 2017, 62(4): 36-41.

[47] 王鹤迪. 钢渣沥青混凝土路面室内试验研究[D]. 沈阳: 沈阳建筑大学, 2016.

[48] 杨俊霖, 罗蓉, 樊向阳, 等. 基于多孔钢渣的沥青混合料设计与路用性能研究[J]. 武汉理工大学学报(交通科学与工程版), 2018, 42(1): 68-71.

[49] 谢勇, 张逸圣, 辛顺超. 基于钢渣骨料的沥青混合料路用性能研究[J]. 公路, 2014,

59(12)：186-190.

[50] 刘黎萍，冯艳瑾. 钢渣 AC-13 沥青混合料路用性能研究[J]. 华东公路，2017(5)：54-56.

[51] 卢发亮，李晋. 钢渣沥青混合料级配特征研究[J]. 公路，2013(7)：222-227.

[52] MCDOWELL G R, AMON A. The application of Weibull statistics to the fracture of soil particles[J]. Soils and foundations, 2000, 40(5)：133-141.

[53] 陈俊. 基于离散元方法的沥青混合料虚拟疲劳试验研究 [D]. 南京：东南大学，2010.

[54] 陆秀峰，刘西拉，覃维祖. 从混凝土二维截面推测骨料粒径分布 [J]. 岩石力学与工程学报，2005，(17)：3107-3112.

[55] 刘文尧. 低温状态下沥青混合料半圆弯曲试验的近场动力学模拟[D]. 长沙：湖南大学，2018.

[56] 房延凤，王丹，王晴，等. 碳酸化钢渣及其在建筑材料中的应用现状[J]. 材料导报，2020，34(3)：132-138.

[57] 王爱国，何懋灿，莫立武，等. 碳化养护钢渣制备建筑材料的研究进展[J]. 材料导报，2019，33(17)：2939-2948.

[58] MO L W, ZHANG F, DENG M. Mechanical performance and microstructure of the calcium carbonate binders produced by carbonating steel slag paste under CO2 curing[J]. Cement and Concrete Research, 2016, 88：217-226.

[59] ARIFIN Y F, KUSWORO A S. Utilization of lightweight brick waste as soils stabilizing agent [J]. IOP Conference Series：Materials Science and Engineering, 2020, 980(1)：012071.

[60] CHINDAPRASIRT P, KAMPALA A, JITSANGIAM P, et al. Performance and evaluation of calcium carbide residue stabilized lateritic soil for construction materials[J]. Case Studies in Construction Materials, 2020, 13：e00389.

[61] ANJALI G, SRIJIT B, V K A. Ranking of stabilizers to stabilize/solidify dredged soil as highway construction material[J]. Materials Today：Proceedings, 2021, 43：1694-1699.

[62] RIKMANN E, ZEKKER I, TEPPAND T, et al. Relationship between Phase Composition and Mechanical Properties of Peat Soils Stabilized Using Oil Shale Ash and Pozzolanic Additive [J/OL]. Water, 2021, 13(7)：942.

[63] SILVA A M D S E, PASCOAL P T, BARONI M, et al. Use of Phosphoric Acid and Rice Hulk Ash as Lateritic Soil Stabilizers for Paving Applications [J]. Sustainability, 2023, 15(9)：7160.

[64] 邢明亮，梁志豪，关博文，等. 离子型土壤固化剂在公路工程应用中均匀性评价与控制[J]. 公路，2019，64(10)：34-40.

[65] 任瑞波，王振，薄剑，等. 水基聚合物固化土强度增长规律研究[J]. 路基工程，2022(2)：16-22.

[66] 罗晓光，李增光，夏强. 生物酶土壤固化筑路技术在高速公路底基层中的应用研究[J]. 公

路工程，2014，39(1)：99-102，115.

[67] LU J, JIANG S Y, CHEN J, et al. Fabrication of superhydrophobic soil stabilizers derived from solid wastes applied for road construction: A review[J]. Transportation Geotechnics, 2023, 40: 100974.

[68] WEI M, NI H, ZHOU S, et al. Feasibility of Stabilized Zn and Pb Contaminated Soils as Roadway Subgrade Materials[J]. Advances in Materials Science and Engineering, 2020, 2020: 1-11.

[69] ZHANG X F, WANG J, NI W. Soil Stabilizer Prepared with Saline Soil and Industrial Solid Wastes[J]. Applied Mechanics and Materials, 2012, 238: 118-120.

[70] 孙剑峰，张迅，任毅. 较高含水率条件下土壤固化技术应用研究[J]. 公路工程，2023，48(3)：90-96.

[71] 马勇. 新型路拌机、平地机在农村公路施工中的应用[C] //全国农村公路建设与养护技术交流研讨会会刊. 2009.

[72] GIRI S, DAS N, PRADHAN G. Magnetite Powder and Kaolinite DerivedFrom Waste Iron Ore Tailings for Environmental Applications[J]. Powder Technology, 2011, 214(3): 513-518.

[73] LI C, SUN H H, BAI J, et al. Innovative Methodology for Comprehensive Utilization of Iron Ore Tailings: Part 1. the Recovery of Iron From Iron Ore Tailings Using Magnetic Separation After Magnetizing Roasting[J]. Journal of Hazardous Materials, 2010, 174(1): 71-77.

[74] 吴浩. 我国尾矿资源综合利用研究进展与展望[J]. 资源信息与工程，2022，37(3)：102-104.

[75] 石晓莉，杜根杰，张铭，等. 尾矿综合利用产业存在的问题及建议[J]. 现代矿业，2022，38(2)：38-40，44.

[76] 张骄. 金属尾矿资源综合利用现状及对策探讨[J]. 中国资源综合利用，2018，36(5)：74-75，78.

[77] 顾晓薇，艾莹莹，赵昀奇，等. 铁尾矿资源化利用现状[J/OL]. 中国有色金属学报：1-29[2023-10-11]. http://kns. cnki. net/kcms/detail/43. 1238. TG. 20220112. 1844. 002. html.

[78] 张小永，封东霞，柏林，等. 硫化矿尾矿资源化利用研究现状及展望[J]. 矿冶，2021，30(3)：51-62.

[79] 张迅，陈宇亮，吴开，等. 一种基于锰尾矿渣的路基填筑材料及其制备方法和应用 CN114436622B[P]. 2022-08-19.

[80] 孟凡威，傅励，陈宇亮，等. 一种石煤提钒尾矿的资源化处理方法及铺筑料 CN113929412B[P]. 2022-03-08.

[81] TAMIRUM. Suitability of Enset Fiber with Coffee Husk Ash as Soil Stabilizre[J]. American Journal of Civil Engineering, 2023 [2023-10-09], http://www. sciencepublishinggroup. com/journal/paporingo? joumalid=229gdoi=10. 11648/j. ajce. 202311101. 11.

[82] ARIFIN Y F, KUSWORO A S. Utilization of lihtweight brick waste as soils stabilizing agent [J]. IOP Conference Serices: Materials Science and Engineering, 2020, 980(1): 012071.

[83] CHINDAPRASIRT P, KAMPALA A, JITSANGIAM P, et al. Performance and evaluection of calcium carbide residue stabilized lateritic soilfor construction materials[J]. Case Studies in Construction Materials, 2020, 13: e00389.

[84] 周永祥，刘倩，王祖琦，等. 流态固化用无熟料胶凝材料的性能研究[J]. 硅酸盐通报，2022，41(10)：3548-3555.

[85] 李新宇，罗彪，罗正东. 地聚物固化临江软弱土的试验研究与机理分析[J]. 公路，2022，67(07)：48-54.

[86] 孙仁娟，方晨，高发亮，等. 基于固弃物的固化土路用性能及固化机理研究[J]. 中国公路学报，2021，34(10)：216-224.

图书在版编目(CIP)数据

双碳背景下多源固废在道路工程中资源化利用技术 / 郅晓，陈宇亮，肖源杰著. —长沙：中南大学出版社，2024. 5

ISBN 978-7-5487-5777-1

Ⅰ. ①双… Ⅱ. ①郅… ②陈… ③肖… Ⅲ. ①道路工程—固体废物利用 Ⅳ. ①X734

中国国家版本馆 CIP 数据核字(2024)第 068207 号

双碳背景下多源固废在道路工程中资源化利用技术

SHUANGTAN BEIJING XIA DUOYUAN GUFEI ZAI DAOLU GONGCHENG ZHONG ZIYUANHUA LIYONG JISHU

郅　晓　陈宇亮　肖源杰　著

□**出 版 人**　林绵优
□**责任编辑**　刘颖维
□**封面设计**　李芳丽
□**责任印制**　李月腾
□**出版发行**　中南大学出版社
社址：长沙市麓山南路　　邮编：410083
发行科电话：0731-88876770　　传真：0731-88710482
□**印　　装**　长沙印通印刷有限公司

□**开　　本**　710 mm×1000 mm 1/16　□**印张** 14. 25　□**字数** 286 千字
□**版　　次**　2024 年 5 月第 1 版　□**印次** 2024 年 5 月第 1 次印刷
□**书　　号**　ISBN 978-7-5487-5777-1
□**定　　价**　79. 00 元